Try your best
Never underestimate your power to change yourself!

中文版UG NX 12.0
从入门到精通（实战案例版）
本书部分案例

锁紧箍草图

连杆草图

轴承草图

螺母草图

法兰草图

汽缸截面草图

槽轮草图

槽钢截面草图

梅花草图

曲柄草图

挡圈草图

拨叉草图

卡槽草图

垫片草图

切刀草图

内六角螺钉截面

中文版UG NX 12.0
从入门到精通（实战案例版）
本书部分案例

Try your best
Never underestimate your power to change yourself!

饮料瓶

长齿轮轴

顶杆帽

花键轴

箱体

碗

活动钳口

柱塞泵爆炸图

机械臂

方向盘

圆柱齿轮

内六角螺钉

柱塞

圆柱拉伸弹簧

六角圆柱头螺栓

三相电表盒壳体

Try your best
Never underestimate your power to change yourself!

中文版UG NX 12.0
从入门到精通（实战案例版）
本书部分案例

节能灯泡

耳机插头

电阻

填料压盖

油杯

机座

挡板

瓶体

后端盖

下阀瓣

上阀瓣

法兰盘

泵体

咖啡壶

前端盖

灯泡

中文版UG NX 12.0
从入门到精通（实战案例版）
本书部分案例

Try your best
Never underestimate your power to change yourself!

L 锅盖

L 齿轮

L 风扇

L 滚轮

L 阀体

L 螺母

L 轴承盖

L 轴承座2

L 轴承座

L 齿轮泵装配

L 茶杯

L 短齿轮轴

L 瓶盖

L 柱塞泵装配图

L 斜齿轮

L 阀盖

CAD/CAM/CAE 微视频讲解大系

中文版 UG NX 12.0 从入门到精通

（实战案例版）

278 节微视频讲解　90 个实例案例分析

☑建模基础 ☑草图设计 ☑曲线功能 ☑特征建模 ☑复制特征 ☑特征操作
☑曲面功能 ☑钣金特征 ☑装配建模 ☑工程图

天工在线　编著

中国水利水电出版社
www.waterpub.com.cn

·北京·

内 容 提 要

UG NX 12.0 软件是一款集 CAD、CAM、CAE 于一体的三维设计软件，常用功能有：UG NX 建模、UG NX 草图绘制、UG NX 零件设计、UG NX 曲面造型、UG NX 数控加工、UG NX 模具制造、UG NX 钣金设计、UG NX 装配设计、UG NX 有限元分析、UG NX 运动仿真、UG NX 编程和二次开发等。

《中文版 UG NX 12.0 从入门到精通（实战案例版）》比较系统地讲述了上述内容的基础知识，实例部分辅之于相应的 UG NX 视频教程。全书分为 13 章，包括 UG NX 12.0 入门、基本操作、建模基础、草图设计、曲线功能、基本特征建模、设计特征建模、复制特征、特征操作、曲面功能、钣金特征、装配建模、工程图等内容。

《中文版 UG NX 12.0 从入门到精通（实战案例版）》配备了 **278** 节微视频、**90** 个实例案例分析以及配套的实例素材源文件，还附赠了大量的相关学习视频和练习资料。

《中文版 UG NX 12.0 从入门到精通（实战案例版）》适合于 UG NX 12.0 入门级或者需要系统学习的读者使用，使用 UG NX 8.0、UG NX 8.5、UG NX 10.0、UG NX 11.0 的读者也可以参考。

图书在版编目（CIP）数据

中文版 UG NX 12.0 从入门到精通：实战案例版 / 天工在线编著. -- 北京：中国水利水电出版社，2018.9（2025.3 重印）. （CAD/CAM/CAE 微视频讲解大系）
ISBN 978-7-5170-6742-9

Ⅰ. ①中… Ⅱ. ①天… Ⅲ. ①计算机辅助设计—应用软件 Ⅳ. ①TP391.72

中国版本图书馆 CIP 数据核字(2018)第 180380 号

丛 书 名	CAD/CAM/CAE 微视频讲解大系
书 名	中文版 UG NX 12.0 从入门到精通（实战案例版） ZHONGWENBAN UG NX 12.0 CONG RUMEN DAO JINGTONG
作 者	天工在线 编著
出版发行	中国水利水电出版社 （北京市海淀区玉渊潭南路 1 号 D 座　100038） 网址：www.waterpub.com.cn E-mail：zhiboshangshu@163.com 电话：（010）62572966-2205/2266/2201（营销中心）
经 售	北京科水图书销售有限公司 电话：（010）68545874、63202643 全国各地新华书店和相关出版物销售网点
排 版	北京智博尚书文化传媒有限公司
印 刷	三河市龙大印装有限公司
规 格	203mm×260mm　16 开本　35 印张　723 千字　2 插页
版 次	2018 年 9 月第 1 版　2025 年 3 月第 13 次印刷
印 数	60001—63000 册
定 价	89.80 元

前 言

Preface

说明：UG NX 原来系美国 UGS 公司出品，2008 年前后被德国 Siemens（西门子）公司收购，被更名为 Siemens NX，简称 NX。但在很多地方还习惯称其为 UG NX。为方便读者，本书仍旧沿用 UG NX。本书所有 UG NX 指的都是 Siemens NX。

UG NX 是 Siemens PLM Software 公司的一款集产品设计、工程与制造于一体的解决方案系统软件，用于帮助用户改善产品质量，提高产品交付速度和效率。它集成了 CAD/CAM/CAE，提供了先进的概念设计、三维建模及文档编制解决方案，实现了结构、运动、热、流体和多物理应用的多学科仿真，还提供了涵盖工装、加工及质量监测的零部件制造解决方案。

UG NX 的优势在于：提供应用同步技术在开放环境下实现灵活设计的解决方案；提供在开发流程中紧密集成多学科仿真的解决方案；提供全系列先进零部件制造应用的解决方案；与 Teamcenter——世界领先的产品生命周期管理（PLM）平台——实现无可比拟的紧密集成。

一、编写目的

鉴于 UG NX 强大的功能和深厚的工程应用底蕴，我们力图编写一套全方位介绍 UG NX 在工程行业实际应用的书籍。具体就本书而言，我们不求事无巨细地将 UG NX 知识点全面讲解清楚，而是针对工程专业或行业需要，以 UG NX 知识脉络为线索，以实例为"抓手"，帮助读者掌握用 UG NX 进行工程设计的基本技能和技巧。

二、本书特点

本书通过具体的工程案例，系统讲解了使用 UG NX 12.0 进行工程设计的方法和技巧，包括 UG NX 12.0 入门、基本操作、建模基础、草图设计、曲线功能、基本特征建模、设计特征建模、复制特征、特征操作、曲面功能、钣金特征、装配建模、工程图等内容。

➥ 实用性强

本书从全面提升 UG NX 设计能力的角度出发，结合大量的案例来讲解如何利用 UG NX 进行工程设计。本书中有很多实例本身就是工程设计项目案例，经过作者精心提炼和改编，不仅能帮助读者掌握好基本知识，还能帮助他们掌握实际操作技能，同时培养工程设计实践能力。

➥ 实例丰富

本书的实例不管是数量还是种类，都非常丰富。本书结合大量的工业设计实例详细讲解

UG NX 知识要点，让读者在学习案例的过程中潜移默化地掌握 UG NX 软件操作技巧。

➘ 系统全面

就本书而言，我们的目的是编写一本对工程设计各个方面具有普适性的基础应用学习用书，所以我们在本书中对知识点的讲解做到尽量全面。

三、本书的配套资源

为了方便读者学习，本书提供了极为丰富的学习资源。

1．配套学习视频

针对本书实例专门制作了丰富的教学视频，读者朋友通过手机扫描即可看视频，像看电影一样轻松愉悦地学习本书，然后对照课本加以实践和练习，可以大大提高学习效率。

2．全书实例的源文件素材

本书实例丰富，同时也提供了实例对应的素材源文件，读者可以安装 UG NX 12.0 软件，打开并使用它们按照书中的步骤学习与操作。

3．赠送多套大型图纸设计方案及大型教学视频

为了帮助读者拓展视野，本书赠送多套设计图纸集、图纸源文件和教学视频等。

以上内容的下载方式请加入本书 QQ 群，根据群公告的链接地址下载。

四、关于本书的服务

1．"UG NX 12.0 简体中文版"安装软件的获取

进行本书中的各类操作，都需要事先在计算机中安装 UG NX 12.0 软件。读者朋友可以登录官方网站获取正版软件，或者通过百度搜索以及相关学习群咨询软件获取方式。UG NX 的官方网站为：https://www.plm.automation.siemens.com/country/zh-cn/index.html。

2．关于本书的所有问题或关于本书各类资源和信息的发布

（1）推荐加入 QQ 群：814596227，（若此群已满，请根据提示加入相应的群）。本书的实例素材源文件、学习视频等各类资料，请根据群公告提示下载。本书的所有疑问请在群里提问和交流。

（2）读者朋友也可以加入下面的微信公众号下载资源或咨询本书的任何问题。

五、关于作者

本书由天工在线组织编写。天工在线是一个集 CAD/CAM/CAE 技术研讨、工程开发、培训咨询和图书创作于一体的工程技术人员协作联盟，由 40 多位专职和其他数量不等的兼职 CAD/CAM/CAE 工程技术专家组成。

天工在线负责人由 Autodesk 中国认证考试中心首席专家担任，全面负责 Autodesk 中国官方认证考试大纲制定、题库建设、技术咨询和师资力量培训工作，成员精通 Autodesk 系列软件。其创作的很多教材成为国内具有引导性的旗帜作品，在国内相关专业方向图书创作领域具有举足轻重的地位。

参与本书编写的人员有：张亭、秦志霞、井晓翠、解江坤、闫国超、吴秋彦、刘昌丽、康士廷、毛瑢、王敏、王玮、王艳池、王培合、王义发、王玉秋、张红松、王佩楷、陈晓鸽、张日晶、左昉、禹飞舟、杨肖、吕波、李瑞、贾燕、刘建英、薄亚、方月、刘浪、穆礼渊、张俊生、郑传文、赵志超、张辉、赵黎黎、朱玉莲、徐声杰、韩冬梅、卢园、杨雪静、孟培、闫聪聪、李兵、甘勤涛、孙立明、李亚莉、王敏、宫鹏涵、左昉、李谨、李瑞、张秀辉。

六、致谢

本书能够顺利出版是所有参与者共同努力的结果，在此表示深深的感谢。同时，祝所有读者在通往优秀工程师的道路上一帆风顺。

编　者

目 录

Contents

第1章　UG NX 12.0 入门...................... 1
　　　视频讲解：17 节
　1.1　UG NX 12.0 的启动..................... 1
　1.2　工作界面 2
　　　1.2.1　标题栏 2
　　　1.2.2　菜单 2
　　　1.2.3　上边框条 4
　　　1.2.4　功能区 4
　　　1.2.5　工作区 4
　　　1.2.6　坐标系 4
　　　1.2.7　快速访问工具条 4
　　　1.2.8　资源条 5
　　　1.2.9　提示行 6
　　　1.2.10　状态行 6
　1.3　功能区的定制 6
　　　1.3.1　选项卡/条 7
　　　1.3.2　命令 7
　　　1.3.3　图标/工具提示 8
　　　1.3.4　快捷方式 8
　1.4　系统的基本设置 8
　　　1.4.1　环境设置 8
　　　1.4.2　默认参数设置 9

第2章　基本操作 12
　　　视频讲解：15 节
　2.1　文件操作 12
　　　2.1.1　新建文件 13
　　　2.1.2　打开/关闭文件 13
　　　2.1.3　导入/导出文件 15
　　　2.1.4　文件操作参数设置 17
　2.2　对象操作 18

　　　2.2.1　观察对象 18
　　　2.2.2　选择对象 20
　　　2.2.3　改变对象的显示方式 21
　　　2.2.4　隐藏对象 23
　　　2.2.5　对象变换 25
　　　2.2.6　移动对象 30
　2.3　坐标系操作 30
　　　2.3.1　坐标系的变换 31
　　　2.3.2　坐标系的定义 32
　　　2.3.3　坐标系的保存、显示和
　　　　　　　隐藏 33
　2.4　视图与布局 33
　　　2.4.1　视图 33
　　　2.4.2　布局 34
　2.5　图层操作 36
　　　2.5.1　图层的分类 37
　　　2.5.2　图层的设置 38
　　　2.5.3　图层的其他操作 39

第3章　建模基础 41
　　　视频讲解：23 节
　3.1　UG 参数设置 41
　　　3.1.1　对象首选项 41
　　　3.1.2　用户界面首选项 42
　　　3.1.3　资源板 46
　　　3.1.4　选择首选项 47
　　　3.1.5　装配首选项 48
　　　3.1.6　草图首选项 48
　　　3.1.7　制图首选项 49
　　　3.1.8　建模首选项 51
　　　3.1.9　调色板 53

3.1.10 可视化首选项 53
3.1.11 可视化性能首选项 58
3.1.12 栅格首选项 59
3.2 基准建模 60
3.2.1 点 61
3.2.2 基准平面 62
3.2.3 基准轴 64
3.2.4 基准坐标系 65
3.3 表达式 66
3.3.1 表达式综述 66
3.3.2 表达式语言 67
3.3.3 "表达式"对话框 70
3.3.4 部件间表达式 72
3.4 布尔运算 73
3.4.1 合并 73
3.4.2 减去 74
3.4.3 相交 75

第4章 草图设计 76
　　　视频讲解：41 节
4.1 草图的建立 76
4.1.1 进入草图环境 76
4.1.2 草图的视角 77
4.1.3 草图的重新定位 78
4.2 草图的绘制 78
4.2.1 直线 79
动手学——五角星的绘制 79
练一练——绘制表面粗糙度
符号 80
4.2.2 圆 81
动手学——法兰草图的绘制 81
练一练——绘制挡圈 84
4.2.3 圆弧 84
动手学——梅花造型的绘制 84
练一练——绘制圆头平键 85
4.2.4 轮廓 86
4.2.5 派生直线 86
4.2.6 矩形 86

4.2.7 多边形 87
动手学——绘制螺母 87
练一练——绘制六角扳手截面
草图 89
4.2.8 椭圆 89
动手学——定位销 89
练一练——绘制洗脸盆草图 92
4.2.9 二次曲线 93
4.3 草图操作 93
4.3.1 快速修剪 93
4.3.2 快速延伸 94
动手学——轴承草图 95
练一练——绘制锁紧箍草图 100
4.3.3 阵列曲线 100
动手学——槽轮草图 100
练一练——绘制汽缸截面
草图 103
4.3.4 拖动 103
4.3.5 镜像曲线 104
4.3.6 偏置曲线 104
动手学——切刀草图 105
4.3.7 圆角 109
动手学——槽钢截面图 109
4.3.8 倒斜角 111
动手学——卡槽草图 111
练一练——绘制内六角螺钉
截面 114
4.3.9 添加现有曲线 115
4.3.10 投影曲线 115
4.3.11 草图更新 116
4.3.12 删除与抑制草图 116
4.4 草图约束 116
4.4.1 建立尺寸约束 116
4.4.2 建立几何约束 118
4.4.3 动画演示尺寸 120
4.4.4 转换至/自参考对象 120
4.4.5 备选解 121
动手学——垫片草图 121

练一练——绘制拨叉草图 **123**

4.5 综合实例——曲柄 **124**

练一练——绘制连杆草图 **127**

第 5 章　曲线功能 129

视频讲解：43 节

5.1　曲线 129

5.1.1　基本曲线 129

动手学——轴轮廓曲线 **136**

5.1.2　倒斜角 137

5.1.3　多边形 139

动手学——螺母 **140**

5.1.4　椭圆 142

5.1.5　抛物线 143

5.1.6　双曲线 143

5.1.7　样条曲线 144

5.1.8　规律曲线 146

动手学——抛物线 **147**

5.1.9　螺旋线 149

动手学——创建螺旋线 **150**

5.1.10　文本 152

5.1.11　点 152

5.1.12　点集 153

动手学——五角星 **155**

5.2　派生曲线 158

5.2.1　偏置 158

动手学——偏置曲线 **160**

5.2.2　在面上偏置 161

5.2.3　桥接 162

5.2.4　简化 164

5.2.5　连结 164

5.2.6　投影曲线 165

5.2.7　组合投影 167

5.2.8　缠绕/展开曲线 168

动手学——缠绕/展开曲线 **169**

5.2.9　镜像 169

动手学——椭圆曲线 **170**

5.2.10　抽取 171

5.2.11　相交 172

5.2.12　截面 173

5.3　曲线编辑 175

5.3.1　编辑曲线参数 176

5.3.2　修剪曲线 178

动手学——绘制扳手轮廓

曲线 **179**

练一练——绘制碗轮廓线 **181**

5.3.3　修剪拐角 182

5.3.4　分割曲线 183

动手学——用"分割"命令

编辑曲线 **185**

5.3.5　编辑圆角 186

5.3.6　拉长曲线 187

5.3.7　曲线长度 188

5.3.8　光顺样条 188

5.4 综合实例——鞋子曲线 **189**

练一练——绘制咖啡壶曲线 **199**

第 6 章　基本特征建模 200

视频讲解：20 节

6.1　创建体素特征 200

6.1.1　长方体 200

动手学——压板 **201**

6.1.2　圆柱 203

动手学——滑块 **203**

练一练——绘制时针 **205**

6.1.3　圆锥 205

6.1.4　球 207

动手学——球摆 **208**

练一练——绘制乒乓球 **211**

6.2　创建扫描特征 212

6.2.1　拉伸 212

动手学——扳手 **215**

练一练——绘制半圆键 **218**

6.2.2　旋转 218

动手学——圆锥销 **220**

练一练——绘制碗 **223**

6.2.3 沿引导线扫掠 224
动手学——活动钳口 224
6.2.4 管 227
动手学——手镯 228
6.3 GC 工具箱 229
6.3.1 齿轮建模 229
动手学——圆柱齿轮 231
练一练——绘制斜齿轮 233
6.3.2 弹簧设计 234
动手学——圆柱拉伸弹簧 235
6.4 综合实例——方向盘 237

第 7 章 设计特征建模 245
视频讲解：16 节
7.1 创建设计特征 245
7.1.1 凸台 245
动手学——笔芯 246
练一练——绘制电阻 247
7.1.2 孔 248
动手学——法兰盘 249
7.1.3 腔 252
动手学——柱塞 255
练一练——绘制机械臂 260
7.1.4 垫块 260
动手学——上阀瓣 261
练一练——绘制箱体 265
7.1.5 槽 266
动手学——阀盖 1 267
7.1.6 键槽 272
动手学——顶杆帽 274
练一练——绘制轴 281
7.1.7 三角形加强筋 281
7.1.8 螺纹 282
动手学——阀盖 2 284
练一练——绘制灯泡 286
7.2 综合实例——阀体 286
练一练——绘制轴承座 292

第 8 章 复制特征 294
视频讲解：14 节
8.1 关联复制特征 294
8.1.1 阵列几何特征 294
动手学——瓶盖 295
8.1.2 阵列特征 299
动手学——挡板 301
8.1.3 镜像特征 303
动手学——轴承盖 304
练一练——绘制哑铃 313
8.1.4 镜像几何体 313
动手学——花键轴 314
8.1.5 抽取体 318
8.2 偏置/缩放特征 321
8.2.1 抽壳 321
动手学——瓶体 322
练一练——绘制油杯 325
8.2.2 偏置面 325
8.2.3 缩放体 326
8.3 综合实例——轴承座 328

第 9 章 特征操作 339
视频讲解：13 节
9.1 细节特征 339
9.1.1 边倒圆 339
动手学——滚轮 341
练一练——绘制填料压盖 345
9.1.2 面倒圆 346
9.1.3 倒斜角 347
动手学——绘制下阀瓣 348
9.1.4 球形拐角 351
9.1.5 拔模角 351
动手学——耳机插头 354
练一练——绘制锅盖 360
9.2 修剪 361
9.2.1 修剪体 361
动手学——茶杯 362
9.2.2 拆分体 366

9.2.3　分割面 367

9.3　综合实例——泵体 **368**

第 10 章　曲面功能 **381**

　　📹 视频讲解：24 节

10.1　自由曲面创建 381

10.1.1　通过点生成曲面 381

10.1.2　拟合曲面 384

10.2　网格曲面 385

10.2.1　直纹 386

动手学——风扇 **387**

10.2.2　通过曲线组 394

10.2.3　通过曲线网格 395

10.2.4　截面曲面 397

10.2.5　艺术曲面 399

10.2.6　N 边曲面 400

10.3　弯曲曲面 400

10.3.1　延伸 400

10.3.2　规律延伸 401

10.4　其他曲面 403

10.4.1　扫掠 403

动手学——节能灯泡 **405**

10.4.2　偏置曲面 410

10.4.3　大致偏置 411

10.4.4　修剪片体 412

10.4.5　加厚 413

10.4.6　片体到实体助理 413

动手学——咖啡壶 **415**

10.5　自由曲面编辑 421

10.5.1　X 型 421

10.5.2　扩大 422

10.5.3　更改次数 423

10.5.4　更改刚度 424

10.5.5　法向反向 424

10.6　综合实例——饮料瓶 **424**

第 11 章　NX 钣金特征 **438**

　　📹 视频讲解：18 节

11.1　钣金概述 438

11.1.1　钣金流程 439

11.1.2　钣金首选项 440

11.2　钣金基本特征 442

11.2.1　突出块特征 443

11.2.2　弯边特征 443

11.2.3　轮廓弯边 446

11.2.4　放样弯边 447

11.2.5　二次折弯特征 448

11.2.6　折弯 449

11.2.7　凹坑 449

11.2.8　法向开孔 450

动手学——微波炉内门 **451**

11.3　钣金高级特征 461

11.3.1　冲压开孔 462

11.3.2　筋 462

11.3.3　百叶窗 464

11.3.4　倒角 464

11.3.5　撕边 464

11.3.6　转换为钣金件 465

11.3.7　封闭拐角 465

11.3.8　展平实体 467

**11.4　综合实例——三相电表盒
　　　壳体** **467**

第 12 章　装配建模 **479**

　　📹 视频讲解：13 节

12.1　装配概述 479

12.1.1　相关术语和概念 479

12.1.2　引用集 480

12.2　装配导航器 481

12.2.1　功能概述 481

12.2.2　预览面板和相关性
　　　　面板 482

12.3　自底向上装配 482

12.3.1　添加已经存在的部件 ... 482

12.3.2　组件的装配 484

动手学——柱塞泵装配图 **487**

12.4　自顶向下装配 499

12.4.1　第一种设计方法 500

12.4.2　第二种设计方法 501

12.5 装配爆炸图 501
 12.5.1 爆炸图的建立 502
 12.5.2 自动爆炸视图 502
 12.5.3 编辑爆炸视图 502
 动手学——柱塞泵爆炸图 503
 12.5.4 对象干涉检查 506
12.6 组件族 507
12.7 装配信息查询 508
12.8 装配序列化 511
 动手学——柱塞泵装配动
 画图 513

第 13 章 工程图 515
  视频讲解：21 节
13.1 工程图概述 515
13.2 工程图参数预设置 516
 13.2.1 工程图参数设置 516
 13.2.2 注释参数设置 518
 13.2.3 视图参数 519
13.3 图纸管理 521
 13.3.1 新建工程图 521

13.3.2 编辑工程图 522
13.4 视图管理 522
 13.4.1 建立基本视图 522
 13.4.2 投影视图 523
 13.4.3 局部放大视图 523
 13.4.4 剖视图 524
 13.4.5 局部剖视图 525
 动手学——创建端盖工程图 526
13.5 视图编辑 530
 13.5.1 视图对齐 531
 13.5.2 视图相关编辑 531
 13.5.3 移动/复制视图 533
 13.5.4 视图边界 533
 13.5.5 更新视图 534
13.6 标注与符号 535
 13.6.1 尺寸标注 535
 13.6.2 注释编辑器 538
 13.6.3 符号标注 539
 动手学——标注端盖工程图 540
13.7 综合实例——轴承座工程图 ... 542

第 1 章　UG NX 12.0 入门

内容简介

UG NX(Unigraphics NX)是 Siemens PLM Software 公司推出的集 CAD/CAM/CAE 于一体的三维机械设计软件，也是当今世界应用最广的计算机辅助设计、分析和制造软件之一，广泛应用于汽车、航空航天、机械、消费产品、医疗器械、造船等行业。其功能包括概念设计、工程设计、性能分析和制造，可为制造行业产品开发的全过程提供解决方案。

内容要点

- ⤷ UG NX 12.0 的启动
- ⤷ 工作界面
- ⤷ 功能区的定制
- ⤷ 系统的基本设置

⤷ 1.1　UG NX 12.0 的启动

扫一扫，看视频

说明：UG NX 原来系美国 UGS 公司出品，2008 年前后被德国 Siemens（西门子）公司收购，被更名为 Siemens NX，简称 NX。但在很多地方还习惯称其为 UG NX。为方便读者，本书仍旧沿用 UG NX。本书所有 UG NX 指的都是 Siemens NX。

启动 UG NX 12.0 中文版，有下面 4 种方法。

- ⤷ 双击桌面上的 UG NX 12.0 快捷方式图标，即可启动 UG NX 12.0 中文版。
- ⤷ 单击桌面左下方的"开始"按钮，在弹出的菜单中选择"程序"→UG NX 12.0→NX 12.0，启动 UG NX 12.0 中文版。
- ⤷ 将 UG NX 12.0 快捷方式图标拖到桌面下方的快捷启动栏中，只需单击快捷启动栏中的 UG NX 12.0 快捷方式图标，即可启动 UG NX 12.0 中文版。
- ⤷ 直接在 UG NX 12.0 安装目录的 UGII 子目录下双击 ugraf.exe 图标，即可启动 UG NX 12.0 中文版。

UG NX 12.0 中文版的启动界面如图 1-1 所示。

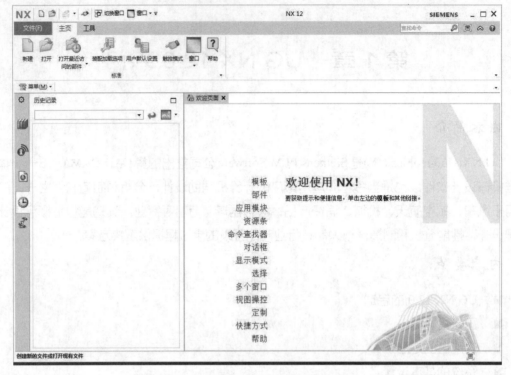

图 1-1　UG NX 12.0 中文版的启动界面

扫一扫，看视频

1.2　工作界面

本节主要介绍 UG NX 12.0 工作界面及其组成部分，了解各部分的位置和功能之后才能有效地进行设计工作。选择"文件"→"新建"→"确定"命令，进入如图 1-2 所示工作界面。其中包括标题栏、菜单、选择条、功能区、工作区、坐标系、快速访问工具条、资源条、提示行和状态行等部分。

1.2.1　标题栏

标题栏用来显示软件版本，以及当前的模块和文件名等信息。

1.2.2　菜单

菜单中包含本软件的主要功能，系统的所有命令或者设置选项都归属到不同的菜单下，它们分别是"文件"菜单、"编辑"菜单、"视图"菜单、"插入"菜单、"格式"菜单、"工具"菜单、"装配"菜单、"信息"菜单、"分析"菜单、"首选项"菜单、"应用模块"菜单、"窗口"菜单、"GC 工具箱"菜单和"帮助"菜单。

图 1-2　工作界面

　　当选择某一菜单时，在其子菜单中就会显示所有与该功能有关的命令。如图 1-3 所示，为"工具"子菜单，具有如下特点。

图 1-3　工具子菜单

- 快捷字母：例如，File 中的 F 是系统默认的快捷字母命令键，按 Alt+F 组合键即可调用该命令。比如要调用 File→Open 命令，按 Alt+F 组合键后再按 O 键即可调出该命令。
- 功能命令：是实现软件各个功能所要执行的命令，单击它会调出相应功能。
- 提示箭头：是指菜单命令中右方的三角箭头，表示该命令含有子菜单。
- 快捷键：命令右方的组合键即是该命令的快捷键，在工作过程中直接按下组合键即可自动执行该命令。

1.2.3 上边框条

上边框条（边框条又称选择条）中含有不少快捷功能，为用户绘图提供了方便，如图 1-4 所示。

图 1-4 上边框条

1.2.4 功能区

在功能区中，将命令以图标的形式按不同的功能进行分类，安排在不同的选项卡和组中，如图 1-5 所示。功能区中所有的命令图标都可以在菜单中找到相应的命令，这样就避免了在菜单中查找命令的繁琐，方便操作。

图 1-5 功能区

1.2.5 工作区

工作区是绘图的主区域。

1.2.6 坐标系

UG 中的坐标系分为工作坐标系（WCS）、绝对坐标系（ACS）和机械标系（MCS），其中工作坐标系是用户在建模时直接应用的坐标系。

1.2.7 快速访问工具条

快速访问工具条中含有一些最为常用的命令按钮，通过它们用户可以方便、快速地进行绘图工作。

1.2.8　资源条

资源条（如图 1-6 所示）中包括"装配导航器""部件导航器""Web 浏览器""历史记录"和"重用库"等按钮。

单击"重用库"按钮，打开重用库，单击右上角的□按钮，可以将其切换到最大化，如图 1-7 所示。

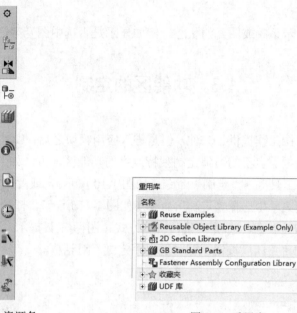

图 1-6　资源条　　　　　　　　　　　　　　　　　图 1-7　重用库

单击"Web 浏览器"按钮，可显示 UG NX 12.0 的在线帮助、CAST、e-vis、iMan 或其他任何网站和网页。也可选择"菜单"→"首选项"→"用户界面"命令，在弹出的"用户界面首选项"对话框中配置浏览器主页，如图 1-8 所示。

单击"历史记录"按钮，可访问打开过的零件列表，预览零件及其他相关信息，如图 1-9 所示。

图 1-8　配置浏览器主页

图 1-9　历史记录

1.2.9　提示行

提示行用来提示用户如何操作。执行每个命令时，系统都会在提示行中显示用户必须执行的下一步操作。对于用户不熟悉的命令，利用提示行帮助，一般都可以顺利完成操作。

1.2.10　状态行

状态行主要用于显示系统或图元的状态，例如显示是否选中图元等信息。

扫一扫，看视频

1.3　功能区的定制

功能区为用户的绘图工作提供了方便，但是进入应用模块之后，UG 只会显示默认的功能区设置。对此用户可以根据自己的习惯定制独特风格的功能区，方法如下。

选择"菜单"→"工具"→"定制"命令（如图 1-10 所示），或者在功能区任意空白处右击鼠标，在弹出的快捷菜单中选择"定制"命令（如图 1-11 所示），打开"定制"对话框。对话框中包括 4 个选项卡：命令、选项卡/条、快捷方式、图标/工具提示。即可进行功能区的定制。完成后单击下方的"关闭"按钮，即可退出"定制"对话框。

图 1-10　选择"菜单"→"工具"→"定制"命令

图 1-11　弹出的菜单

1.3.1　选项卡/条

该选项卡用于设置显示或隐藏某些选项卡/工具条、新建工具条、装载定义好的工具条文件（以.tbr 为后缀名）等，也可以利用"重置"按钮来恢复软件默认的选项卡/工具条设置，如图 1-12 所示。

图 1-12　"选项卡/条"选项卡

1.3.2　命令

该选项卡用于显示或隐藏功能区中的某些命令图标，如图 1-13 所示。具体操作为：在"类别"栏中找到需添加命令的功能区选项卡、边框条或 QAT（快速访问工具条），然后在"项"栏中找到待添加的命令，将该命令拖至相应的功能区选项卡、边框条或 QAT 中即可。对于功能区中不需要的命令图标直接拖出，然后释放鼠标即可。使用同样方法也可以将命令图标拖动到"菜单"中。

图 1-13　"命令"选项卡

📢 提示：

> 除了命令可以拖动到功能区，在"类别"栏中选择"菜单"→"我的项"→"我的菜单"时，"项"栏中的菜单也可以拖动到功能区中，从而创建自定义菜单。

1.3.3　图标/工具提示

该选项卡用于设置在功能区和菜单上是否显示工具提示、在对话框选项上是否显示工具提示，以及功能区、菜单和对话框等中的图标大小，如图 1-14 所示。

1.3.4　快捷方式

该选项卡用于定制快捷工具条或圆盘工具条等，如图 1-15 所示。

图 1-14　"图标/工具提示"选项卡

图 1-15　"快捷方式"选项卡

1.4　系统的基本设置

在使用 UG NX 12.0 中文版进行建模之前，首先要对 UG NX 12.0 中文版进行系统设置。下面主要介绍系统的环境设置和参数设置。

扫一扫，看视频

1.4.1　环境设置

在 Windows 7 中，软件的工作路径是由系统注册表和环境变量来设置的。UG NX 12.0 安装以后，会自动建立一些系统环境变量，如 UGII_BASE_DIR、UGII_LANG 和 UG_ROOT_DIR 等。如果用户要添加环境变量，可以在"计算机"图标上单击鼠标右键，在弹出的快捷菜单中选择"属性"命令，在弹出的对话框中单击"高级系统设置"按钮，打开如图 1-16 所示的

"系统属性"对话框。选择"高级"选项卡，单击"环境变量"按钮，在弹出的如图 1-17 所示"环境变量"对话框中进行相应的操作即可。

图 1-16　"系统属性"对话框

图 1-17　"环境变量"对话框

如果要对 UG NX 12.0 进行中英文界面的切换，在"环境变量"对话框的"系统变量"列表框中选择 UGII_LANG，然后单击下面的"编辑"按钮，打开如图 1-18 所示的"编辑系统变量"对话框，在"变量值"文本框中输入"simple_chinese"（中文）或"English"（英文），即可实现中英文界面的切换。

图 1-18　"编辑系统变量"对话框

1.4.2　默认参数设置

扫一扫，看视频

在 UG NX 12.0 中，操作参数一般都可以修改。大多数的操作参数，如图形中尺寸的单位、尺寸的标注方式、字体的大小以及对象的颜色等，都有默认值。而参数的默认值都保存在默认参数设置文件中，当启动 UG NX 12.0 时，会自动调用默认参数设置文件中的默认参数。UG NX 12.0 允许用户根据自己的习惯修改该文件，即自定义参数的默认值，以提高设计效率。

选择"菜单"→"文件"→"实用工具"→"用户默认设置"命令，打开如图 1-19 所示的"用户默认设置"对话框。

图 1-19 "用户默认设置"对话框

在该对话框中可以设置参数的默认值、查找所需默认设置的作用域和版本、把默认参数以电子表格的形式输出、升级旧版本的默认设置等。

下面介绍该对话框中主要选项的用法。

➥ 查找默认设置：在该对话框中单击 按钮，打开如图 1-20 所示的"查找默认设置"对话框。在该对话框的"输入与默认设置关联的字符"文本框中输入要查找的默认设置，单击 查找 按钮，结果显示在"找到的默认设置"列表框中。

图 1-20 "查找默认设置"对话框

↘ 管理当前设置：在"用户默认设置"对话框中单击■按钮，打开如图 1-21 所示的"管理当前设置"对话框。在该对话框中可以实现对默认设置的新建、删除、导入、导出和以电子表格的形式输出默认设置。

图 1-21 "管理当前设置"对话框

第 2 章　基本操作

内容简介

　　本章主要介绍 UG 应用中的一些基本操作及经常使用的工具，帮助用户一步步认识、熟悉 UG 的建模环境。对于建模中常用的工具或命令，想要熟练地掌握，还是要多练多用才行；但对于 UG 所提供的建模环境有一个初步的整体性了解也是必不可少的，只有了解了全局，才会知道对同一模型可以有多种建模和修改的思路，对更为复杂或特殊模型的建立才能做到游刃有余。

内容要点

- ❯ 文件操作
- ❯ 对象操作
- ❯ 坐标系操作
- ❯ 视图与布局

2.1　文件操作

　　本节将介绍有关文件的操作，包括新建文件、打开/关闭文件、保存文件、导入/导出文件等。各种文件操作可以通过如图 2-1 所示"文件"菜单命令来完成。

图 2-1　"文件"菜单命令

2.1.1　新建文件

要新建一个文件（后缀名为.prt），可以选择"文件"→"新建"命令、单击"主页"选项卡"标准"组中的"新建"按钮，或者按 Ctrl+N 组合键，打开如图 2-2 所示"新建"对话框。

图 2-2　"新建"对话框

在"模板"栏中选择适当的模板，然后在"新文件名"栏中的"文件夹"文本框中确定新建文件的保存路径，在"名称"文本框中输入文件名，最后单击"确定"按钮即可。

◀») 提示：

UG 并不支持中文路径以及中文文件名，所以需要以英文字母代替，否则将会被认为无效。另外，文件在移动或复制时也要注意路径中不要有中文字符，否则系统会认作为无效文件。这一点，直到 UG NX 12.0 依旧没有改变。

2.1.2　打开/关闭文件

选择"文件"→"打开"命令、单击"主页"选项卡"标准"组中的"打开"按钮，或者按 Ctrl+O 组合键，打开如图 2-3 所示"打开"对话框。该对话框中会列出当前目录下的所有有效文件以供选择，这里所指的有效文件是根据用户在"文件类型"下拉列表框中的设置来决定的。从中选择所需文件，然后单击 OK 按钮，即可将其打开。

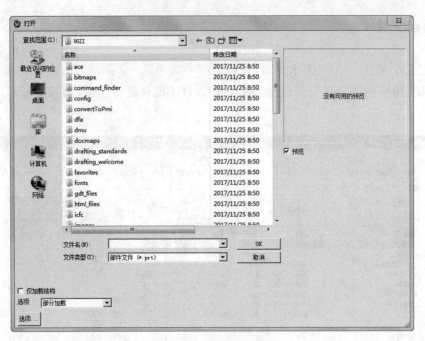

图 2-3 "打开"对话框

另外，可以选择"文件"→"最近打开的部件"命令，有选择性地打开最近打开过的文件。

要关闭文件，可以通过选择"文件"→"关闭"子菜单中的相应命令来完成，如图 2-4 所示。

下面对其中的"选定的部件"命令做一介绍。

图 2-4 "关闭"子菜单

选择该命令，打开如图 2-5 所示"关闭部件"对话框，从中选取要关闭的文件，然后单击"确定"按钮即可。"关闭部件"对话框中的主要选项介绍如下。

➥ 顶层装配部件：用于在文件列表中只列出顶层装配文件，而不列出装配中包含的组件。

➥ 会话中的所有部件：用于在文件列表中列出当前进程中所有载入的文件。

➥ 仅部件：仅关闭所选择的文件。

➥ 部件和组件：如果所选择的文件是装配文件，则会一同关闭所有属于该装配文件的组件文件。

➥ 关闭所有打开的部件：单击该按钮，可以关闭所有文件，但会弹出警告对话框（如图 2-6 所示），提示用户是否在关闭之前对所做的更改进行保存。

其他的命令与"选定的部件"相似，此处不再赘述。

图 2-5　"关闭部件"对话框

图 2-6　"关闭所有文件"对话框

扫一扫，看视频

2.1.3　导入/导出文件

1．导入文件

选择"文件"→"导入"命令，在其子菜单（如图 2-7 所示）中提供了"部件"命令，以及 UG 与其他应用程序文件格式的接口，其中常用的有 CGM（computer Graphic Matafile）、AutoCAD DXF/DWG 等。

图 2-7 "导入"子菜单

（1）部件：在 UG 中，可以将已存在的零件文件导入到目前打开的零件文件或新文件中；此外，还可以导入 CAM 对象。

选择"文件"→"导入"→"部件"命令，打开"导入部分"对话框，如图 2-8 所示。

①比例：该文本框用于设置导入零件的大小比例。如果导入的零件含有自由曲面，系统将限制比例值为 1。

②创建命名的组：选中该复选框，系统会将导入的零件中的所有对象建立群组，该群组的名称即是该零件文件的原始名称，并且该零件文件的属性将转换为导入

图 2-8 "导入部件"对话框

的所有对象的属性。

③导入视图和摄像机：选中该复选框后，导入的零件中若包含用户自定义布局和查看方式，则系统会将其相关参数和对象一同导入。

④导入 CAM 对象：选中该复选框后，若零件中含有 CAM 对象，则将一同导入。

⑤工作的：选中该单选按钮后，导入零件的所有对象将属于当前的工作图层。

⑥原始的：选中该单选按钮后，导入的所有对象还是属于原来的图层。

⑦WCS：选中该单选按钮，在导入对象时以工作坐标系为定位基准。

⑧指定：选中该单选按钮，系统将在导入对象后显示坐标子菜单，采用用户自定义的定位基准（定义之后，系统将以该坐标系作为导入对象的定位基准）。

（2）Parasolid：选择该命令，在弹出的对话框中可以导入（*.x_t）格式文件。系统允许用户导入含有适当文字格式文件的实体（Parasolid），该文字格式文件含有可用来说明该实体的数据。导入的实体密度保持不变，表面属性（颜色、反射参数等）除透明度外，保持不变。

（3）CGM：选择该命令，可以导入 CGM 文件，即标准的 ANSI 格式的计算机图形元文件。

（4）IGES：选择该命令，可以导入 IGES（Initial Graphics Exchange Specification）格式文件。IGES 是可在一般 CAD/CAM 应用程序间转换的常用格式，可供各 CAD/CAM 应用程序转换点、线、曲面等对象。

（5）AutoCAD DFX//DWG：选择该命令，可将其他 CAD/CAM 应用程序导出的DFX/DWG 文件导入到 UG 中，操作与 IGES 相同。

2. 导出文件

选择"文件"→"导出"命令，可以将 UG 文件导出为除自身外的多种文件格式，包括图片、数据文件和其他各种应用程序文件格式。

2.1.4　文件操作参数设置

1. 载入选项

选择"菜单"→"文件"→"选项"→"装配加载选项"命令，打开如图 2-9 所示"装配加载选项"对话框。
下面对其中部分参数进行说明。

（1）加载（"部件版本"栏）：用于设置加载的方式。其中含有 3 个选项，分别介绍如下。

①按照保存的：用于指定载入的零件目录与保存零件的目录相同。

②从文件夹：指定加载零件的文件夹与主要组件相同。

③从搜索文件夹：利用此对话框下方的"显示会话文

图 2-9　"装配加载选项"对话框

件夹"按钮进行搜寻。

（2）加载（"范围"栏）：用于设置零件的载入方式，有 5 种可供选择。

（3）选项：选择"完全加载"时，系统会将所有组件一并载入；选择"部分加载"时，系统仅允许用户打开部分组件文件。

（4）失败时取消加载：用于控制当系统载入发生错误时，是否中止载入文件。

（5）允许替换：选中该复选框，当组件文件载入零件时，即使该零件不属于该组件文件，系统也允许用户打开该零件。

2．保存选项

选择"菜单"→"文件"→"选项"→"保存选项"命令，打开如图 2-10 所示"保存选项"对话框，从中可以进行相关参数设置。

图 2-10 "保存选项"对话框

该对话框中部分参数介绍如下。

（1）保存时压缩部件：选中该复选框后，保存时系统会自动压缩零件文件。文件压缩需要花费较长时间，所以一般用于大型组件文件或复杂文件。

（2）生成重量数据：用于更新并保存元件的重量及质量特性，并将其信息与元件一同保存。

（3）保存图样数据：该选项组用于设置保存零件文件时，是否保存图样数据。

①否：表示不保存。

②仅图样数据：表示仅保存图样数据，而不保存着色数据。

③图样和着色数据：表示全部保存。

2.2 对象操作

UG 建模过程中的点、线、面、图层、实体等被称为对象，三维实体的创建、编辑操作过程实质上也可以看作是对对象的操作过程。本小节将介绍对象的操作过程。

扫一扫，看视频

2.2.1 观察对象

对对象进行观察，一般有以下几种途径。

1．通过快捷菜单

在工作区中右击鼠标，弹出如图 2-11 所示快捷菜单，其中部分命令功能说明如下。

（1）适合窗口：用于拟合视图，即调整视图中心和比例，使整合部件拟合在视图的边界内。该命令可以通过按快捷键 Ctrl+F 来实现。

（2）缩放：用于实时缩放视图，该命令可以通过同时按下鼠标滚轮和左键不放来拖动鼠标实现；将鼠标置于图形界面中，滚动鼠标滚轮就可以对视图进行缩放；或者在按下鼠标滚轮的同时按下"Ctrl"键，然后上下移动鼠标也可以对视图进行缩放。

（3）旋转：用于旋转视图，该命令可以通过按下鼠标滚轮不放，再拖动鼠标实现。

（4）平移：用于移动视图，该命令可以通过同时按下鼠标右键和滚轮不放来拖动鼠标实现；或者在按下鼠标滚轮的同时按下"Shift"键，然后向各个方向移动鼠标也可以对视图进行移动。

图 2-11　快捷菜单

（5）刷新：用于更新窗口显示，包括更新 WCS 显示、更新由线段逼近的曲线和边缘显示；更新草图和相对定位尺寸/自由度指示符、基准平面和平面显示。

（6）渲染样式：用于更换视图的显示模式，其子菜单中包含带边着色、着色、局部着色、面分析和艺术外观等 8 种对象的显示模式。

（7）定向视图：用于改变对象观察点的位置，其子菜单中包括用户自定义视角等 9 个视图命令。

（8）设置旋转参考：该命令可以实现用鼠标在工作区中选择合适旋转点，再通过旋转命令观察对象。

2．通过"视图"选项卡

"视图"选项卡如图 2-12 所示，其中每个命令按钮的功能与对应的快捷菜单命令相同。

图 2-12　"视图"功能区

3．通过"视图"子菜单

选择"菜单"→"视图"命令，弹出如图 2-13 所示子菜单，其中许多功能可以从不同角度观察对象模型。

图 2-13   "视图"子菜单

扫一扫，看视频

2.2.2 选择对象

在 UG 的建模过程中，可以通过多种方式来选择对象，以方便、快速地选择目标体。选择"菜单"→"编辑"→"选择"命令，弹出如图 2-14 所示子菜单。

下面对其中部分命令功能做一介绍。

- ➥ 最高选择优先级-特征：其选择范围特定，仅允许特征被选择，像一般的线、面是不允许选择的。
- ➥ 最高选择优先级-组件：该命令多用于装配环境下对各组件的选择。
- ➥ 全选：系统释放所有已经选择的对象。

当绘图工作区中有大量可视化对象可供选择时，系统会调出如图 2-15 所示的"快速拾取"对话框来依次遍历可选择对象。数字表示遍历对象的顺序，各框中的数字与工作区中的对象一一对应，当数字框中的数字高亮显示时，对应的对象也会在工作区中高亮显示。以下介绍两种常用选择方法。

（1）通过键盘：通过键盘上的"→"键等移动高亮显示区来选择对象，当确定之后按 Enter 键或单击鼠标左键确认。

（2）移动鼠标：在"快速拾取"对话框中移动光标，高亮显示数字也会随之改变，确定对象后单击鼠标左键确认即可。

如果要放弃选择，单击对话框中的关闭按钮或按下 Esc 键即可。

图 2-14　"选择"子菜单　　　　　　图 2-15　"快速拾取"对话框

2.2.3　改变对象的显示方式

本小节将介绍如何改变对象的显示方式。首先进入建模模块中，选择"菜单"→"编辑"→"对象显示"命令或者按 Ctrl+J 组合键，打开如图 2-16 所示"类选择"对话框。通过该对话框选择要改变的对象后，打开如图 2-17 所示的"编辑对象显示"对话框。在该对话框中，可以编辑所选对象的"图层""颜色""线型""透明度"或者"着色显示"等参数。最后单击"确定"按钮，即可完成编辑并退出该对话框；单击"应用"按钮，则不用退出该对话框，接着进行其他操作。

图 2-16　"类选择"对话框　　　　　图 2-17　"编辑对象显示"对话框

1. "类选择"对话框

"类选择"对话框中的相关参数功能说明如下。

（1）对象：有"选择对象""全选"和"反向选择"3种方式。

①选择对象：用于选取对象。

②全选：用于选取所有的对象。

③反选：用于选取绘图工作区中未被用户选中的对象

（2）其他选择方法：有"按名称选择""选择链""向上一级"3种方式。

①按名称选择：用于输入欲选取对象的名称，可使用通配符"？"或"*"。

②选择链：用于选择首尾相接的多个对象。选择方法是首先单击对象链中的第一个对象，然后单击最后一个对象，使所选对象高亮显示，最后确定，结束选择对象的操作。

③向上一级：用于选取上一级的对象。当选取了含有群组的对象时，该按钮才被激活。单击该按钮，系统自动选取群组中当前对象的上一级对象。

（3）过滤器：用于限制要选择对象的范围，有"类型过滤器""图层过滤器""颜色过滤器""属性过滤器"和"重置过滤器"5种方式。

①类型过滤器：单击此按钮，打开如图2-18所示的"按类型选择"对话框。在该对话框中，可以设置在对象选择中需要包括或排除的对象类型。当选择"曲线""面""尺寸""符号"等对象类型时，单击"细节过滤"按钮，还可以做进一步限制，如图2-19所示。

图2-18　"按类型选择"对话框　　　　图2-19　"面"对话框

②图层过滤器：单击此按钮，打开如图2-20所示的"按图层选择"对话框。在该对话框中，可以设置在选择对象时，需包括或排除的对象所在的图层。

③颜色过滤器：单击此按钮，打开如图2-21所示的"颜色"对话框。在该对话框中，可以通过指定的颜色来限制选择对象的范围。

④属性过滤器：单击此按钮，打开如图2-22所示的"按属性选择"对话框。在该对话框中，可按对象线型、线宽或其他自定义属性进行过滤。

⑤重置过滤器：单击此按钮，可以恢复成默认的过滤方式。

图 2-20 "按图层选择"对话框

图 2-21 "颜色"对话框

2. "编辑对象显示"对话框

在"编辑对象显示"对话框中的相关参数功能说明如下。

（1）"图层"：用于指定所选对象放置的图层。系统规定的图层为 1~256 层。

（2）"颜色"：用于改变所选对象的颜色。可以调出如图 2-21 所示"颜色"对话框。

（3）"线型"：用于修改所选对象的线型（不包括文本）。

（4）"宽度"：用于修改所选对象的线宽。

（5）"继承"：打开对话框，要求选择需要从哪个对象上继承设置，并应用到之后的所选对象上。

（6）"重新高亮显示对象"：重新高亮显示所选对象。

图 2-22 "按属性选择"对话框

2.2.4 隐藏对象

当工作区中图形太多，不便于操作时，可将暂时不需要的对象隐藏，如模型中的草图、基准面、曲线、尺寸、坐标、平面等。选择"菜单"→"编辑"→"显示和隐藏"命令，在弹出的子菜单中提供了显示、隐藏，以及反转显示和隐藏等功能命令，如图 2-23 所示。

扫一扫，看视频

图 2-23 "显示和隐藏"子菜单

其中部分命令功能说明如下。

（1）显示和隐藏：选择该命令，打开如图 2-24 所示的"显示和隐藏"对话框，可以选择要显示或隐藏的对象。

（2）隐藏：选择该命令或按 Ctrl+B 组合键，打开"类选择"对话框，可以通过类型选择需要隐藏的对象或直接选取。

（3）反转显示和隐藏：该命令用于反转当前所有对象的显示或隐藏状态，即显示的全部对象将会隐藏，而隐藏的将会全部显示。

（4）显示：将所选的隐藏对象重新显示出来。选择该命令，打开"类选择"对话框，此时工作区中将显示所有已经隐藏的对象，用户在其中选择需要重新显示的对象即可。

（5）显示所有此类型对象：将重新显示某类型的所有隐藏对象。选择该命令，打开"选择方法"对话框，其中提供了 2-25 所示"类型""图层""其他""重置"和"颜色"5 种过滤方法来确定对象类型。

图 2-24 "显示和隐藏"对话框

图 2-25 "选择方法"对话框

（6）全部显示：选择该命令或按 Shift+Ctrl+U 组合键，将重新显示所有在可选图层上的隐藏对象。

2.2.5　对象变换

扫一扫，看视频

选择"菜单"→"编辑"→"变换"命令打开如图 2-26 所示的"变换"对话框。选择对象后单击"确定"按钮，弹出 2-27 所示的"变换"对话框。可被变换的对象包括直线、曲线、面、实体等。该对话框在操作变换对象时经常用到。在执行"变换"命令的最后操作时，都会打开如图 2-28 所示的"变换"结果对话框。

图 2-26　"变换"对话框

图 2-27　"变换"对话框

图 2-28　"变换"结果对话框

接下来，对图 2-27 所示"变换"对话框中的部分功能做一介绍。

（1）比例：用于将选取的对象相对于指定参考点成比例地缩放尺寸，选取的对象在参考点处不移动。单击该按钮，在系统打开的点构造器中选择一参考点后，系统会打开如图 2-29 所示"变换"比例对话框。

图 2-29　"变换"比例对话框

①比例：该文本框用于设置均匀缩放，如图 2-30 所示。

图 2-30　均匀比例示意图

②非均匀比例：单击该按钮，在弹出的如图 2-31 所示对话框中设置"XC-比例""YC-比例""ZC-比例"方向上的缩放比例。非均匀比例示意图如图 2-32 所示。

图 2-31　"变换"非均匀比例对话框

图 2-32　非均匀比例示意图

下面先对如图 2-28 所示的"变换"结果对话框中的部分功能做一介绍。

1）重新选择对象：用于重新选择对象。通过类选择器对话框来选择新的变换对象，而保持原变换方法不变。

2）变换类型-比例：用于修改变换方法。即在不重新选择变换对象的情况下，修改变换方法。当前选择的变换方法以简写的形式显示在"-"符号后面。

3）目标图层-原始的：用于指定目标图层。即在变换完成后，指定新建立的对象所在的图层。单击该按钮后，出现以下 3 种选项供用户选择。

①工作的：变换后的对象放在当前的工作图层中。

②原先的：变换后的对象保持在源对象所在的图层中。

③指定的：变换后的对象被移动到指定的图层中。

4）追踪状态-关：这是一个开关按钮，用于设置跟踪变换过程。当其设置为"开"时，则在源对象与变换后的对象之间画连接线。该按钮可以和"平移""旋转""比例""镜像"或"重定位"等变换方法一起使用，以建立一个封闭的形状。

需要注意的是，该按钮对于源对象类型为实体、片体或边界的对象变换操作是不可用的。跟踪曲线独立于图层设置，总是建立在当前的工作图层中。

5）细分-1：用于等分变换距离。即把变换距离（或角度）分割成几个相等的部分，实际变换距离（或角度）是其等分值。指定的值称为"等分因子"。

该按钮可用于"平移""比例""旋转"等变换操作。例如"平移"变换，实际变换的距离是指原指定距离除以"等分因子"的商。

6）移动：用于移动对象。即变换后，将源对象从其原来的位置移动到由变换参数所指定的新位置。如果所选取的对象和其他对象间有父子依存关系（即依赖于其他父对象而建立），则只有选取了全部的父对象一起进行变换后，才能执行"移动"命令。

7）复制：用于复制对象。即变换后，将源对象从其原来的位置复制到由变换参数所指定的新位置。对于依赖其他父对象而建立的对象，复制后的新对象中数据关联信息将会丢失（即它不再依赖于任何对象而独立存在）。

8）多个副本-可用：用于复制多个对象。按指定的变换参数和复制个数在新位置复制源对象的多个副本，相当于一次执行了多个"复制"命令。

9）撤销上一个-不可用：用于撤销最近一次的变换操作，但源对象依旧处于选中状态。

📢 提示：

> 对象的几何变换只能用于变换几何对象，不能用于变换视图、布局、图纸等。另外，变换过程中可以使用"移动"或"复制"命令多次，但每使用一次都建立一个新对象，所建立的新对象都是以上一个操作的结果作为源对象，并以同样的变换参数变换后得到的。

（2）通过一直线镜像：用于将选取的对象相对于指定的参考直线进行镜像，即在参考线的相反侧建立源对象的一个镜像。

单击该按钮，在弹出的如图 2-33 所示对话框中提供了 3 种选择。

①两点：用于指定两点，两点的连线即为参考线。

②现有的直线：选择一条已有的直线（或实体边缘线）作为参考线。

③点和矢量：用点构造器指定一点，然后在矢量构造器中指定一个矢量，通过指定点的矢量即作为参考直线。

图 2-33 "变换"通过一直线镜像对话框

（3）矩形阵列：用于将选取的对象从指定的阵列原点开始，沿坐标系 XC 和 YC 方向（或指定的方位）建立一个等间距的矩形阵列。系统先将源对象从指定的参考点移动或复制到目标点（阵列原点），然后沿 XC、YC 方向建立阵列，如图 2-34 所示。

图 2-34　矩形阵列示意图

单击该按钮，系统打开如图 2-35 所示对话框。

①DXC：表示 XC 方向间距。

②DYC：表示 YC 方向间距。

③阵列角度：指定阵列角度。

④列（X）：指定阵列列数。

⑤行（Y）：指定阵列行数。

图 2-35　"变换"矩形阵列对话框

（4）圆形阵列：用于将选取的对象从指定的阵列原点开始，绕目标点（阵列中心）建立一个等角间距的圆形阵列，如图 2-36 所示。

单击该按钮，系统打开如图 2-37 所示对话框。

①半径：用于设置圆形阵列的半径值，该值也等于目标对象上的参考点到目标点之间的距离。

②起始角：定位圆形阵列的起始角（与 XC 正向平行时为 0）。

图 2-36　环形阵列示意图

图 2-37 "变换"圆形阵列对话框

（5）通过一平面镜像：用于将选取的对象相对于指定参考平面进行镜像，即在参考平面的相反侧建立源对象的一个镜像，如图 2-38 所示。单击该按钮，系统打开如图 2-39 所示"平面"对话框，用于选择或创建一参考平面，之后选取源对象完成镜像操作。

图 2-38 通过一平面镜像示意图

（6）点拟合：用于将选取的对象从指定的参考点集缩放、重定位或修剪到目标点集上。单击该按钮，系统打开如图 2-40 所示对话框。

图 2-39 "平面"对话框

图 2-40 "变换"点拟合对话框

①3-点拟合：允许用户通过 3 个参考点和 3 个目标点来缩放和重定位对象。

②4-点拟合：允许用户通过 4 个参考点和 4 个目标点来缩放和重定位对象。

扫一扫，看视频

2.2.6 移动对象

选择"菜单"→"编辑"→"移动对象"命令，打开如图2-41所示的"移动对象"对话框。该对话框中的选项说明如下。

（1）运动：包括距离、角度、点之间的距离、径向距离、点到点、根据三点旋转、将轴与矢量对齐、坐标系到坐标系和动态等多个选项。

①距离：是指将所选对象由原来的位置移动到新的位置。

②点到点：用户可以选择参考点和目标点，则这两个点之间的距离和由参考点指向目标点的方向将决定对象的平移方向和距离。

③根据三点旋转：提供3个位于同一个平面内且垂直于矢量轴的参考点，让对象围绕旋转中心，按照这3个点同旋转中心连线形成的角度逆时针旋转。

④将轴与矢量对齐：将对象绕参考点从一个轴向另外一个轴旋转一定的角度。选择起始轴，然后确定终止轴，这两个轴决定了旋转角度的方向。此时用户可以清楚地看到两个矢量的箭头，而且这两个箭头首先出现在选择轴上，当单击"确定"按钮后，箭头就平移到参考点。

图 2-41 "移动对象"对话框

⑤动态：用于将选取的对象相对于参考坐标系中的位置和方位移动（或复制）到目标坐标系中，使建立的新对象的位置和方位相对于目标坐标系保持不变

（2）移动原先的：用于移动对象。即变换后，将源对象从其原来的位置移动到由变换参数所指定的新位置。

（3）复制原先的：用于复制对象。即变换后，将源对象从其原来的位置复制到由变换参数所指定的新位置。对于依赖其他父对象而建立的对象，复制后的新对象中数据关联信息将会丢失，即它不再依赖于任何对象而独立存在。

（4）非关联副本数：用于复制多个对象。按指定的变换参数和复制个数在新位置复制源对象的多个副本。

2.3 坐标系操作

UG系统中共包括3种坐标系统，分别是绝对坐标系（Absolute Coordinate System，ACS）、工作坐标系（Work Coordinate System，WCS）和机械坐标系（Machine Coordinate System，MCS），它们都是符合右手法则的。

- ACS：是系统默认的坐标系，其原点位置永远不变，在用户新建文件时就产生了。
- WCS：是 UG 系统提供给用户的坐标系，用户可以根据需要任意移动其位置，也可以设置属于自己的 WCS 坐标系。
- MCS：该坐标系一般用于模具设计、加工、配线等向导操作中。
- UG 中关于坐标系统的操作功能集中在如图 2-42 所示子菜单中。

在一个 UG 文件中可以存在多个坐标系，但其中只能有一个工作坐标系。在 UG 中还可以利用 WCS 子菜单中的"保存"命令来保存坐标系，从而记录下每次操作时的坐标系位置，以后再利用"原点"命令移动到相应的位置。

图 2-42　坐标系统操作子菜单

扫一扫，看视频

2.3.1 坐标系的变换

选择"菜单"→"格式"→WCS 命令，弹出如图 2-42 所示子菜单，可利用其中的命令对坐标系进行变换。

（1）动态：该命令能通过步进的方式移动或旋转当前的 WCS，用户可以在绘图工作区中移动坐标系到指定位置，也可以设置步进参数，使坐标系逐步移动到指定的距离，如图 2-43 所示。

（2）原点：该命令通过定义当前 WCS 的原点来移动坐标系的位置，但该命令仅仅移动坐标系的位置，而不会改变坐标轴的方向。

（3）旋转：选择该命令，打开如图 2-44 所示"旋转 WCS 绕"对话框，可以通过当前的 WCS 绕其某一坐标轴旋转一定角度，来定义一个新的 WCS。

图 2-43　动态移动示意图

图 2-44　"旋转 WCS 绕"对话框

通过该对话框，可以选择坐标系统哪个轴旋转，同时指定从一个轴转向另一个轴；在"角度"文本框中可以输入需要旋转的角度，角度可以为负值。

📢 **提示：**

直接双击坐标系将坐标系激活，使之处于可移动状态，然后用鼠标拖动原点处的方块，可以沿 X、Y、Z 方向任意移动，也可以绕任意坐标轴旋转。

更改 XC 方向/更改 YC 方向：用于改变坐标轴方向。选择"菜单"→"格式"→WCS→"更改 XC 方向"命令或选择"菜单"→"格式"→WCS→"更改 YC 方向"命令，在弹出的"点"对话框中选择点，系统以原坐标系的原点和该点在 XC-YC 平面上的投影点的连线方向作为新坐标系的 XC 方向或 YC 方向，而原坐标系的 ZC 轴方向不变。

扫一扫，看视频

2.3.2 坐标系的定义

选择"菜单"→"格式"→WCS→"定向"命令，打开如图 2-45 所示"坐标系"对话框。该对话框用于定义一个新的坐标系。其中部分功能介绍如下。

图 2-45 "坐标系"对话框

（1）自动判断：通过选择的对象或输入 X、Y、Z 坐标轴方向的偏置值来定义一个坐标系。

（2）原点，X 点，Y 点：利用点创建功能先后指定 3 个点来定义一个坐标系。这 3 个点分别是原点、X 轴上的点和 Y 轴上的点，第一点为原点，第一点和第二点的方向为 X 轴的正向，第一点与第三点的方向为 Y 轴正向，再由 X 到 Y 按右手法则来确定 Z 轴正向。

（3）X 轴，Y 轴：利用矢量创建功能选择或定义两个矢量，创建坐标系。

（4）X 轴，Y 轴、原点：先利用点创建功能指定一个点为原点，而后利用矢量创建功能创建两个矢量坐标，从而定义坐标系。

（5）Z 轴，X 点：先利用矢量创建功能选择或定义一个矢量，再利用点创建功能指定

一个点，来定义一个坐标系。其中，X 轴正向为沿点和定义矢量的垂线指向定义点的方向，Y
轴则由 Z、X 依据右手法则导出。

（6）对象的坐标系：通过选择的平面曲线、平面或实体的坐标系来定义一个新的坐标
系，XOY 平面为选择对象所在的平面。

（7）点，垂直于曲线：利用所选曲线的切线和一个指定点的方法创建一个坐标系。曲
线的切线方向即为 Z 轴矢量，X 轴正向为沿点到切线的垂线指向点的方向，Y 轴正向由自 Z
轴至 X 轴矢量按右手法则来确定，切点即为原点。

（8）平面和矢量：通过先后选择一个平面和一个矢量来定义一个坐标系。其中 X 轴为
平面的法矢，Y 轴为指定矢量在平面上的投影，原点为指定矢量与平面的交点。

（9）三平面：通过先后选择 3 个平面来定义一个坐标系。3 个平面的交点为原点，第
一个平面的法向为 X 轴，Y、Z 以此类推。

（10）偏置坐标系：通过输入 X、Y、Z 坐标轴方向相对于所选坐标系的偏距来定义一
个新的坐标系。

（11）绝对坐标系：在绝对坐标系的（0,0,0）点处定义一个新的坐标系。

（12）当前视图的坐标系：用当前视图定义一个新的坐标系。XOY 平面为当前视图所
在平面。

扫一扫，看视频

2.3.3　坐标系的保存、显示和隐藏

选择"菜单"→"格式"→WCS→"保存"命令，系统会保存当前设置的工作坐标系，
以便在以后的工作中调用。

选择"菜单"→"格式"→WCS→"显示"命令，系统会显示或隐藏当前的工作坐标按钮。

2.4　视图与布局

本节将介绍视图与布局，包括视图的定义与操作，布局的新建与打开、删除、保存等内容。

2.4.1　视图

在 UG 建模模块中，沿着某个方向去观察模型，得到一幅平行投影的平面图，称之为视图。
不同的视图用于显示在不同方位和观察方向上的图像。

视图的观察方向只和绝对坐标系有关，与工作坐标系无关。每一个视图都有一个名称，
称为视图名，在工作区的左下角显示该名称。UG 系统默认定义好了的视图称为标准视图。

如要对视图进行操作，可以通过选择"菜单"→"视图"→"操作"命令，在弹出的子
菜单中选择相应的命令（如图 2-46 所示）；或者在绘图工作区中单击鼠标右键，在弹出的快捷

菜单中选择相应的命令（如图 2-47 所示）来完成。

图 2-46 "视图"→"操作"子菜单   图 2-47 "视图"操作快捷菜单

2.4.2 布局

在绘图工作区中，将多个视图按一定排列规则显示出来，就成为一个布局。每一个布局也有一个名称。UG 预先定义了 6 种布局，称为标准布局，各种布局如图 2-48 所示。

图 2-48 系统标准布局

同一布局中，只有一个视图是工作视图，其他视图都是非工作视图。各种操作默认针对的是工作视图，用户可以随意改变工作视图。工作视图会显示 WORK 字样。

布局的主要作用是在绘图工作区同时显示多个视角的视图，便于用户更好地观察和操作模型。用户可以定义系统默认的布局，也可以生成自定义的布局。

选择"菜单"→"视图"→"布局"命令，弹出如图 2-49 所示了菜单，可利用其中命令控制布局的状态和各种视图角度的显示。

图 2-49 "布局"子菜单

其中命令功能介绍如下。

（1）新建：选择该命令，打开如图 2-50 所示"新建布局"对话框，用户可以在其中设置视图布局的形式和各视图的视角。

建议用户在自定义布局时，输入自己的布局名称。默认情况下，UG 会按照先后顺序给每个布局命名为 LAY1、LAY2…

（2）打开：选择该命令，打开如图 2-51 所示"打开布局"对话框，在当前文件的布局名称列表框中选择要打开的某个布局，系统就会按照该布局的方式来显示图形。选中"适合所有视图"复选框，系统会自动调整布局中的所有视图加以拟合。

（3）适合所有视图：用于调整当前布局中所有视图的中心和比例，使实体模型最大程度地拟合在每个视图边界内。

（4）更新显示：当对实体进行修改后，选择该命令就会对所有视图的模型进行实时更新显示。

（5）重新生成：用于重新生成布局中的每一个视图。

（6）替换视图：选择该命令，打开如图 2-52 所示的"视图替换为…"对话框，可替换布局中的某个视图。

图 2-50 "新建布局"对话框

图 2-51　"打开布局"对话框

图 2-52　"视图替换为…"对话框

（7）保存：选择该命令后，系统会用当前的视图布局名称保存修改后的布局。

（8）另存为：选择该命令，打开如图 2-53 所示的"另存布局"对话框，在列表框中选择要更换名称进行保存的布局，在"名称"文本框中输入一个新的布局名称，单击"确定"按钮，则系统会用新的名称保存修改过的布局。

（9）删除：选择该命令，打开如图 2-54 所示的"删除布局"对话框，从列表框中选择要删除的视图布局，然后单击"确定"按钮，系统就会删除该视图布局。

图 2-53　"另存布局"对话框

图 2-54　"删除布局"对话框

2.5　图层操作

所谓的图层，就是在空间中使用不同的层次来放置几何体。UG 中的图层功能类似于设计工程师在透明覆盖层上建立模型的方法，一个图层类似于一个透明的覆盖层。图层的最主要功能是在复杂建模的时候可以控制对象的显示、编辑和状态。

一个 UG 文件中最多可以有 256 个图层，每层上可以含有任意数量的对象。因此，一个图层可以含有部件上的所有对象，一个对象上的部件也可以分布在很多图层上。但需要注意的是，只有一个图层是当前工作图层，所有的操作只能在工作图层上进行，其他图层可以通过可见性、可选择性等设置进行辅助性工作。选择"菜单"→"格式"命令（如图 2-55 所示），可以调用有关图层的所有命令功能。

图 2-55　"格式"菜单命令

2.5.1　图层的分类

对相应图层进行分类管理，可以很方便地通过图层类别来实现对其中各层的操作，提高操作效率。例如，可以设置 model、draft、sketch 等图层种类，model 包括 1~10 层，draft 包括 11~20 层，sketch 包括 21~30 层等。用户可以根据自身需要来设置图层的类别。

选择"菜单"→"格式"→"图层类别"命令，打开如图 2-56 所示"图层类别"对话框，可以对图层进行分类设置。

图 2-56　"图层类别"对话框

其中部分选项功能介绍如下。

（1）过滤：用于输入已存在的图层类别的名称来进行筛选，当输入"*"时则会显示所有的图层类别。用户可以直接在下面的列表框中选取需要编辑的图层类别。

（2）图层类别列表框：用于显示满足过滤条件的所有图层类别条目。

（3）类别：用于输入图层类别的名称来新建图层，或者对已存在图层类别进行编辑。

（4）创建/编辑：用于创建和编辑图层。若"类别"文本框中输入的名字已存在，则进行编辑；若不存在，则进行创建。

（5）删除/重命名：用于对选中的图层类别进行删除或重命名操作。

（6）描述：用于输入某类图层相应的描述文字，解释该图层类别含义。当输入的描述文字超出规定长度时，系统会自动进行长度匹配。

（7）加入描述：新建图层类别时，若在"描述"文本框中输入了该图层类别的描述信息，则需单击该按钮才能使描述信息有效。

2.5.2　图层的设置

用户可以在任何一个或一组图层中设置该图层是否显示和是否变换工作图层等。选择"菜单"→"格式"→"图层设置"命令，打开如图 2-57 所示"图层设置"对话框。利用该对话框可以对组件中所有图层或任意一个图层进行工作层、可选性、可见性等进行设置，也可以查询图层的信息，还可以对图层所属类别进行编辑。

其中部分选项介绍如下。

（1）工作层：用于输入需要设置为当前工作图层的图层号。当输入图层号后，系统会自动将其设置为工作图层。

（2）按范围/类别选择图层：用于输入范围或图层类别的名称进行筛选操作。在该文本框中输入类别名称并确定后，系统会自动选取所有属于该类别的图层，并改变其状态。

（3）类别过滤器：在其中输入"*"，表示接受所有图层类别。

（4）名称：该列表框显示了此零件文件中的所有图层和所属种类的相关信息，如图层编号、状态、种类、对象数目等。显示图层的状态、所属图层的种类、对象数目等。可以利用 Ctrl+Shift 组合键进行多项选择。此外，在列表框中双击需要更改状态的图层，系统会自动切换其显示状态。

（5）仅可见：用于将指定的图层设置为仅可见状态。当图层处于仅可见状态时，该图层的所有对象仅可见，但不能被选取和编辑。

（6）显示：用于控制图层状态列表框中图层的显示情况。该下拉列表框中包含"所有图层""含有对象的图层""所有可选图层"和"所有可见图层"4 个选项。

图 2-57　"图层设置"对话框

（7）显示前全部适合：用于在更新显示前吻合所有的试图，使对象充满显示区域。在工作区中按 Ctrl+F 组合键，也可实现该功能。

2.5.3 图层的其他操作

1. 图层的可见性设置

选择"菜单"→"格式"→"视图中可见图层"命令，打开如图 2-58 所示"视图中可见图层"对话框。

在图 2-58（a）所示对话框中选择要操作的视图，之后在打开的如图 2-58（b）所示对话框的"图层"列表框中选择可见性图层，然后设置可见/不可见属性。

（a）　　　　　　　　（b）

图 2-58　"视图中可见图层"对话框

2. 图层中对象的移动

选择"菜单"→"格式"→"移动至图层"命令，选择要移动的对象后，打开如图 2-59 所示"图层移动"对话框。

在"图层"列表框中直接选中目标图层，系统就会将所选对象放置在目标图层中。

3. 图层中对象的复制

选择"菜单"→"格式"→"复制至图层"命令，选择要复制的对象后，打开如图 2-60 所示"图层复制"对话框。接下来的操作过程与图层中对象的移动基本相同，在此不再赘述。

图 2-59　"图层移动"对话框

图 2-60　"图层复制"对话框

第 3 章　建模基础

内容简介

在建模过程中，不同的设计者会有不同的绘图习惯，比如图层的颜色、线框设置、基准平面的建立等。在 UG NX 12.0 中，设计者可以修改相关的系统参数来改变工作环境，通过各种方式建立基准平面、基准点、基准轴等。

内容要点

- ➔ UG 参数设置
- ➔ 基准建模
- ➔ 表达式
- ➔ 布尔运算

3.1　UG 参数设置

在 UG 中进行参数设置，可以通过选择"菜单"→"首选项"命令，在弹出的子菜单中选择相应的命令来实现。另外，也可以通过修改 UG 安装目录下 UGII 文件夹中的 ugii_env.dat 和 ugii_metric.def 或相关模块的 def 文件来修改 UG 的默认设置。

扫一扫，看视频

3.1.1　对象首选项

选择"菜单"→"首选项"→"对象"命令，打开如图 3-1 所示"对象首选项"对话框。该对话框主要用于设置对象的属性，如"线型""宽度""颜色"等。

下面对其中部分选项进行说明。

（1）工作层：用于设置新对象的存储图层。在文本框中输入图层号后，系统会自动将新建对象存储在该图层中。

（2）"类型""颜色""线型""宽度"：在相应的下拉列表框中分别设置的多种选项，例如有 7 种线型选项和 3 种线宽选项等。

（3）面分析：用于确定是否在面上显示该面的分析效果。

（4）透明度：用于使对象显示处于透明状态，用户可以通过滑块来改变透明度。

（5）继承◆：用于继承某个对象的属性设置并以此来设置新建对象的预设置。单击此按钮，选择要继承的对象，这样以后新建的对象就会和刚选取的对象具有同样的属性。

（6）信息：单击该按钮，在弹出的对话框中将列出对象属性设置信息。

扫一扫，看视频

3.1.2 用户界面首选项

选择"菜单"→"首选项"→"用户界面"命令，打开如图 3-2 所示"用户界面首选项"对话框。此对话框中包含"布局""主题""资源条""触控""角色""选项"和"工具" 7 个选项卡，下面分别介绍。

1. 布局

该选项卡用于主要设置用户界面、功能区选项、提示行/状态行的位置等，如图 3-2 所示。

2. 主题

该选项卡主要用于设置 NX 主题，其中包括浅色（推荐）、浅灰色、经典、经典，使用系统字体、系统 5 种主题，如图 3-3 所示。

3. 资源条

该选项卡主要用于设置 UG 工作区左侧资源条的状态，包括资源条主页、停靠位置、自动飞出与否等，如图 3-4 所示。

图 3-1 "对象首选项"对话框

图 3-2 "布局"选项卡

图 3-3 "主题"选项卡

图 3-4 "资源条"选项卡

4．触控

在"触控"选项卡中，可以针对触摸操作进行优化，还可以调节数字触摸板和圆盘触摸板的显示，如图 3-5 所示。

图 3-5 "触控"选项卡

5. 角色

在"角色"选项卡中，可以新建和加载角色，也可以重置当前应用模块的布局，如图 3-6 所示。

图 3-6　"角色"选项卡

6. 选项

该选项卡主要用于设置对话框内容显示的多少、文本框中数据的小数位数以及用户的反馈信息，如图 3-7 所示。

图 3-7　"选项"选项卡

7. 工具

（1）"宏"子选项卡：该子选项卡主要用于对宏的录制和回放进行设置，如图 3-8 所示。宏是一个存储一系列描述用户键盘和鼠标在 UG 交互过程中操作语句的文件（扩展名为".macro"）。任意一串交互输入操作都可以记录到宏文件中，然后通过简单的播放功能来重放记录的操作。宏对于执行重复的、复杂的或较长时间的任务十分有用，而且还可以使用户工作环境个性化。

图3-8 "宏"子选项卡

对于宏记录的内容，用户可以"记事本"的方式打开保存的宏文件，查看系统记录的全过程。

①录制所有的变换：用于设置在记录宏时，是否记录所有的动作。选中该复选框后，系统会记录所有的操作，所以文件会较大；当取消选中该复选框时，则系统仅记录动作结果，因此宏文件较小。

②回放时显示对话框：用于设置在回放时是否显示设置对话框。

③无限期暂停：用于设置记录宏时，如果用户执行了暂停命令，则在播放宏时，系统会在指定的暂停时刻显示对话框并停止播放宏，提示用户单击 OK 按钮后方可继续播放。

④暂停时间：用于设置暂停时间，单位为 s。

（2）操作记录

在该子选项卡中可以设置操作记录语言和操作记录文件的格式，如图3-9所示。

图3-9 "操作记录"子选项卡

（3）用户工具

该子选项卡用于装载用户自定义的工具文件、显示或隐藏用户定义的工具，如图3-10所示。其列表框中已装载了用户定义的工具文件。单击"用户工具"即可装载用户自定义工具文件（扩展名为".utd"）。用户自定义工具文件可以以对话框形式显示，也可以以工具图标形式形式。

图3-10 "用户工具"选项卡

扫一扫，看视频

3.1.3 资源板

该功能是自 UG NX 2.0 始添加的，主要用于控制整个窗口最右边的资源条的显示。模板资源用于处理大量重复性工作，可以最大程度地减少重复性工作。选择"菜单"→"首选项"→"资源板"命令，打开如图3-11所示"资源板"对话框。其中部分选项功能介绍如下。

图3-11 "资源板"对话框

（1）新建资源板▣：用户可以设置一个自己的加工、制图、环境设置的模板，用于完成以后的重复性工作。

（2）打开资源板▣：用于打开一些系统已完成的模板文件。系统会提示选择"*.pax"模板文件。

（3）打开目录作为资源板：用户可以选择一个文件夹作为模板。

（4）打开目录作为模板资源板：选择　文件路径作为模板。

（5）打开目录作为角色资源板：用于打开一些角色作为模板。

3.1.4　选择首选项

选择"菜单"→"首选项"→"选择"命令，打开如图3-12所示"选择首选项"对话框。

其中部分选项介绍如下。

（1）鼠标手势：用于设置选择方式，包括"矩形""套索"和"圆"3个选项。

（2）选择规则：用于设置选择规则，包括"内侧""外侧""交叉""内侧/交叉""外侧/交叉"5个选项。

（3）着色视图：用于设置系统着色时对象的显示方式，包括"高亮显示面"和"高亮显示边"2个选项。

（4）面分析视图：用于设置面分析时的视图显示方式，包括"高亮显示面"和"高亮显示边"2个选项。

（5）选择半径：用于设置选择球的大小，包含"小""中""大"3个选项。

（6）延迟时快速选取：启用快速选取，它在光标下方提供了所有可选择对象的列表，以便您轻松地从多个可选对象中选择一个对象。如果未选择该选项，则禁用快速选取。

图 3-12　"选择首选项"对话框

（7）公差：用于设置链接曲线时，彼此相邻的曲线端点间允许的最大间隙。链接公差值设置得越小，链接选取就越精确；值越大，就越不精确。

（8）方法：包括"简单""WCS""WCS 左侧"和"WCS 右侧"4种。

①简单：用于选择彼此首尾相连的曲线串。

②WCS：用于在当前 XC-YC 坐标平面上选择彼此首尾相连的曲线串。

③WCS 左侧：用于在当前 XC-YC 坐标平面上，从连接开始点至结束点沿左侧路线选择彼此首尾相连的曲线串。

④WCS 右侧：用于在当前 XC-YC 坐标平面上，从连接开始点至结束点沿右侧路线选择彼此首尾相连的曲线串。

其中简单方法由系统自动识别，最为常用。当需要连接的对象含有两条连接路径时，一般选用后两种方法，用于指定是沿左连接还是沿右连接。

3.1.5 装配首选项

选择"菜单"→"首选项"→"装配"命令，打开如图3-13 所示"装配首选项"对话框。该对话框用于设置装配的相关参数。

下面介绍其中的部分选项功能用法。

（1）显示为整个部件：选中该复选框，当更改工作部件时，系统会临时将新工作部件的引用集改为整个部件引用集。如果系统操作引起工作部件发生变化，引用集并不发生变化。

（2）自动更改时警告：当工作部件被自动更改时显示通知。

（3）选择组件成员：用于设置是否首先选择组件。选中该复选框，则在选择属于某个子装配的组件时，首先选择的是子装配中的组件，而不是子装配。

（4）描述性部件名样式：用于设置部件名称的显示类型，包括文件名、描述、指定的属性3种方式。

图3-13 "装配首选项"对话框

3.1.6 草图首选项

选择"菜单"→"首选项"→"草图"命令，打开如图3-14 所示"草图首选项"对话框。

图3-14 "草图首选项"对话框

该对话框中的部分选项功能介绍如下。

（1）对齐角：用于为竖直和水平直线指定默认的捕捉角公差值。如果有一条用端点指定的直线，它相对于水平参考或竖直参考的夹角小于或等于捕捉角的值，那么这条直线会自动地捕捉至竖直或水平的位置。

对齐角的默认值是 3°。可以指定的最大值是 20°。如果不想让直线自动地捕捉至水平或竖直的位置，可将捕捉角设定为 0°。

（2）文本高度：用于指定在尺寸中显示的文本大小（默认值是 0.125）。

（3）尺寸标签：用于控制如何显示草图尺寸中的表达式。

①表达式：显示整个表达式，例如 P2=P3*4。

②名称：仅显示表达式的名称，例如 P2。

③值：显示表达式的数值。

（4）更改视图方向：如果取消选中该复选框，则当草图被激活时，显示激活草图的视图就不会返回其原先的方向。如果选中该复选框，则当草图被激活时，视图方向将会改变。

（5）保持图层状态：当激活草图时，草图所在的图层自动变为工作图层。当选中该复选框并且使草图不激活时，草图所在的图层将返回其先前的状态（即它不再是工作图层），草图激活之前的工作图层将重新变为工作图层。如果取消选中该复选框(默认设置)，则当使草图不激活时，此草图所在的图层保持为工作图层。

（6）显示自由度箭头：用于控制自由度箭头的显示。默认选中该复选框；当取消该复选框时，则不显示自由度箭头。然而，这并不意味着约束了草图。

（7）动态草图显示：用于控制约束是否动态显示。

（8）名称前缀：用于为草图几何体的名称指定前缀。

3.1.7　制图首选项

扫一扫，看视频

选择"菜单"→"首选项"→"制图"命令，打开如图 3-15 所示的"制图首选项"对话框。该对话框中包含 11 个选项卡，其中几个主要选项卡介绍如下。

图 3-15　"制图首选项"对话框

1. 尺寸

设置尺寸相关参数的时候，根据标注尺寸的需要，用户可以利用该选项卡上部的尺寸和直线/箭头工具条进行设置。在尺寸设置中主要有以下几个设置选项。

（1）尺寸线：根据标注尺寸的需要，勾选箭头之间是否有线，或者修剪尺寸线。

（2）方向和位置：在方位下拉列表框中可以选择 5 种文本的放置位置，如图 3-16 所示。

（3）公差：可以设置最高 6 位的精度和 11 种类型的公差如图 3-17 所示。

（4）倒斜角：系统提供了 4 种类型的倒斜角样式，可以设置分割线样式和间隔，也可以设置指引线的格式。

2. 公共

（1）"直线/箭头"子选项卡：该子选项卡下又包含"箭头""箭头线""延伸线""断开""透视缩短符号"5 个子选项卡，如图 3-18 所示。

图 3-16　尺寸值的放置位置

图 3-17　11 种公差

图 3-18　"直线/箭头"子选项卡

①箭头：用于设置剖视图中指引线箭头的相关参数，如箭头的大小、长度和角度。

②箭头线：用于设置截面的延长线的相关参数。用户可以修改剖面延长线长度以及图形框之间的距离。

（2）文字：设置文字的相关参数时，先选择文字对齐位置和文字对正方式，再设置文本颜色和宽度，最后在"高度""NX 字体间隙因子""文本宽高比"和"行间距因子"等文本框中输入相应参数值。这时用户可在预览窗口中看到文字的显示效果。

3. 符号

该选项卡用于设置符号的颜色、线型和线宽等参数。

4. 注释

该选项卡用于设置各种标注的颜色、线型和线宽。

剖面线/区域填充：用于设置剖面线/区域填充的颜色、宽度、图样、角度和比例等，如图 3-19 所示。

图 3-19 "剖面线/区域填充"子选项卡

5. 表

该选项卡用于设置二维工程图表格的格式、文字标注等参数。

（1）零件明细表：用于指定生成明细表时，默认的符号、标号顺序、排列顺序和更新控制等。

（2）单元格：用来控制表格中每个单元格的格式、内容和边界线设置等。

3.1.8 建模首选项

扫一扫，看视频

选择"菜单"→"首选项"→"建模"命令，打开如图 3-20 所示"建模首选项"对话框。其中部分选项卡介绍如下。

1．常规

在"建模首选项"对话框中选择 常规 选项卡，显示相应的参数设置内容。

（1）体类型：用于控制在利用曲线创建三维特征时，是生成实体还是片体。

（2）密度：用于设置实体的密度，该密度值只对以后创建的实体起作用。其下方的"密度单位"下拉列表框用于设置密度的默认单位。

（3）用于新面：用于设置新的面显示属性是继承体还是部件默认。

（4）用于布尔操作面：用于设置在布尔运算中生成的面显示属性是继承于目标体还是工具体。

（5）网格线：用于设置实体或片体表面在 U 和 V 方向上栅格线的数目。如果其下方 U 向计数和 V 向计数的参数值大于 0，则当创建表面时，表面上就会显示网格曲线。网格曲线只是一个显示特征，其显示数目并不影响实际表面的精度。

2．自由曲面

在"建模首选项"对话框中选择 自由曲面 选项卡，显示相应的参数设置内容，如图 3-21 所示。

（1）曲线拟合方法：用于选择生成曲线时的拟合方式，包括"三次""五次"和"高阶"3 种。

（2）构造结果：用于选择构造自由曲面的结果，包括"平面"和"B 曲面"2 种。

图 3-20 "建模首选项"对话框

图 3-21 "自由曲面"选项卡

3．分析

在"建模首选项"对话框中选择 分析 选项卡，显示相应的参数设置内容，如图 3-22 所示。

4．编辑

在"建模首选项"对话框中选择 编辑 选项卡，显示相应的参数设置内容，如图 3-23 所示。

（1）双击操作（特征）：用于设置双击操作时的状态，包括可回滚编辑和编辑参数 2 种。

（2）双击操作（草图）：用于设置双击操作时的状态，包括可回滚编辑和编辑 2 种。

（3）编辑草图操作：用于草图编辑，包括直接编辑和任务环境 2 种。

图 3-22　"分析"选项卡

图 3-23　"编辑"选项卡

3.1.9　调色板

选择"菜单"→"首选项"→"调色板"命令，打开如图 3-24 所示的"颜色"对话框。该对话框用于修改视图区背景颜色和当前颜色设置。

扫一扫，看视频

3.1.10　可视化首选项

选择"菜单"→"首选项"→"可视化"命令，打开如图 3-25 所示的"可视化首选项"对话框。

扫一扫，看视频

1．颜色/字体

选择"颜色/字体"选项卡，显示相应的参数设置内容，如图 3-25 所示。在该选项卡中，可以设置"预选""选择""前景""背景"等对象的颜色。

2. 小平面化

选择"小平面化"选项卡，显示相应的参数设置内容，如图 3-26 所示。该选项卡用于设置利用小平面进行着色时的参数。

图 3-24 "颜色"对话框

图 3-25 "可视化首选项"对话框

3. 可视

选择"可视"选项卡，显示相应的参数设置内容，如图 3-27 所示。该选项卡用于设置实体在视图中的显示特性。其中，"部件设置"栏中各参数的改变只影响所选择的视图，但"透明度""线条反锯齿""着重边"等会影响所有视图。

（1）常规显示设置

①渲染样式：用于为所选的视图设置着色模式。

②着色边颜色：用于为所选的视图设置着色边的颜色。

③隐藏边样式：用于为所选的视图设置隐藏边的显示方式。

④光亮度：用于设置着色表面上的光亮强度。

⑤透明度：用于设置处在着色或部分着色模式中的着色对象是否透明显示。

⑥线条反锯齿：用于设置是否对直线、曲线和边的显示进行处理使线显示更光滑、更真实。

图 3-26　"小平面化"选项卡

图 3-27　"可视"选项卡

⑦全景反锯齿：用于设置是否对视图中所有的显示进行处理使其显示更光滑、更真实。

⑧着重边：用于设置着色对象是否突出边缘显示。

（2）边显示设置

该栏用于设置着色对象的边缘显示参数。当渲染模式为"静态线框""面分析"和"局部着色"时，该栏中的参数被激活，如图 3-28 所示。

①隐藏边：用于为所选的视图设置消隐边的显示方式。

②轮廓线：用于设置是否显示圆锥、圆柱体、球体和圆环轮廓。

③光顺边：用于设置是否显示光滑面之间的边。在其下方，还可设置光顺边的颜色、线型、宽度和角度公差等。

④更新隐藏边：用于设置系统在实体编辑过程中是否随时更新隐藏边缘。

4. 视图/屏幕

选择"视图/屏幕"选项卡，显示相应的参数设置内容，如图 3-29 所示。该选项卡用于设置视图拟合比例和校准屏幕的物理尺寸。

图 3-28 "边显示设置"栏   图 3-29 "视图/屏幕"选项卡

（1）适合百分比：用于设置在进行拟合操作后，模型在视图中的显示范围。

（2）校准：用于设置校准显示器屏幕的物理尺寸。单击该按钮，打开如图 3-30 所示"校准屏幕分辨率"对话框，从中可以设置准确的屏幕尺寸。

5. 特殊效果

选择"特殊效果"选项卡，显示相应的参数设置内容，如图 3-31 所示。该选项卡用于设置使用特殊效果来显示对象。选中"雾"复选框，单击"雾设置"按钮，打开如图 3-32 所示的"雾"对话框。在该对话框中，可以通过相应的设置使着色状态下较近的对象与较远的对象显示不一样的效果。

图 3-30 "校准屏幕分辨率"对话框   图 3-31 "特殊效果"选项卡

在如图 3-32 所示对话框中，可以将"雾"的类型设置为"线性""浅色"或"深色"；至于"雾"的颜色，可以选中"用背景色"复选框来使用系统背景色，也可以选择定义颜色方式 RGB、HSV 和 HLS，再利用其右侧的滑尺来定义雾的颜色。

6. 直线

选择"直线"选项卡，显示相应的参数设置内容，如图 3-33 所示。该选项卡用于设置在显示对象时，其中的非实线线型各组成部分的尺寸、曲线的显示公差以及是否按线型宽度显示对象等参数。

（1）虚线段长度：用于设置虚线每段的长度。

（2）空格大小：用于设置虚线两段之间的长度。

（3）符号大小：用于设置用在线型中的符号显示尺寸。

（4）曲线公差：用于设置曲线与近似的直线段之间的公差，决定当前所选择的显示模式的细节表现度。大的公差产生较少的直线段，导致更快的视图显示速度。然而曲线公差越大，曲线显示得越粗糙。

图 3-32　"雾"对话框

图 3-33　"直线"选项卡

（5）显示宽度：曲线有细、一般和宽 3 种宽度。选中"显示宽度"复选框，曲线以各自所设定的线宽显示出来。取消选中此复选框，所有曲线都以细线宽显示出来。

（6）"深度排序线框"：用于设置图形显示卡在线框视图中是否按深度分类显示对象。

7. 名称/边界

选择"名称/边界"选项卡，显示相应的参数设置内容，如图 3-34 所示。该选项卡用于设置是否显示对象名称、视图名或视图边界。其中"显示对象名称"下拉列表框中包括 3 个选项，分别介绍如下。

（1）关：选择该选项，则不显示对象、属性、图样及组名等对象名称。

（2）定义视图：选择该选项，则在定义对象、属性、图样以及组名的视图中显示其名称。

（3）工作视图：选择该选项，则在当前视图中显示对象、属性、图样以及组名等对象名称。

（4）所有视图：选择该选项，则在所有视图中显示对象、属性、图样以及组名等对象名称。

图 3-34　"名称/边界"选项卡

3.1.11　可视化性能首选项

扫一扫，看视频

选择"菜单"→"首选项"→"可视化性能"命令，打开如图 3-35 所示的"可视化性能首选项"对话框。该对话框包含 2 个选项卡，分别介绍如下。

（1）一般图形：用于设置"视图动画速度""禁用透明度""忽略背面"等图形的显示性能。

（2）大模型：用于设置大模型的显示特性，目的是改善大模型的动态显示能力（动态显示能力包括视图旋转、平移、放大等），如图 3-36 所示。

图 3-35　"可视化性能首选项"对话框

图 3-36　"大模型"选项卡

扫一扫，看视频

3.1.12 栅格首选项

选择"菜单"→"首选项"→"栅格"命令，打开如图 3-37 所示的"栅格首选项"对话框。在该对话框中进行相应的参数设置，单击"确定"按钮，可以在 WCS 的 XC-YC 平面内产生一个方形或圆形的栅格点阵。这些栅格点只是显示上存在。可以用光标捕捉这些栅格点，在建模时用于定位。

（1）矩形均匀：栅格的间距是均匀的。在"类型"下拉列表框中选择"矩形均匀"，参数设置内容如图 3-37 所示。

①主栅格间隔：用于设置栅格线间的间隔距离。

②主线间的辅线数：用于设置主线间的辅线数。

③辅线间的捕捉点数：用于设置辅线间的捕捉点数。

（2）矩形非均匀：栅格的间距是不均匀的。在"类型"下拉列表框中选择"矩形非均匀"，参数设置内容如图 3-38 所示。

图 3-37 "栅格首选项"对话框　　　　图 3-38 选择"矩形非均匀"选项

①XC 轴间隔：用于设置栅格的列距离。

②YC 轴间隔：用于设置栅格的行距离。

（3）极坐标：也就是圆形栅格。在"类型"下拉列表框中选择"极坐标"，参数设置内容如图 3-39 所示。

①径向间距：用于设置栅格径向间的距离。

②角度间距：用于设置栅格的角度。

图 3-39 选择"极坐标"选项

3.2 基准建模

在建模中，经常需要建立基准点、基准平面、基准轴和基准坐标系。UG NX 12.0 提供的基准建模工具，位于"菜单"→"插入"→"基准/点"子菜单中，如图 3-40 所示。

图 3-40 "基准/点"子菜单

3.2.1 点

选择"菜单"→"插入"→"基准/点"→"点"命令或者在"主页"选项卡的"特征"组中单击"基准/点"下拉菜单中的"点"按钮十，系统打开如图 3-41 所示的"点"对话框。

图 3-41 "点"对话框

下面介绍基准点的创建方法。

➥ ⚭自动判断的点：根据光标所指的位置指定各种点之中离光标最近的点。

➥ -╬光标位置：直接在鼠标左键单击的位置上建立点。

➥ 十现有点：根据已经存在的点，在该点位置上再创建一个点。

➥ ╱端点：根据光标选择位置，在靠近光标选择位置的端点处建立点。如果选择的特征为完整的圆，那么端点为 0 象限点。

➥ ꟷ控制点：在曲线的控制点上构造一个点或规定新点的位置。控制点与曲线的类型有关，可以是直线的中点或端点、二次曲线的端点、样条曲线的定义点或是控制点等。

➥ ╇交点：在两段曲线的交点、曲线和平面或曲线和曲面的交点上创建一个点或规定新点的位置。

➥ ◬圆弧/椭圆上的角度：在与 X 轴正向成一定角度（沿逆时针方向）的圆弧/椭圆弧上创建一个点或规定新点的位置，在如图 3-42 所示的对话框中输入曲线上的角度。

➥ ⊕圆弧中心/椭圆中心/球心：在所选圆弧、椭圆或球的中心建立点。

➥ ◯象限点：即圆弧的四分点，在圆弧或椭圆弧的四分点处创建一个点或规定新点的位置。

➥ ╱曲线/边上的点：在如图 3-43 所示的对话框中选择曲线，设置点在曲线上的位置，即可建立点。

图 3-42　圆弧/椭圆上的角度

图 3-43　曲线/边上的点

- ➜ 面上的点：在如图 3-44 所示的对话框中设置"U 的参数"和"V 向参数"的值，即可在面上建立点。
- ➜ 两点之间：在如图 3-45 所示的对话框中设置"点之间的位置"的值，即可在两点之间建立点。
- ➜ 样条极点：指定样条或曲面的极点。
- ➜ 样条定义点：指定样条或曲面的定义点。
- ➜ =按表达式：使用 X、Y 和 Z 坐标将点位置指定为点表达式。可以使用选择表达式与坐标组中的选项来定义点位置。

3.2.2　基准平面

扫一扫，看视频

选择"菜单"→"插入"→"基准/点"→"基准平面"命令或者在"主页"选项卡的"特征"组中单击"基准/点"下拉菜单中的"基准平面"图标，打开如图 3-46 所示的"基准平面"对话框。

图 3-44 设置 U 向参数和 V 向参数

图 3-45 设置点的位置

图 3-46 "基准平面"对话框

下面介绍基准平面的创建方法。

> 自动判断：系统根据所选对象创建基准平面。

> 点和方向：通过选择一个参考点和一个参考矢量来创建基准平面。

> 曲线上：通过已存在的曲线，创建在该曲线某点处和该曲线垂直的基准平面。

> 按某一距离：通过相对于已存在的参考平面或基准面进行偏置得到新的基准平面。

> 成一角度：通过与一个平面或基准面成指定角度来创建基准平面。

- ➥ ▢二等分：在两个相互平行的平面或基准平面的对称中心处创建基准平面。
- ➥ ▢曲线和点：通过选择曲线和点来创建基准平面。
- ➥ ▢两直线：选择两条直线，若两条直线在同一平面内，则以这两条直线所在平面为基准平面；若两条直线不在同一平面内，那么基准平面通过一条直线且和另一条直线平行。
- ➥ ▢相切：通过和一曲面相切，且通过该曲面上点、线或平面来创建基准平面。
- ➥ ▢通过对象：以对象平面为基准平面。
- ➥ 视图平面：创建平行于视图平面并穿过 WCS 原点的固定基准平面。

此外，系统还提供了▢ YC-ZC 平面、▢ XC-ZC 平面、▢ XC-YC 平面和▢系数 4 种方法，也就是说可以选择 YC-ZC 平面、XC-ZC 平面、XC-YC 平面为基准平面，或单击▢按钮，自定义基准平面。

扫一扫，看视频

3.2.3 基准轴

选择"菜单"→"插入"→"基准/点"→"基准轴"命令或者在"主页"选项卡的"特征"组中单击"基准/点"下拉菜单中的"基准轴"图标↑，打开如图 3-47 所示的"基准轴"对话框。

图 3-47 "基准轴"对话框

下面介绍基准轴的创建方法。

- ➥ ▢自动判断：根据所选对象确定要使用的最佳基准轴类型。
- ➥ ▢交点：通过选择两相交对象的交点来创建基准轴。
- ➥ ▢曲线/面轴：通过选择曲面和曲面上的轴创建基准轴。
- ➥ ▢曲线上矢量：通过选择曲线和该曲线上的点创建基准轴。
- ➥ ▢XC 轴：在工作坐标系的 XC 轴上创建基准轴。
- ➥ ▢YC 轴：在工作坐标系的 YC 轴上创建基准轴。
- ➥ ▢ZC 轴：在工作坐标系的 ZC 轴上创建基准轴。
- ➥ ▢点和方向：通过选择一个点和方向矢量创建基准轴。

➥ ⟋两点：通过选择两个点来创建基准轴。

扫一扫，看视频

3.2.4 基准坐标系

选择"菜单"→"插入"→"基准/点"→"基准坐标系"命令或者在"主页"选项卡的"特征"组中单击"基准/点"下拉菜单中的"基准坐标系"图标⊭，打开如图 3-48 所示的"基准坐标系"对话框。该对话框用于创建基准坐标系。与坐标系不同的是，基准坐标系可一次建立 3 个基准面（XY、YZ 和 ZX 面）和 3 个基准轴（X、Y 和 Z 轴）。

图 3-48 "基准坐标系"对话框

下面介绍基准坐标系的创建方法。

➥ ⚡自动判断：通过选择的对象或输入沿 X、Y 和 Z 坐标轴方向的偏置值来定义一个坐标系。

➥ ⊭原点，X 点，Y 点：利用点创建功能先后指定 3 个点来定义一个坐标系。这 3 个点应分别是原点、X 轴上的点和 Y 轴上的点。定义的第一个点为原点，第一个点指向第二个点的方向为 X 轴的正向，从第二个点至第三个点按右手法则来确定 Z 轴正向。

➥ ⊭三平面：通过先后选择 3 个平面来定义一个坐标系。3 个平面的交点为坐标系的原点，第一个面的法向为 X 轴，第一个面与第二个面的交线方向为 Z 轴。

➥ ⊭X 轴，Y 轴，原点：先利用点创建功能指定一个点作为坐标系原点，再利用矢量创建功能先后选择或定义两个矢量，这样就创建了基准坐标系。坐标系 X 轴的正向平行于第一矢量的方向，XOY 平面平行于第一矢量及第二矢量所在的平面，Z 轴正向由从第一矢量在 XOY 平面上的投影矢量至第二矢量在 XOY 平面上的投影矢量按右手法则确定。

➥ ⚡绝对坐标系：在绝对坐标系的（0,0,0）点处定义一个新的坐标系。

➥ ▥当前视图的坐标系：用当前视图定义一个新的坐标系。XOY 平面为当前视图所在平面。

- ➡ 偏置坐标系：通过输入沿 X、Y 和 Z 坐标轴方向相对于所选坐标系的偏距来定义一个新的坐标系。
- ➡ 动态：使您可以手动将坐标系移到任何想要的位置或方位，或创建一个相对于选定坐标系的关联、动态偏置坐标系。可以使用手柄操控坐标系。
- ➡ Z 轴，X 轴，原点：根据您选择或定义的一个点和两个矢量来定义坐标系。Z 轴和 X 轴是矢量；原点是点。
- ➡ Z 轴，Y 轴，原点：根据您选择或定义的一个点和两个矢量来定义坐标系。Z 轴和 Y 轴是矢量；原点是点。
- ➡ 平面，X 轴，点：基于为 Z 轴选定的平面对象、投影到 X 轴平面的矢量以及投影到原点平面的点来定义坐标系。
- ➡ 平面，Y 轴，点：基于为 Z 轴选定的平面对象、投影到 X 轴平面的矢量以及投影到原点平面的点来定义坐标系。

3.3　表达式

表达式（Expression）是 UG 中的一种工具，可用在多个模块中。通过算术和条件表达式，用户可以控制部件的特性，如控制部件中特征或对象的尺寸。

3.3.1　表达式综述

扫一扫，看视频

表达式是参数化设计的重要工具，通过表达式不但可以控制部件中特征与特征之间、对象与对象之间、特征与对象之间的相互尺寸与位置关系，而且可以控制装配中的部件与部件之间的尺寸与位置关系。

1. 表达式的概念

表达式是用来控制部件特性的算术或条件语句。它可以定义和控制模型的许多尺寸，如特征或草图的尺寸。表达式在参数化设计中是十分有意义的，可以用来控制同一个零件上不同特征之间的关系或者一个装配中不同的零件关系。例如，如果一个立方体的高度可以用它与长度的关系来表达，那么当立方体的长度变化时，则其高度也随之自动更新。

表达式是定义关系的语句，包括等式的左侧和右侧两部分（即 a=b+c 的形式）。所有的表达式都有一个赋给表达式左侧变量的值（一个可能有，也可能没有小数部分的数）。要得出该值，系统就计算表达式的右侧（可以是算术语句或条件语句）。表达式的左侧必须是一个单个的变量。

在表达式的左侧，a 是 a=b+c 中的表达式变量。表达式的左侧也是此表达式的名称。在表达式的右侧，b+c 是 a=b+c 中的表达式字符串，如图 3-49 所示。

图 3-49　表达式示意图

在创建表达式时必须注意以下几点：

（1）表达式左侧必须是一个简单变量，右侧是一个算术语句或条件语句。

（2）所有表达式均有一个值（实数或整数），该值被赋给表达式的左侧变量。

（3）表达式等式的右侧可以是含有变量、数字、运算符和符号的组合或常数。

2．表达式的建立方式

表达式可以自动建立或手工建立。

以下情况将自动建立表达式（系统自动生成以限定符"p"（即 p0、p1、p2...）开头的表达式）：

（1）创建草图时，用两个表达式定义草图基准 XC 和 YC 坐标。

（2）定义草图尺寸约束时，每个定位尺寸用一个表达式表示。

（3）特征或草图定位时，每个定位尺寸用一个表达式表示。

（4）建立特征时，某些特征参数将用相应的表达式表示。

（5）建立装配配对条件时。

用户可以通过下列任意一种方式手工生成表达式：

（1）从草图生成表达式。

（2）将已有的表达式更名。选择"菜单"→"工具"→"表达式"命令来选择旧的表达式，然后将其更名。

（3）在文本文件中输入表达式，然后将它们导入表达式变量表中。

3.3.2　表达式语言

1．变量名

变量名是字母数字型的字符串，但该字符串必须以一个字母开头。另外，变量名中也可以使用下划线"_"。

📢 **注意：**

> 表达式是区分大小写的，因此变量名 X1 不同于 x1。
> 所有的表达式名（表达式的左侧）也是变量，必须遵循变量名的所有约定。所有变量在用于其他表达式之前，必须以表达式名的形式出现。

2．运算符

在表达式语言中可能会用到几种运算符。UG 表达式运算符分为算术运算符、关系运算符及逻辑运算符等，与其他计算机书中介绍的内容相同。

扫一扫，看视频

3．内置函数

当建立表达式时，可以使用任一 UG 的内置函数。表 3-1 和表 3-2 列出了部分 UG 的内置函数。其中分为两类：一类是数学函数，另一类是单位转换函数。

表 3-1　数字函数

函 数 名	函数表示	函 数 意 义	备 注
abs	abs(x)=|x|	绝对值函数	结果为弧度
asin	asin(x)	反正弦函数	结果为弧度
acos	acos(x)	反余弦函数	结果为弧度
atan(x)	atan(x)	反正切函数	结果为弧度
atan2	atan2(x,y)	反余切函数	atan(x/y)，结果为弧度
sin	sin(x)	正弦函数	x 为角度度数
cos	cos(x)	余弦函数	x 为角度度数
tan	tan(x)	正切函数	x 为角度度数
sinh	sinh(x)	双曲正弦函数	x 为角度度数
cosh	cosh(x)	双曲余弦函数	x 为角度度数
tanh	tanh(x)	双曲正切函数	x 为角度度数
rad	rad(x)	将弧度转换为角度	
deg	deg(x)	将角度转换为弧度	
Radians			
Angle2Vectors			
log	log(x)	自然对数	log(x)=ln(x)=loge(x)
log10	log10(x)	常用对数	log10(x)＝lg(x)
exp	exp(x)	指数	e^x
fact	fact(x)	阶乘	x!
sqrt	sqrt(x)	平方根	
hypot	hypot(x,y)	直角三角形斜边	=sqrt(x^2+y^2)
ceiling	ceiling(x)	大于或等于 x 的最小整数	
floor	floor(x)	小于或等于 x 的最大整数	
max	max(x)		
min	min(x)		
trnc	trnc(x)	取整	
pi	pi()	圆周率 π	返回 3.14159265358979
mod	mod (x,y)		
Equal	Equal (x,y)		
xor			
dist			
round	round(x)		
ug_excel_read			

表 3-2　单位转换函数

函 数 名	函 数 表 示	函 数 意 义
cm	cm(x)	将厘米转换成部件文件的默认单位
ft	ft(x)	将英尺转换成部件文件的默认单位
grd	grd(x)	将梯度转换成角度度数
In	In(x)	将英寸转换成部件文件的默认单位
km	km(x)	将千米转换成部件文件的默认单位
mc	mc(x)	将微米转换成部件文件的默认单位
min	min(x)	将角度分转换成度数
ml	ml(x)	将千分之一英寸转换成部件文件的默认单位
mm	mm(x)	将毫米转换成部件文件的默认单位
mtr	mtr(x)	将米转换成部件文件的默认单位
sec	sec(x)	将角度秒分转换成度数
yd	yd(x)	将码转换成部件文件的默认单位

4．条件表达式

表达式可分为三类：数学表达式、条件表达式、几何表达式。数学表达式很简单，就是我们平常用数学的方法，利用上面提到的运算符和内置函数等，对表达式等式左端进行定义。例如，对 p2 进行赋值，其数学表达式可以表达为：p2=p5+p3。

条件表达式可以通过使用以下语法的 if/else 结构生成：

```
VAR = if (expr1) (expr2) else (expr3)
```

表示的含义是：如果表达式 expr1 成立，则变量取 expr2 的值；如果表达式 expr1 不成立，则变量取 expr3 的值。例如：

```
width = if (length<10) (5) else (8)
```

即如果长度小于 10，宽度将是 5；如果长度大于或等于 10，宽度将是 8。

5．表达式中的注释

在注释前使用双斜线"//"，双斜线表示让系统忽略它后面的内容。注释一直持续到该行的末端。如果注释与表达式在同一行，则需先写表达式内容。例如：

```
length = 2*width //comment        有效
//comment// width'0 = 5           无效
```

6．几何表达式

UG 中的几何表达式是一类特殊的表达式，可以引用某些几何特性作为定义特征参数的约束。几何表达式一般用于定义曲线（或实体边）的长度、两点（或两个对象）之间的最小距离或者两条直线（或圆弧）之间的角度。

通常，几何表达式是被引用在其他表达式中参与表达式的计算，从而建立其他非几何表达式与被引用的几何表达式之间的相关关系。当几何表达式所代表的长度、距离或角度等变化时，引用该几何表达式的非几何表达式的值也会改变。

几何表达式的类型如下。

（1）距离表达式：一个基于两个对象、一个点和一个对象，或两个点间最小距离的表达式。

（2）长度表达式：一个基于曲线或边缘长度的表达式。

（3）角度表达式：一个基于两条直线、一个弧和一条线，或两个圆弧间的角度的表达式。

几何表达式示例：

```
p2=length(20)
p3=distance(22)
p4=angle(25)
```

扫一扫，看视频

3.3.3 "表达式"对话框

要在部件文件中编辑表达式，选择"菜单"→"工具"→"表达式"命令，打开如图 3-50 所示"表达式"对话框。该对话框提供了一个当前部件中表达式的列表、编辑表达式的各种选项和控制与其他部件中表达式链接的选项。

图 3-50 "表达式"对话框

1．显示

该下拉列表框用于确定在"表达式"对话框中显示哪些表达式，如图 3-51 所示。

（1）用户定义的表达式：列出用户通过对话框创建的表达式。

（2）命名的表达式：列出用户创建和那些没有创建只是重命名的表达式，包括系统自动生成的名字，如 p0 或 p5。

（3）未用的表达式：没有被任何特征或其他表达式引用的表达式。

（4）特征表达式：列出在图形窗口或部件导航器中选定的某一特征的表达式。

（5）测量表达式：列出部件文件中的所有测量表达式。

（6）属性表达式：列出部件文件中存在的所有部件和对象属性表达式。

（7）部件间表达式：列出部件文件之间存在的表达式。

（8）所有表达式：列出部件文件中的所有表达式。

图3-51 "显示"选项

2. 操作

（1）新建表达式：新建一个表达式。

（2）创建/编辑部件间表达式：列出作业中可用的单个部件。一旦选择了部件，便公列出该部件中的所有表达式。

（3）创建多个部件间表达式：列出作业中可用的多个部件。

（4）编辑多个部件间表达式：控制从一个部件文件到其他部件中的表达式的外部参考。单击该按钮将显示包含所有部件列表的对话框，这些部件包含工作部件涉及的表达式。

（5）替换表达式：允许使用另一个字符串替换当前工作部件中某个表达式的公式字符串的所有实例。

（6）打开被引用部件：单击该按钮，可以打开任何作业中部分载入的部件，常用于进行大规模加工操作。

（7）更新以获取外部更改：更新可能在外部电子表格中的表达式值。

3. 表达式列表框

根据设置的表达式列出方式，显示部件文件中的表达式。

（1）名称：可以给一个新的表达式命名，也可以重新命名一个已经存在的表达式。表达式命名要符合一定的规则。

（2）公式：可以编辑一个在表达式列表框中选中的表达式，也可给新的表达式输入公式，还可给部件间的表达式创建引用。

（3）值：显示从公式或测量数据派生的值。

（4）量纲：可以指定一个新的表达式量纲，但不可以改变已经存在的表达式的量纲，如图 3-52 所示。

（5）单位：对于选定的量纲，指定相应的单位，如图 3-53 所示。

图 3-52　量纲

图 3-53　单位

（6）类型：指定表达式数据类型，包括数字、字符串、布尔运算、整数、点、矢量和列表等类型。

（7）源：对于软件表达式，附加参数文本显示在源列中，该列描述关联的特征和参数选项。

（8）附注：添加了表达式附注，则会显示该附注。

（9）检查：显示任意检查需求。

（10）组：选择或编辑特定表达式所属的组。

3.3.4　部件间表达式

扫一扫，看视频

1. 部件间表达式设置

部件间表达式用于装配和组件零件中。使用部件间表达式（IPEs），可以建立组件间的关系，这样一个部件的表达式可以根据另一个部件的表达式进行定义。例如，为配合另一组件的孔而设计的一个组件中的销，可以使用与该孔参数相关联的参数，当编辑孔时，该组件中的销也能自动更新。

要使用部件间表达式，还要进行如下设置。

（1）选择"菜单"→"文件"→"实用工具"→"用户默认设置"命令，打开"用户默认设置"对话框。

（2）在左栏中选择"装配"→"常规"，在右侧选择"部件间建模"选项卡，在"允许关联的部件间建模"选项组中选中"是"单选按钮，勾选"允许提升体"复选框，单击"确定"完成设置，如图 3-54 所示。

图 3-54　"用户默认设置"对话框

2. 部件间表达式格式

部件间表达式与普通表达式的区别，就是在部件间表达式变量的前面添加了部件名称。格式如下：

```
部件 1_名::表达式名＝部件 2_名::表达式名
```

例如：

```
hole_dia = pin::diameter+tolerance
```

将局部表达式 hole_dia 与部件 pin 中的表达式 diameter 联系起来。

3.4　布尔运算

零件模型通常由单个实体组成，但在建模过程中，实体通常是由多个实体或特征组合而成，于是要求把多个实体或特征组合成一个实体，该操作称为布尔运算（或布尔操作）。

布尔运算在实际建模过程中用得比较多，但一般情况下是系统自动完成或自动提示用户选择合适的布尔运算。布尔运算也可独立操作。

3.4.1　合并

选择"菜单"→"插入"→"组合"→"合并"命令或单击"主页"选项卡"特征"组

扫一扫，看视频

中的"合并"按钮，打开如图 3-55 所示的"合并"对话框。该对话框用于将两个或多个实体的体积组合在一起构成单个实体，其公共部分完全合并到一起，如图 3-56 所示。

合并前　　　　　　　合并后

图 3-55　"合并"对话框　　　　　　　　图 3-56　"合并"示意图

该对话框中的部分选项说明如下。

（1）目标：进行布尔"合并"时第一个选择的体对象，运算的结果将加在目标体上，并修改目标体。同一次布尔运算中，目标体只能有一个。布尔运算的结果体类型与目标体的类型一致。

（2）工具：进行布尔运算时第二个及之后选择的体对象，这些对象将加在目标体上，并构成目标体的一部分。同一次布尔运算中，工具体可有多个。

需要注意的是，可以将实体和实体进行合并运算，也可以将片体和片体进行合并运算（具有近似公共边缘线），但不能将片体和实体、实体和片体进行合并运算。

3.4.2　减去

选择"菜单"→"插入"→"组合"→"减去"命令或单击"主页"选项卡"特征"组中的"减去"按钮，打开如图 3-57 所示的"求差"对话框。该对话框用于从目标体中减去一个或多个工具体的体积，即将目标体中与工具体公共的部分去掉，如图 3-58 所示。

图 3-57　"求差"对话框

求差前　　　　　　长方体为工具　　　　　　圆柱体为工具

图 3-58 "减去"示意图

需要注意的是：

- ↳ 若目标体和工具体不相交或相接，则运算结果保持为目标体不变。
- ↳ 实体与实体、片体与实体、实体与片体之间都可进行求差运算，但片体与片体之间不能进行求差运算。实体与片体的差，其结果为非参数化实体。
- ↳ 布尔"减去"运算时，若目标体进行差运算后的结果为两个或多个实体，则目标体将丢失数据。另外，也不能将一个片体变成两个或多个片体。
- ↳ 差运算的结果不允许产生 0 厚度，即不允许目标实体和工具体的表面刚好相切。

3.4.3 相交

选择"菜单"→"插入"→"组合"→"相交"命令或单击"主页"选项卡"特征"组中的"相交"按钮，打开如图 3-59 所示的"相交"对话框。该对话框用于将两个或多个实体合并成单个实体，运算结果取其公共部分体积构成单个实体，如图 3-60 所示。

扫一扫，看视频

图 3-59 "相交"对话框

相交前　　　　　　　　　相交后

图 3-60 "相交"示意图

第 4 章　草图设计

内容简介

草图（Sketch）是 UG 建模中建立参数化模型的一个重要工具。通常情况下，用户的三维设计应该从草图设计开始，通过 UG 中提供的草图功能建立各种基本曲线，对曲线进行几何约束和尺寸约束，然后对二维草图进行拉伸、旋转或者扫掠，就可以很方便地生成三维实体。此后模型的编辑修改，主要在相应的草图中完成后即可更新模型。

本章主要介绍草图的基本知识、操作和编辑等。

内容要点

- ➥ 草图建立
- ➥ 草图绘制
- ➥ 草图操作
- ➥ 草图约束

4.1　草图的建立

草图是位于指定平面上的曲线和点所组成的一个特征，其默认特征名为 SKETCH。草图由草图平面、草图坐标系、草图曲线和草图约束等组成。草图平面是草图曲线所在的平面，草图坐标系的 XY 平面即为草图平面；草图坐标系由用户在建立草图时确定。一个模型中可以包含多个草图，每一个草图都有一个名称，系统通过草图名称对草图及其对象进行引用。

扫一扫，看视频

4.1.1　进入草图环境

选择"菜单"→"插入"→"在任务环境中绘制草图"命令，或单击"曲线"功能区中的"在任务环境中绘制草图"按钮，打开如图 4-1 所示"创建草图"对话框。

在"创建草图"对话框中指定草图的放置平面，有以下几种情况：

图 4-1　"创建草图"对话框

（1）如果要将某一工作坐标系平面指定为草图平面，在"草图坐标系"选项"平面方法"下拉列表中选择"新平面"，在"指定平面"下拉中选择 XC-YC、XC-ZC、YC-ZC 或创建其它的基准平面，将草图方向和草图原点进行设置，然后单击"确定"按钮。

（2）如果要将草图平面设置为现有平面或已有的基准平面，在"草图坐标系"选项"平面方法"下拉列表中选择"自动判断"，然后选择所需的平面或基准平面，然后"确定"按钮。

（3）如果要将基准坐标系用于草图平面，在"草图坐标系"选项单击"坐标系对话框"按钮，将会创建新的基准坐标系，并将其 X-Y 平面用于草图平面即在打开的"坐标系"对话框中生成基准坐标系后生成的新草图与新生成的基准坐标系的 X-Y 平面重合。

选择现有平面或创建新平面，单击"确定"按钮，进入草图环境，如图 4-2 所示。进入草图创建环境后，"主页"选项卡"草图"组如图 4-3 所示，系统按照先后顺序给用户的草图取名为 SKETCH_000、SKETCH_001、SKETCH_002…，名称显示在"草图名"的文本框中。

图 4-2　"草图"工作环境

图 4-3　"草图"组

4.1.2　草图的视角

当用户完成草图平面的创建和修改后，系统会自动转换到草图平面视角。如果用户对该视角不满意，可以单击"定向到模型"按钮，使草图视角恢复到原来基本建模的视角。单击"定向到草图"按钮，可以再次回到草图平面视角。

扫一扫，看视频

4.1.3 草图的重新定位

当完成草图创建后（如图 4-4 所示），需要更改草图所依附的平面。用户可以通过单击"重新附着"按钮，来重新定位草图的依附平面，如图 4-5 所示。

图 4-4 原草图平面　　　　　图 4-5 "重新附着"后草图平面

4.2 草图的绘制

进入草图环境后，在"主页"选项卡中将显示相关的草图绘制功能（主要集中在"曲线"组中），如图 4-6（a）所示。这些功能也可以通过选择"菜单"→"插入"→"曲线"子菜单中的相应命令来完成，如图 4-6（b）所示。其中一些较为常用的草图绘制功能分别介绍如下。

（a）"主页"选项卡

（b）"曲线"子菜单

图 4-6 草图环境下的"主页"选项卡和"曲线"子菜单

4.2.1 直线

选择"菜单"→"插入"→"曲线"→"直线"命令或单击"主页"选项卡"曲线"组中的"直线"按钮 ，打开如图 4-7 所示的"直线"对话框。

有两种不同的输入模式：

（1）坐标模式：单击"坐标模式"按钮 XY ，在视图区将显示如图 4-8 所示 XC 和 YC 文本框，在其中输入所需数值，确定绘制点。

（2）参数模式：单击"参数模式"按钮 ，在视图区将显示如图 4-9 所示"长度"和"角度"数值输入框，在其中输入所需数值，然后拖动鼠标，在要放置位置单击鼠标左键，即可绘制直线。它与坐标模式的区别是：在参数文本框中输入数值后，坐标模式是确定的，而参数模式是浮动的。

图 4-7 "直线"对话框 　　 图 4-8 "坐标模式"数值输入框 　　 图 4-9 "参数模式"数值输入框

★重点 动手学——五角星的绘制

源文件：yuanwenjian\4\ wujiaoxing.prt

绘制如图 4-10 所示的五角星。

图 4-10 五角星

操作步骤 视频文件：动画演示\第 4 章\五角星.mp4

（1）单击"主页"选项卡"标准"组中的"新建"按钮 ，打开"新建"对话框。在"模板"栏中选择"模型"，在"名称"文本框中输入"WuJiaoXing"，然后单击"确定"按钮，进入建模环境。

（2）单击"曲线"选项卡中的"在任务环境中绘制草图"按钮 ，打开如图 4-11 所示"创建草图"对话框，选择 XC-YC 平面作为草图绘制平面，单击"确定"按钮，进入草图绘制界面。

图 4-11　"创建草图"对话框

（3）选择"菜单"→"插入"→"曲线"→"直线"命令或单击"主页"选项卡"曲线"组中的"直线"按钮，打开"直线"对话框，如图 4-12 所示。单击"坐标模式"按钮，在 XC 和 YC 文本框中分别输入"120"和"120"；接着单击"参数模式"按钮，在"长度"和"角度"文本框中分别输入"80"和"252"，绘制的直线 P1P2 如图 4-13 所示。

图 4-12　"直线"对话框　　　　　图 4-13　绘制直线 P1P2

（4）同理，按照 XC、YC、"长度"和"角度"文本框的输入顺序，分别绘制直线 P2P3（95.279,43.915,79.999,36）、直线 P3P4（159.999,90.977,79.977,180）、直线 P4P5（80.022,90.870, 79.942,324）和直线 P5P1（144.721,43.916,79.999,108），最终完成五角星的绘制。

练一练——绘制表面粗糙度符号

绘制如图 4-14 所示的表面粗糙度符号。

图 4-14　表面粗糙度符号

✎ **思路点拨：**

4.2.2　圆

选择"菜单"→"插入"→"曲线"→"圆"命令或单击"主页"选项卡"曲线"组中的"圆"按钮◯，打开如图 4-15 所示的"圆"对话框。

有两种不同的绘制方法：

（1）圆心和直径定圆：单击"圆心和直径定圆"按钮⊙图标，以"圆心和直径定圆"方式绘制圆。

（2）三点定圆：单击"三点定圆"按钮◯，以"三点定圆"方式绘制圆。

图 4-15　"圆"对话框

★重点　动手学——法兰草图的绘制

源文件：yuanwenjian\4\falancaotu.prt

绘制如图 4-16 所示的法兰。法兰在机械设备中应用广泛，主要用于管道及进出口或其他端口的连接。本实例主要运用"直线"命令和"圆"命令来绘制。

图 4-16　法兰草图

操作步骤　视频文件：动画演示\第 4 章\法兰草图.mp4

1. 新建文件

单击"主页"选项卡"标准"组中的"新建"按钮▯，打开"新建"对话框。在"模板"栏中选择"模型"，在"名称"文本框中输入"FaLanCaoTu"，然后单击"确定"按钮，进入建模环境。

2. 绘制中心线

（1）单击"曲线"选项卡中的"在任务环境中绘制草图"按钮▱，打开如图 4-17 所示"创建草图"对话框，选择 XC-YC 平面作为草图绘制平面，单击"确定"按钮，进入草图绘制界面。

（2）选择"菜单"→"插入"→"曲线"→"直线"命令或单击"主页"选项卡"曲线"组中的"直线"按钮 ✐，打开"直线"对话框，如图 4-18 所示。单击"坐标模式"按钮 ⊠，在 XC 和 YC 文本框中分别输入"-60"和"0"；接着单击"参数模式"按钮 ⿺，在"长度"和"角度"文本框中分别输入"120"和"0"，绘制水平直线。同理，按照 XC、YC、"长度"和"角度"文本框的输入顺序绘制 0,60,120,270 的竖直直线，结果如图 4-19 所示。

图 4-17　"创建草图"对话框

图 4-18　"直线"对话框

图 4-19　绘制直线

（3）选中上一步绘制的两条直线，将光标放置在一条直线上单击鼠标右键，在弹出的快捷菜单中选择"编辑显示"命令，打开"编辑对象显示"对话框，将各选项设置为如图 4-20 所示。单击"确定"按钮，则所选草图对象发生变化，如图 4-21 所示。

图 4-20　"编辑对象显示"对话框

图 4-21　更改直线线型

3．绘制法兰轮廓

（1）选择"菜单"→"插入"→"曲线"→"圆"命令或单击"主页"选项卡"曲线"组中的"圆"按钮○，打开"圆"对话框，如图4-22所示。单击"圆心和直径定圆"按钮⊙，以确定圆心和直径的方式绘制圆。单击上边框条中的"现有点"按钮＋，捕捉原点为圆心，绘制直径为100的圆；同理，以原点为圆心，绘制直径为50和75的圆，结果如图4-23所示。

图4-22 "圆"对话框

图4-23 绘制圆

（2）选中上一步绘制的直径为75的圆，将光标放置在该圆上单击鼠标右键，在弹出的快捷菜单中选择"编辑显示"命令，打开"编辑对象显示"对话框，在"线型"下拉列表框中选择"中心线"，单击"确定"按钮，则所选草图对象发生变化。至此完成法兰轮廓的绘制，结果如图4-24所示。

图4-24 更改线型

4．绘制法兰螺栓孔

选择"菜单"→"插入"→"曲线"→"圆"命令或单击"主页"选项卡"曲线"组中的"圆"按钮○，打开"圆"对话框。单击"圆心和直径定圆"按钮⊙，以确定圆心和直径的方式绘制圆。单击上边框条中的"象限点"按钮○，捕捉直径为75的圆的上象限点为圆心。接着单击"参数模式"按钮凸，在"直径"文本框中输入"12"，然后按Enter键，分别捕捉直径为 75 的圆的其余 3 个象限点，完成法兰螺栓孔的绘制。至此完成法兰草图的绘制，结果如图 4-16 所示。

练一练——绘制挡圈

绘制如图 4-25 所示的挡圈。

图 4-25　挡圈

✍ **思路点拨：**

源文件：yuanwenjian\4\dangquan.prt
（1）利用"直线"命令绘制中心线。
（2）利用"圆"命令绘制轮廓。

扫一扫，看视频

4.2.3　圆弧

选择"菜单"→"插入"→"曲线"→"圆弧"命令或单击"主页"选项卡"曲线"组中的"圆弧"按钮 ，打开如图 4-26 所示的"圆弧"对话框。

有两种不同的绘制方法：

（1）三点定圆弧：单击"三点定圆弧"按钮 ，以"三点定圆弧"方式绘制圆弧。

（2）中心和端点定圆弧：单击"中心和端点定圆弧"按钮 ，以"中心和端点定圆弧"方式绘制圆弧。

图 4-26　"圆弧"对话框

★**重点　动手学——梅花造型的绘制**

源文件：yuanwenjian\4\meihuazaoxing.prt

绘制如图 4-27 所示的梅花造型。

扫一扫，看视频

图 4-27　梅花造型

操作步骤 视频文件：动画演示\第 4 章\梅花造型.mp4

（1）单击"主页"选项卡"标准"组中的"新建"按钮 ，打开"新建"对话框。在"模板"栏中选择"模型"，在"名称"文本框中输入"MeiHua"，然后单击"确定"按钮，进入 UG 建模环境。

（2）选择"菜单"→"插入"→"在任务环境中绘制草图"命令或单击"曲线"选项卡中的"在任务环境中绘制草图"按钮 ，打开"创建草图"对话框。选择 XC-YC 平面作为草图绘制平面，单击"确定"按钮，进入草图绘制界面。

（3）选择"菜单"→"插入"→"曲线"→"圆弧"命令或单击"主页"选项卡"曲线"组中的"圆弧"按钮 ，打开如图 4-28 所示的"圆弧"对话框。单击"三点定圆弧"按钮 ，在 XC 和 YC 文本框中分别输入"140"和"110"；接着单击"参数模式"按钮 ，在"半径"文本框中输入"20"；然后单击"坐标模式"按钮 XY ，在 XC 和 YC 文本框中分别输入"100"和"110"，完成圆弧 P1P2 的绘制，结果如图 4-29 所示。

图 4-28 "圆弧"对话框

图 4-29 绘制圆弧 P1P2

（4）选择"菜单"→"插入"→"曲线"→"圆弧"命令或单击"主页"选项卡"曲线"组中的"圆弧"按钮 ，打开"圆弧"对话框。单击"三点定圆弧"按钮 ，捕捉 P2 点；接着单击"参数模式"按钮 ，在"半径"文本框中输入"20"；然后单击"坐标模式"按钮 XY ，在 XC 和 YC 文本框中分别输入"88"和"72"，完成圆弧 P2P3 的绘制。

（5）同理，按照步骤（4）的方法绘制 P3P4、P4P5 和 P5P1，P4 点坐标为（120，48），P5 点坐标为（152,72）。最终完成梅花造型的绘制，如图 4-27 所示。

练一练——绘制圆头平键

绘制如图 4-30 所示的圆头平键。

图 4-30 圆头平键

✍ **思路点拨：**

源文件：yuanwenjian\4\yuantoupingjian.prt

（1）利用"直线"命令绘制两条水平线。

（2）利用"圆弧"命令绘制两边圆头。

扫一扫，看视频

4.2.4　轮廓

绘制轮廓，就是绘制单一或者连续的直线和圆弧。

选择"菜单"→"插入"→"曲线"→"轮廓"命令或单击"主页"选项卡"曲线"组中的"轮廓"按钮⌐，打开如图 4-31 所示的"轮廓"对话框。该对话框各项功能与 4.2.1 和 4.2.3 小节所述类似。

图 4-31　"轮廓"对话框

扫一扫，看视频

4.2.5　派生直线

选择一条或几条直线后，系统自动生成其平行线、中线或角平分线。

选择"菜单"→"插入"→"来自曲线集的曲线"→"派生直线"命令或单击"主页"选项卡"曲线"组中的"派生直线"按钮⌐，以"派生直线"方式绘制直线。"派生直线"方式绘制草图示意图如图 4-32 所示。

图 4-32　"派生直线"方式绘制草图

扫一扫，看视频

4.2.6　矩形

选择"菜单"→"插入"→"曲线"→"矩形"命令或单击"主页"选项卡"曲线"组中的"矩形"按钮□，打开如图 4-33 所示的"矩形"对话框。

有 3 种不同的绘制矩形方法：

（1）按 2 点⌐：根据对角点上的两点创建矩形，如图 4-34 所示。

图 4-33　"矩形"对话框　　　　图 4-34　按 2 点

（2）按 3 点⌐：根据起点和决定宽度、宽度和角度的两点来创建矩形，如图 4-35 所示。

（3）从中心⌐：从中心点、决定角度和宽度的第二点以及决定高度的第三点来创建矩形，如图 4-36 所示。

图 4-35 按 3 点

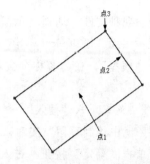

图 4-36 从中心

4.2.7 多边形

选择"菜单"→"插入"→"曲线"→"多边形"命令，或单击"主页"选项卡"曲线"组中的"多边形"按钮⬡，打开如图 4-37 所示的"多边形"对话框。

该对话框中各项说明如下。

（1）中心点：在适当的位置单击或通过"点"对话框确定中心点。

（2）边：输入多边形的边数。

（3）大小：

①指定点：选择点或者通过"点"对话框定义多边形的半径。

②大小：包括 3 个选项。

➥ 内切圆半径：指定从中心点到多边形中心的距离。

➥ 外接圆半径：指定从中心点到多边形拐角的距离。

➥ 边长：指定多边形的长度。

③半径：设置多边形内切圆和外接圆半径的大小。

④旋转：设置从草图水平轴开始测量的旋转角度。

⑤长度：设置多边形的边长。

★重点 动手学——绘制螺母

源文件：yuanwenjian\4\luomu.prt

绘制如图 4-38 所示的螺母。

图 4-37 "多边形"对话框

图 4-38 螺母

操作步骤 视频文件：动画演示\第 4 章\螺母.mp4

（1）单击"主页"选项卡"标准"组中的"新建"按钮，打开"新建"对话框。在"模板"栏中选择"模型"，在"名称"文本框中输入"LuoMu"，然后单击"确定"按钮，进入 UG 建模环境。

（2）选择"菜单"→"插入"→"在任务环境中绘制草图"命令或单击"曲线"选项卡中的"在任务环境中绘制草图"按钮，打开"创建草图"对话框。选择 XC-YC 平面作为草图绘制平面，单击"确定"按钮，进入草图绘制界面。

（3）选择"菜单"→"插入"→"曲线"→"多边形"命令或单击"主页"选项卡"曲线"组中的"多边形"按钮，打开如图 4-39 所示的"多边形"对话框。在"指定点"下拉列表框中选择"现有点"，指定原点为中心点，在"边数"文本框中输入"6"，在"大小"下拉列表框中选择"内切圆半径"，在"半径"文本框中输入"50"，在"旋转"文本框中输入"90"，单击"关闭"按钮，完成六边形的绘制，如图 4-40 所示。

图 4-39 "多边形"对话框

图 4-40 绘制六边形

（4）选择"菜单"→"插入"→"曲线"→"圆"命令或单击"主页"选项卡"曲线"组中的"圆"按钮，打开"圆"对话框。单击"圆心和直径定圆"按钮，以原点为圆心，绘制直径为 60 的圆，如图 4-41 所示。同理，绘制以原点为圆心，直径为 100 的圆。最终结果如图 4-38 所示。

图 4-41 绘制圆

练一练——绘制六角扳手截面草图

绘制如图 4-42 所示的六角扳手截面草图。

图 4-42 六角扳手

✍ **思路点拨：**

源文件：yuanwenjian\4\liujiaobanshou.prt

（1）利用"直线"命令绘制中心线。

（2）利用"直线"命令绘制两条水平线。

（3）利用"圆弧"命令绘制两端的圆弧。

（4）利用"圆"命令绘制圆。

（5）利用"多边形"命令绘制两个多边形。

4.2.8 椭圆

选择"菜单"→"插入"→"曲线"→"椭圆"命令或单击"主页"选项卡"曲线"组中的"椭圆"按钮 ⊕，打开如图 4-43 所示的"椭圆"对话框。

（1）中心：在适当的位置单击或通过"点"对话框确定椭圆中心点。

（2）大半径：直接输入长半轴长度，也可以通过"点"对话框来确定长轴长度。

（3）小半径：直接输入短半轴长度，也可以通过"点"对话框来确定短轴长度。

（4）封闭：选中此复选框，则创建整圆。若取消选中此复选框，输入起始角和终止角后将创建椭圆弧。

（5）角度：椭圆的旋转角度是主轴相对于 XC 轴，沿逆时针方向倾斜的角度。

图 4-43 "椭圆"对话框

扫一扫，看视频

扫一扫，看视频

★**重点 动手学——定位销**

源文件：yuanwenjian\4\dingweixiao.prt

绘制如图 4-44 所示的定位销。

图 4-44 定位销

操作步骤　视频文件：动画演示\第 4 章\定位销.mp4

1．新建文件

单击"主页"选项卡"标准"组中的"新建"按钮 ，打开"新建"对话框。在"模板"栏中选择"模型"，在"名称"文本框中输入"DingWeiXiao"，单击"确定"按钮，进入 UG 建模环境。

2．绘制中心线

（1）选择"菜单"→"插入"→"在任务环境中绘制草图"命令或单击"曲线"选项卡中的"在任务环境中绘制草图"按钮 ，打开"创建草图"对话框。选择 XC-YC 平面作为草图绘制平面，单击"确定"按钮，进入草图绘制界面。

（2）选择"菜单"→"插入"→"曲线"→"直线"命令或单击"主页"选项卡"曲线"组中的"直线"按钮 ，打开"直线"对话框。单击"坐标模式"按钮 XY，在 XC 和 YC 文本框中分别输入"100"和"100"；接着单击"参数模式"按钮 ，在"长度"和"角度"文本框中分别输入"38"和"0"。选中绘制的直线，将光标放置在直线上单击鼠标右键，在弹出的快捷菜单中选择"编辑显示"命令，打开 "编辑对象显示"对话框，将各选项设置为如图 4-45 所示，单击"确定"按钮，则所选直线对象发生变化。此时绘制的中心线如图 4-46 所示。

图 4-45　"编辑对象显示"对话框

图 4-46　绘制中心线

3．绘制销侧面斜线

（1）选择"菜单"→"插入"→"曲线"→"直线"命令或单击"主页"选项卡"曲线"组中的"直线"按钮 ，打开"直线"对话框。单击"坐标模式"按钮 XY，在 XC 和 YC 文本框中分别输入"104"和"104"；接着单击"参数模式"按钮 ，在"长度"和"角度"文本框中分别输入"30"和"1.146"。

（2）同理，按照 XC、YC、"长度"和"角度"文本框的输入顺序，绘制销的另一条侧面线（104,96,30,358.854），结果如图 4-47 所示。

（3）选择"菜单"→"插入"→"曲线"→"直线"命令或单击"主页"选项卡"曲线"

组中的"直线"按钮 ╱，打开"直线"对话框，分别连接两条斜线的两个端点，结果如图 4-48 所示。

图 4-47　绘制斜线　　　　　　　　　　　　图 4-48　连接端点

4．绘制圆顶

（1）选择"菜单"→"插入"→"曲线"→"椭圆"命令或单击"主页"选项卡"曲线"组中的"椭圆"按钮 ⊕，打开"椭圆"对话框，在"指定点"下拉列表框中选择"交点" ╲，捕捉水平中心线与左侧竖直直线的交点为中心，其余各选项设置如图 4-49 所示。单击"确定"按钮，完成左侧圆顶的绘制，结果如图 4-50 所示。

图 4-49　"椭圆"对话框

图 4-50　绘制左侧圆顶

（2）选择"菜单"→"插入"→"曲线"→"椭圆"命令或单击"主页"选项卡"曲线"组中的　"椭圆"按钮 ⊙，打开"椭圆"对话框，在"指定点"下拉列表框中选择"交点" ╲，捕捉水平中心线与右侧竖直直线的交点为中心，其余各选项设置如图 4-51 所示。单击"确定"按钮，完成右侧圆顶的绘制，结果如图 4-44 所示。

图 4-51　"椭圆"对话框

练一练——绘制洗脸盆草图

绘制如图 4-52 所示的洗脸盆草图。

图 4-52　洗脸盆草图

✍ 思路点拨：

源文件：yuanwenjian\4\xilianpen.prt
（1）利用"椭圆"命令绘制椭圆和椭圆弧。
（2）利用"圆弧"命令绘制圆弧。

4.2.9 二次曲线

选择"菜单"→"插入"→"曲线"→"二次曲线"命令或单击"主页"选项卡"曲线"组"曲线"库下的"二次曲线"按钮，打开如图 4-53 所示的"二次曲线"对话框，定义 3 个点，输入用户所需的 Rho 值，单击"确定"按钮，即可创建二次曲线。

图 4-53 "二次曲线"对话框

4.3 草图操作

建立草图之后，可以对草图进行很多操作，包括镜像、拖动等，下面分别介绍。

4.3.1 快速修剪

该命令可以将曲线修剪至任何方向最近的实际交点或虚拟交点。

选择"菜单"→"编辑"→"曲线"→"快速修剪"命令或单击"主页"选项卡"曲线"组中的"快速修剪"按钮，打开如图 4-54 所示"快速修剪"对话框。

图 4-54 "快速修剪"对话框

修剪草图中不需要的线素有以下 3 种方式。

（1）修剪单一对象：直接选择不需要的线素，修剪边界指定为离对象最近的曲线，如图 4-55 所示。

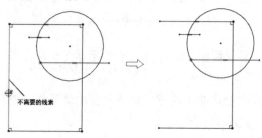

图 4-55 修剪单一对象

（2）修剪多个对象：按住鼠标左键拖动，这时光标变成画笔形状，与画笔画出的曲线相交的线素都被修剪掉，如图 4-56 所示。

（3）修剪至边界：按住 Ctrl 键，用光标选择剪切边界，然后再单击多余的线素，被选中的线素即以边界线为边界被修剪掉，如图 4-57 所示。

图 4-56　修剪多个对象　　　　　　　　　　图 4-57　修剪至边界

4.3.2　快速延伸

图 4-58　"快速延伸"对话框

该命令可以将曲线延伸至其与另一条曲线的实际交点或虚拟交点。

选择"菜单"→"编辑"→"曲线"→"快速延伸"命令，或单击"主页"选项卡"曲线"组中的"快速延伸"按钮，打开如图 4-58 所示"快速延伸"对话框。

延伸指定的线素有以下 3 种方式。

（1）延伸单一对象：直接选择要延伸的线素并单击确定，线素自动延伸到下一个边界，如图 4-59 所示。

图 4-59　延伸单一对象

（2）延伸多个对象：按住鼠标左键拖动，这时光标变成画笔形状，与画笔画出的曲线相交的线素都会被延伸，如图 4-60 所示。

（3）延伸至边界：按住 Ctrl 键，用光标选择延伸的边界线，然后单击要延伸的对象，被选中对象延伸至边界线，如图 4-61 所示。

图 4-60　延伸多个对象

图 4-61　延伸至边界

★重点　动手学——轴承草图

源文件：yuanwenjian\4\zhoucheng.prt

创建如图 4-62 所示的轴承草图。

图 4-62　轴承草图

操作步骤　视频文件：动画演示\第 4 章\轴承草图.mp4

1．新建文件

单击"主页"选项卡中的"新建"按钮，打开"新建"对话框。在"模板"栏中选择"模型"，在"名称"文本框中输入"ZhouCheng"，单击"确定"按钮，进入 UG 建模环境。

2．创建点

（1）选择"菜单"→"插入"→"在任务环境中绘制草图"命令或单击"曲线"选项卡中的"在任务环境中绘制草图"按钮，打开"创建草图"对话框。选择 XC-YC 平面作为草图绘制平面，单击"确定"按钮，进入草图绘制界面。

（2）选择"菜单"→"插入"→"基准/点"→"点"命令或单击"主页"选项卡"曲线"组中的"点"按钮十，

图 4-63　"草图点"对话框

打开"草图点"对话框，如图 4-63 所示。

（3）在"草图点"对话框中单击"点对话框"按钮，打开"点"对话框，如图 4-64 所示。

（4）在"点"对话框中输入要创建的点的坐标。此处共创建 7 个点，其坐标分别为：点 1（0,50,0）、点 2（18,50,0）、点 3（0,42.05,0）、点 4（1.75,33.125,0）、点 5（22.75,38.75,0）、点 6（1.75,27.5,0）、点 7（22.75,27.5,0），如图 4-65 所示。

图 4-64　"点"对话框

图 4-65　创建的 7 个点

3. 创建直线

（1）选择"菜单"→"插入"→"曲线"→"直线"命令或单击"主页"选项卡"曲线"组中的"直线"按钮，打开"直线"对话框。

（2）分别连接点 1 和点 2、点 1 和点 3、点 4 和点 5、点 6 和点 7、点 7 和点 5，结果如图 4-66 所示。

（3）选择点 2 作为起点，绘制一条与 XC 轴成 15° 的直线（长度只要超过连接点 1 和点 2 生成的直线即可），结果如图 4-67 所示。

图 4-66　连接而成的直线

图 4-67　创建的直线

4. 创建派生线

（1）选择"菜单"→"插入"→"来自曲线集的曲线"→"派生直线"命令，选择刚创建的直线为参考直线，并设置偏置值为 5.625，生成派生直线，如图 4-68 所示。

（2）再创建一条派生直线，偏置值也是 5.625，如图 4-69 所示。

图 4-68　创建派生直线　　　　　　　　图 4-69　创建派生直线

5．创建直线

（1）选择"菜单"→"插入"→"曲线"→"直线"命令或单击"主页"选项卡"曲线"组中的"直线"按钮✐，打开"直线"对话框。

（2）创建一条直线，该直线平行于 YC 轴，并且距离 YC 轴的距离为 11.375，长度能穿过刚刚新建的第一条派生直线即可，如图 4-70 所示。

6．创建点

（1）选择"菜单"→"插入"→"基准/点"→"点"命令或单击"主页"选项卡"曲线"组中的"点"按钮十，打开"草图点"对话框。在"草图点"对话框中单击"点对话框"按钮✛....，打开"点"对话框。

（2）在"点"对话框中选择"交点"⟨类型，然后选择直线 2 和直线 4，求出它们的交点。

7．修剪直线

（1）选择"菜单"→"编辑"→"曲线"→"快速修剪"命令或单击"主页"选项卡"曲线"组中的"快速修剪"按钮✓，打开"快速修剪"对话框。

（2）将图 4-70 所示的直线 2 和直线 4 修剪掉，如图 4-71 所示（图中的点为刚创建的直线 2 和直线 4 的交点）。

图 4-70　新建平行于 YC 轴的直线　　　　　图 4-71　修剪直线 2 和直线 4

8．创建直线

（1）选择"菜单"→"插入"→"曲线"→"直线"命令或单击"主页"选项卡"曲线"

组中的"直线"按钮✐，打开"直线"对话框。

（2）选择直线 2 和直线 4 的交点为起点，移动光标，当系统出现如图 4-72（a）所示的情形时，表示该直线与图 4-71 所示的直线 1 平行。设定该直线长度为 7，并按 Enter 键。

（3）在另外一个方向也创建一条平行于图 4-71 所示的直线 3，长度为 7 的直线，如图 4-72（b）所示。

（a）创建一条长度为 7 的直线　　　　　　（b）创建另一条长度为 7 的直线

图 4-72　创建直线

（4）以刚创建的直线的端点为起点，创建两条与图 4-73 所示的直线 1 垂直的直线（长度能穿过直线 1 即可），如图 4-73 所示。

图 4-73　创建直线

9. 延伸直线

（1）选择"菜单"→"编辑"→"曲线"→"快速延伸"命令或单击"主页"选项卡"曲线"组中的"快速延伸"按钮✐，打开如图 4-74 所示的"快速延伸"对话框。

（2）将上步创建的两条直线延伸至直线 3，如图 4-75 所示。

图 4-74　"快速延伸"对话框

图 4-75　延伸直线

10. 创建直线

（1）选择"菜单"→"插入"→"曲线"→"直线"命令或单击"主页"选项卡"曲线"组中的"直线"按钮✏，打开"直线"对话框。

（2）以图4-75中的点4为起点，创建一条与XC轴平行的直线，长度能穿过刚刚通过快速延伸得到的直线即可，如图4-76（a）所示。

（3）以点5为起点，再创建一条与XC轴平行的直线，长度也是能穿过刚刚通过快速延伸得到的直线即可，如图4-76（b）所示。

（a）以点4为起点创建直线

（b）以点5为起点创建直线

图 4-76 创建直线

11. 修剪直线

（1）选择"菜单"→"编辑"→"曲线"→"快速修剪"命令或单击"主页"选项卡"曲线"组中的"快速修剪"按钮✂，打开"快速修剪"对话框。

（2）对草图进行修剪，结果如图4-77所示。

12. 创建直线

（1）选择"菜单"→"插入"→"曲线"→"直线"命令或单击"主页"选项卡"曲线"组中的"直线"按钮✏，打开"直线"对话框。

（2）以图4-76（a）中的点1为起点，创建一条与XC轴垂直的直线，长度能穿过直线1即可，如图4-78所示。

13. 修剪草图

选择"菜单"→"编辑"→"曲线"→"快速修剪"命令或单击"主页"选项卡"曲线"组中的"快速修剪"按钮✂，对草图进行修剪，结果如图4-79所示。

图 4-77 修剪后的草图

图 4-78 创建直线

图 4-79 修剪后的草图

练一练——绘制锁紧箍草图

绘制如图 4-80 所示的锁紧箍草图。

图 4-80　锁紧箍

📝 **思路点拨：**

源文件：yuanwenjian\4\suojingu.prt

（1）利用"直线"命令绘制中心线。

（2）利用"圆"命令绘制两个圆。

（3）利用"直线"和"偏置曲线"命令绘制直线。

（4）利用"快速修剪"命令修剪草图。

扫一扫，看视频

4.3.3　阵列曲线

利用此命令可将草图曲线进行阵列。

选择"菜单"→"插入"→"来自曲线集的曲线"→"阵列曲线"命令或单击"主页"选项卡"曲线"组中的"阵列曲线"按钮，打开如图 4-81 所示"阵列曲线"对话框。

（1）线性：使用一个或两个方向定义布局。

（2）圆形：使用旋转点和可选径向间距参数定义布局。

（3）常规：使用一个或多个目标点或坐标系定义的位置来定义布局。

★**重点　动手学——槽轮草图**

源文件：yuanwenjian\4\caolun.prt

绘制如图 4-82 所示的槽轮草图。

扫一扫，看视频

图 4-81　"阵列曲线"对话框

图 4-82　槽轮草图

操作步骤　视频文件：动画演示\第 4 章\槽轮草图.mp4

（1）单击"主页"选项卡"标准"组中的"新建"按钮，打开"新建"对话框。在"模板"栏中选择"模型"，在"名称"文本框中输入"caolun"，然后单击"确定"按钮，进入建模环境。

（2）选择"菜单"→"首选项"→"草图"命令，打开如图 4-83 所示的"草图首选项"对话框，在"尺寸标签"下拉列表框中选择"值"，取消选中"连续自动标注尺寸"复选框，单击"确定"按钮。

（3）选择"菜单"→"插入"→"在任务环境中绘制草图"命令或单击"曲线"选项卡中的"在任务环境中绘制草图"按钮，，打开如图 4-84 所示"创建草图"对话框，选择 XC-YC 平面作为草图绘制平面，单击"确定"按钮，进入草图绘制环境。

图 4-83　"草图首选项"对话框

图 4-84　"创建草图"对话框

（4）选择"菜单"→"插入"→"曲线"→"圆"命令或单击"主页"选项卡"曲线"组中的"圆"按钮○，打开如图 4-85 所示的"圆"对话框。单击"圆心和直径定圆"按钮⊙捕捉坐标原点为圆心，在如图 4-86 所示的参数对话框中设置直径为 55，按 Enter 键确认，绘制圆 1。重复上述步骤，分别在坐标（15,0）处绘制直径为 7 的圆 2、在坐标（0,32.5）处绘制直径为 18 的圆 3，结果如图 4-87 所示。

| 图 4-85 "圆"对话框 | 图 4-86 参数对话框 | 图 4-87 绘制圆 |

（5）选择"菜单"→"插入"→"曲线"→"直线"命令或单击"主页"选项卡"曲线"组中的"直线"按钮╱，打开如图 4-88 所示的"直线"对话框，分别捕捉圆 2 的象限点为起点，绘制两条水平直线，如图 4-89 所示。

图 4-88 "直线"对话框　　　　图 4-89 绘制水平直线

（6）选择"菜单"→"插入"→"来自曲线集的曲线"→"阵列曲线"命令或单击"主页"选项卡"曲线"组中的"阵列曲线"按钮⠿，打开如图 4-90 所示的"阵列曲线"对话框。选择圆 2、圆 3 和直线为阵列对象，在"布局"下拉列表框中选择"圆形"，指定坐标原点为旋转点，设置"数量"和"节距角"为 6、60，单击"确定"按钮，完成阵列，如图 4-91 所示。

图 4-90 "阵列曲线"对话框　　　　图 4-91 阵列图形

（7）选择"菜单"→"编辑"→"曲线"→"快速修剪"命令或单击"主页"选项卡"曲线"组中的"快速修剪"按钮，打开如图 4-92 所示"快速修剪"对话框，修剪多余线段，结果如图 4-82 所示。

图 4-92　"快速修剪"对话框

练一练——绘制汽缸截面草图

绘制如图 4-93 所示的汽缸截面草图。

图 4-93　汽缸截面

✍ **思路点拨：**

源文件：yuanwenjian\4\qigang.prt

（1）利用"直线""圆弧""圆"和"快速修剪"命令绘制中心线和气缸截面的外轮廓草图。

（2）利用"圆"命令绘制直径为 10 的圆。

（2）利用"阵列曲线"命令阵列直径为 10 的圆。

4.3.4　拖动

扫一扫，看视频

当用户在草图中选择了尺寸或曲线，待光标变成 ✛ 形状后，即可在图形区域中拖动它们来更改草图。在欠约束的草图中，可以拖动尺寸和欠约束对象。在完全约束的草图中，可以拖动尺寸，但不能拖动对象。用户可以一次选中并拖动多个对象，但必须单独选中每个尺寸并加以拖动。

在进行拖动操作时，与顶点相连的对象是不被分开的。

扫一扫，看视频

4.3.5 镜像曲线

该命令通过草图中现有的任一条直线来镜像草图几何体。镜像曲线示意图如图 4-94 所示。

图 4-94 镜像曲线示意图

选择"菜单"→"插入"→"来自曲线集的曲线"→"镜像曲线"或单击"主页"选项卡"曲线"组中的"镜像曲线"按钮，打开如图 4-95 所示"镜像曲线"对话框。

其中部分选项功能介绍如下。

（1）要镜像的曲线：用于选择将被镜像的曲线。

（2）中心线：用于选择一条已有直线作为镜像操作的中心线（在镜像操作过程中，该直线将成为参考直线）。

4.3.6 偏置曲线

扫一扫，看视频

该命令可以在草图中关联性地偏置抽取的曲线，生成偏置约束。所谓关联性地偏置曲线是指，如果修改原先的曲线，将会相应地更新抽取的曲线和偏置曲线。偏置曲线示意图如图 4-96 所示。

图 4-95 "镜像曲线"对话框

图 4-96 偏置曲线示意图

选择"菜单"→"插入"→"来自曲线集的曲线"→"偏置曲线"命令或单击"主页"选项卡"曲线"组中的"偏置曲线"按钮，打开如图 4-97 所示"偏置曲线"对话框。

图 4-97 "偏置曲线"对话框

扫一扫，看视频

★重点 动手学——切刀草图

源文件：yuanwenjian\4\qiedao.prt

绘制如图 4-98 所示的切刀草图。

图 4-98 切刀

操作步骤 视频文件：动画演示\第 4 章\切刀.mp4

1. 新建文件

单击"主页"选项卡"标准"组中的"新建"按钮，打开"新建"对话框。在"模板"栏中选择"模型"，在"名称"文本框中输入"QieDaoCaoTu"，然后单击"确定"按钮，进入

UG 建模环境。

2．绘制中心线

（1）选择"菜单"→"插入"→"在任务环境中绘制草图"命令或单击"曲线"选项卡中的"在任务环境中绘制草图"按钮 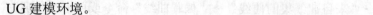，打开"创建草图"对话框。选择 XC-YC 平面作为草图绘制平面，单击"确定"按钮，进入草图绘制界面。

（2）选择"菜单"→"插入"→"曲线"→"直线"命令或者单击"主页"选项卡"曲线"组中的"直线"按钮，打开"直线"对话框。单击"坐标模式"按钮 XY，在 XC 和 YC 文本框中分别输入"0"和"0"；接着单击"参数模式"按钮 凸，在"长度"和"角度"文本框中分别输入"108"和"0"。

（3）同理，按照 XC、YC、"长度"和"角度"文本框的输入顺序，分别绘制连接孔的水平中心线（7,48,30,0）和竖直中心线（22,33,30,90）。

（4）选中上一步绘制的 3 条直线，将光标放置在一条直线上单击鼠标右键，在弹出的快捷菜单中选择"编辑显示"命令，打开"编辑对象显示"对话框，各选项设置如图 4-99 所示。单击"确定"按钮，则所选草图对象发生变化，结果如图 4-100 所示。

图 4-99　"编辑对象显示"对话框

图 4-100　绘制中心线

3．绘制轮廓线

（1）选择"菜单"→"插入"→"曲线"→"轮廓"命令或者单击"主页"选项卡"曲线"组中的"轮廓"按钮，打开如图 4-31 所示的"轮廓"对话框，在"对象类型"栏中单击"直线"按钮，在 XC 和 YC 文本框中分别输入"45"和"0"；接着单击"参数模式"按钮凸，在"长度"和"角度"文本框中分别输入"23"和"90"；继续在"长度"和"角度"
文本框中分别输入"40"和"180"、"75"和"90"、"45"和"0"、"111"和"298"，绘制的
图形如图4-101所示。

（2）选择"菜单"→"插入"→"来自曲线集的曲线"→"偏置曲线"命令或者单击"主
页"选项卡"曲线"组中的"偏置曲线"按钮，打开如图4-102所示的"偏置曲线"对话
框。选择直线1作为要偏置的曲线，在"距离"文本框中输入"9"，单击"应用"按钮；选择
直线2作为要偏置的曲线，在"距离"文本框中输入"20"，单击"确定"按钮，完成曲线的
偏置，结果如图4-103所示。

图4-101　绘制直线　　　　　　　　　　　图4-102　"偏置曲线"对话框

（3）选择"菜单"→"编辑"→"曲线"→"快速延伸"命令或单击"主页"选项卡"曲
线"组中的"快速延伸"按钮，打开如图4-104所示的"快速延伸"对话框。选择直线4
为边界曲线，直线3为要延伸的曲线，单击"关闭"按钮，完成直线的延伸。

图4-103　偏置曲线　　　　　　　　　　　图4-104　"快速延伸"对话框

（4）选择"菜单"→"编辑"→"曲线"→"快速修剪"命令或单击"主页"选项卡"曲线"组中的"快速修剪"按钮，打开如图 4-105 所示的"快速修剪"对话框，将图形进行修剪，结果如图 4-106 所示。

图 4-105　"快速修剪"对话框

图 4-106　修剪图形

（5）选择"菜单"→"插入"→"曲线"→"圆"命令或单击"主页"选项卡"曲线"组中的"圆"按钮，打开"圆"对话框。以点 1 为圆心，绘制直径为 10 和 20 的圆，完成连接孔的绘制，结果如图 4-107 所示。

（6）选择"菜单"→"插入"→"来自曲线集的曲线"→"镜像曲线"或单击"主页"选项卡"曲线"组中的"镜像曲线"按钮，打开如图 4-108 所示的"镜像曲线"对话框。选择如图 4-109 所示的图形为要镜像的曲线，以最下边的水平中心线为镜像中心线，单击"确定"按钮，完成曲线的镜像。最终结果如图 4-98 所示。

图 4-107　绘制连接孔

图 4-108　"镜像曲线"对话框

图 4-109　要镜像的曲线

4.3.7 圆角

使用此命令可以在 2 条或 3 条曲线之间创建一个圆角。

选择"菜单"→"插入"→"曲线"→"圆角"命令或单击"主页"选项卡"曲线"组中的"角焊"按钮 ，打开图 4-110 所示的"圆角"对话框。

图 4-110 "圆角"对话框

1. 圆角方法

（1）修剪 ：修剪输入曲线。

（2）取消修剪 ：使输入曲线保持取消修剪状态。

2. 选项

（1）删除第三条曲线 ：删除选定的第三条曲线。

（2）创建备选圆角 ：预览互补的圆角。

★重点　动手学——槽钢截面图

源文件：yuanwenjian\4\caogangjiemian.prt

绘制如图 4-111 所示的槽钢截面图。

图 4-111 槽钢截面图

操作步骤　视频文件：动画演示\第 4 章\槽钢截面图.mp4

（1）单击"主页"选项卡"标准"组中的"新建"按钮 ，打开"新建"对话框。在"模板"栏中选择"模型"，在"名称"文本框中输入"GangCaoJieMianTu"，单击"确定"按钮，进入 UG 建模环境。

（2）选择"菜单"→"插入"→"在任务环境中绘制草图"命令或单击"曲线"选项卡中的"在任务环境中绘制草图"按钮 ，打开"创建草图"对话框。选择 XC-YC 平面作为草图绘制平面，单击"确定"按钮，进入草图绘制界面。

（3）选择"菜单"→"插入"→"曲线"→"轮廓"命令或单击"主页"选项卡"曲线"组中的"轮廓"按钮 ，打开如图 4-31 所示的"轮廓"对话框。在"对象类型"栏中单击"直线"按钮 ，在 XC 和 YC 文本框中分别输入"0"和"0"；接着单击"参数模式"按钮 ，在

"长度"和"角度"文本框中分别输入"140"和"90"、"60"和"0"，结果如图 4-112 所示。

（4）选择"菜单"→"插入"→"来自曲线集的曲线"→"偏置曲线"命令或单击"主页"选项卡"曲线"组中的"偏置曲线"按钮 ，打开"偏置曲线"对话框。选择水平直线作为要偏置的曲线，在"距离"文本框中输入"7"，单击"应用"按钮；同理将水平直线向下偏置 12、128、133 和 140，将竖直直线向右偏置 8，最后单击"确定"按钮，完成曲线的偏置，结果如图 4-113 所示。

（5）选择"菜单"→"插入"→"曲线"→"直线"命令或单击"主页"选项卡"曲线"组中的"直线"按钮 ，打开"直线"对话框，连接直线 ab、bc、de 和 ef，结果如图 4-114所示。

图 4-112　绘制直线　　　　图 4-113　偏置直线　　　　图 4-114　连接直线

（6）选择"菜单"→"编辑"→"曲线"→"快速修剪"命令或单击"主页"选项卡"曲线"组中的"快速修剪"按钮 ，打开"快速修剪"对话框，将图形进行修剪，结果如图 4-115 所示。

（7）选择"菜单"→"插入"→"曲线"→"圆角"命令或单击"主页"选项卡"曲线"组中的"角焊"按钮 ，打开"半径"数值输入框和如图 4-116 所示的"圆角"对话框。在"圆角方法"栏中单击"修剪"按钮 ，在"半径"文本框中输入"10"，对槽钢轮廓线进行倒圆角处理。同理，绘制槽钢半径为 5 的圆角，结果如图 4-111 所示。

图 4-115　修剪图形　　　　　图 4-116　"圆角"对话框

4.3.8　倒斜角

使用此命令可斜接两条草图线之间的尖角。

选择"菜单"→"插入"→"曲线"→"倒斜角"命令或单击"主页"选项卡"曲线"组中的 "倒斜角"按钮 ，打开图 4-117 所示的"倒斜角"对话框。

图 4-117　"倒斜角"对话框

1. 要倒斜角的曲线

（1）选择直线：通过在相交直线上方拖动光标来选择多条直线，或按照一次选择一条直线的方法选择多条直线。

（2）修剪输入曲线：选中此复选框，修剪倒斜角的曲线。

2. 偏置

（1）倒斜角：其中包括 3 个选项。

①对称：指定倒斜角与交点有一定距离，且垂直于等分线。

②非对称：指定沿选定的两条直线分别测量的距离值。

③偏置和角度：指定倒斜角的角度和距离值。

（2）距离：指定从交点到第一条直线倒斜角的距离。

（3）距离 1/距离 2：设置从交点到第一条/第二条直线的倒斜角的距离。

（4）角度：设置从第一条直线到倒斜角的角度。

3. 指定点：指定倒斜角的位置。

★重点　动手学——卡槽草图

源文件：yuanwenjian\4\kacao.prt

绘制如图 4-118 所示的卡槽。

图 4-118　卡槽

操作步骤　视频文件：动画演示\第 4 章\卡槽.mp4

（1）单击"主页"选项卡"标准"组中的"新建"按钮，打开"新建"对话框。在"模板"栏中选择"模型"，在"名称"文本框中输入"KaCao"，然后单击"确定"按钮，进入 UG 建模环境。

（2）选择"菜单"→"插入"→"在任务环境中绘制草图"命令或单击"曲线"选项卡中的"在任务环境中绘制草图"按钮，打开"创建草图"对话框。选择 XC-YC 平面作为草图绘制平面，单击"确定"按钮，进入草图绘制界面。

（3）选择"菜单"→"插入"→"曲线"→"直线"命令或单击"主页"选项卡"曲线"组中的"直线"按钮，打开"直线"对话框。单击"坐标模式"按钮，在 XC 和 YC 文本框中分别输入"3"和"11"；接着单击"参数模式"按钮，在"长度"和"角度"文本框中分别输入"16"和"0"，绘制水平直线。同理，按照 XC、YC、"长度"和"角度"文本框的输入顺序绘制 11、3、16、90 的竖直直线。选中绘制的两条直线，将光标放置在一条直线上单击鼠标右键，在弹出的快捷菜单中选择"编辑显示"命令，打开"编辑对象显示"对话框，各选项设置如图 4-119 所示。单击"确定"按钮，则所选草图对象发生变化。至此完成中心线的绘制，结果如图 4-120 所示。

（4）选择"菜单"→"插入"→"曲线"→"圆"命令或单击"主页"选项卡"曲线"组中的"圆"按钮，打开"圆"对话框。单击"圆心和直径定圆"按钮，以确定圆心和直径的方式绘制以原点为圆心，半径为 5 的圆，结果如图 4-121 所示。

（5）选择"菜单"→"插入"→"曲线"→"矩形"命令或单击"主页"选项卡"曲线"组中的"矩形"按钮，打开图 4-122 所示的"矩形"对话框。在"矩形方法"栏中单击"按 2 点"按钮，在 XC 和 YC 文本框中分别输入"0"和"0"；单击"参数模式"按钮，在"宽度"和"高度"文本框中分别输入"65"和"65"，指定矩形的方向。同理，按照 XC、YC、"宽度"和"高度"文本框的输入顺序绘制 0、21、45、36 的矩形，结果如图 4-123 所示。

图 4-119　"编辑对象显示"对话框

图 4-120　绘制中心线

图 4-121　绘制圆

图 4-122　"矩形"对话框

（6）选择"菜单"→"编辑"→"曲线"→"快速修剪"命令或单击"主页"选项卡"曲线"组中的"快速修剪"按钮，打开"快速修剪"对话框，将图形进行修剪，结果如图 4-124 所示。

图 4-123　绘制矩形

图 4-124　修剪图形

（7）选择"菜单"→"插入"→"曲线"→"倒斜角"命令或单击"主页"选项卡"曲线"组中的"倒斜角"按钮，打开图 4-125 所示的"倒斜角"对话框。在"倒斜角"下拉列表框中选择"对称"，在"距离"文本框中输入"10"，对卡槽的角点进行倒角处理，如图 4-126 所示。同理，设置倒角距离为 5，对卡槽的其他角点进行倒角处理，完善图形。单击"关闭"

按钮，结果如图 4-127 所示。

图 4-125　"倒斜角"对话框

图 4-126　绘制倒角

图 4-127　完善图形

（8）选择"菜单"→"插入"→"来自曲线集的曲线"→"阵列曲线"命令或单击"主页"选项卡"曲线"组中的"阵列曲线"按钮 ❀，打开如图 4-128 所示"阵列曲线"对话框。选择两条中心线和圆为要阵列的曲线，选择最下边水平直线为线性对象，在"布局"下拉列表框中选择"线性"，在"距离"下拉列表框中选择"数量和间距"，在"数量"文本框中输入"2"，在"节距"文本框中输入"42"，单击"确定"按钮，完成曲线的阵列。将阵列后的两条直线线型修改为"中心线"，结果如图 4-118 所示。

练一练——绘制内六角螺钉截面

绘制如图 4-129 所示的内六角螺钉截面。

图 4-128　"阵列曲线"对话框

图 4-129 内六角螺钉

✎ **思路点拨:**

源文件:yuanwenjian\4\neiliujiaoluoding.prt
(1)利用"直线"命令绘制中心线、螺帽、螺杆和螺纹。
(2)利用"圆角"命令绘制圆角。
(3)利用"倒斜角"命令绘制倒角。

4.3.9　添加现有曲线

选择"菜单"→"插入"→"来自曲线集的曲线"→"现有曲线"命令或单击"主页"
选项卡"曲线"组中的"添加现有曲线"按钮□,可以将绝大多数已有的曲线和点,以及椭
圆、抛物线和双曲线等二次曲线添加到当前草图。该命令只是简单地将曲线添加到草图,而
不会将约束应用于添加的曲线,几何体之间的间隙没有闭合。要使系统应用某些几何约束,
可使用"自动约束"功能。

扫一扫,看视频

🔊 **提示:**

不能将已被拉伸的曲线添加到拉伸后生成的草图中。

4.3.10　投影曲线

该命令用于将选中的对象沿草图平面的法向投影到草图的平面上。通过选择草图外部的
对象,可以生成抽取的曲线或线串。能够抽取的对象包括:曲线(关联或非关联的)、边、面、
其他草图或草图内的曲线、点。

由关联曲线抽取的线串将维持与原先几何体的关联性连
接。如果修改了原先的曲线,草图中抽取的线串也将更新;
如果原先的曲线被抑制,抽取的线串还是会在草图中保持可
见状态。如果选中了面,则它的边会自动被选中,以便进行
抽取。如果更改了面及其边的拓扑结构,抽取的线串也将更
新。对边的数目的增加或减少,也会反映在抽取的线串中。

选择"菜单"→"插入"→"配方曲线"→"投影曲线"
命令或单击"主页"选项卡"曲线"组中的"投影曲线"按
钮🖱,打开如图 4-130 所示的"投影曲线"对话框。

扫一扫,看视频

图 4-130　"投影曲线"对话框

4.3.11 草图更新

选择"菜单"→"工具"→"更新"→"更新模型"命令，可以更新模型，以反映对草图所做的更改。如果没有要进行的更新，则此命令是不可用的。如果存在要进行的更新，而且用户退出了"草图工具"对话框，则系统会自动更新模型。

4.3.12 删除与抑制草图

在 UG 中，草图是实体造型的特征。

删除草图的方法：选择"菜单"→"编辑"→"删除"命令，或者在部件导航器中右击鼠标，在弹出的菜单中选择"删除"命令（使用此方法删除草图时，如果草图在部件导航器特征树中有子特征，则只会删除与其相关的特征，不会删除草图）。

抑制草图的方法：选择"菜单"→"编辑"→"特征"→"抑制"命令或是在"部件导航器"中选中草图右击鼠标在打开的菜单中"抑制"，此方法只是临时移去该草图的显示。

4.4 草图约束

约束能够精确地控制草图中的对象。草图约束有两种类型：尺寸约束（也称之为草图尺寸）和几何约束。

尺寸约束建立起草图对象的大小（如直线的长度、圆弧的半径等）或两个对象之间的关系（如两点之间的距离）。尺寸约束看上去更像是图纸上的尺寸。

几何约束建立起草图对象的几何特性（如要求某一直线具有固定长度）、两个或更多草图对象之间的关系（如要求两条直线垂直或平行，或者几个弧具有相同的半径）。在图形区无法看到几何约束，但是用户可以使用"显示/删除约束"显示有关信息，并显示代表这些约束的直观标记。

4.4.1 建立尺寸约束

建立草图尺寸约束是指限制草图几何对象的大小和形状，也就是在草图上标注草图尺寸，并设置尺寸标注线，同时建立相应的表达式，以便在后续的编辑工作中实现尺寸的参数化驱动。进入草图工作环境后，可以在"菜单"→"插入"→"尺寸"子菜单中找到相关命令，如图 4-131 所示。

（1）在生成尺寸约束时，用户可以选择草

图 4-131 "尺寸"子菜单

图曲线、边、基准平面或基准轴上的点，以生成水平、竖直、平行、垂直和角度尺寸。

（2）生成尺寸约束时，系统会生成一个表达式，其名称和值显示在一打开的参数对话框中（如图 4-132 所示），用户可以接着编辑该表达式的名和值。

（3）生成尺寸约束时，只要选中了几何体，其尺寸及其延伸线和箭头就会全部显示出来。将尺寸拖动到位，然后按下鼠标左键。完成尺寸约束后，用户还可以随时更改尺寸约束。只需在图形区选中该值双击，然后可以

图 4-132　尺寸约束编辑示意图

使用生成过程所采用的同一方式，编辑其名称、值或位置。同时用户还可以使用"动画模拟"功能，在一个指定的范围中，显示动态地改变表达式之值的效果。

下面对主要尺寸约束功能做一介绍。

（1）快速尺寸。可用单个命令和一组基本选择项从一组常规、好用的尺寸类型快速创建不同的尺寸。以下为快速尺寸对话框中的各种测量方法：

（2）自动判断：单击该按钮，在选择几何体后，由系统自动根据所选择的对象搜寻合适尺寸类型进行匹配。

（3）水平：用于指定与约束两点间距离的与 XC 轴平行的尺寸（也就是草图的水平参考），示意图如图 4-133 所示。

（4）竖直：用于指定与约束两点间距离的与 YC 轴平行的尺寸（也就是草图的竖直参考），示意图如图 4-134 所示。

图 4-133　水平标注示意图

图 4-134　竖直标注示意图

（5）点到点：用于指定平行于两个端点的尺寸。平行尺寸限制两点之间的最短距离。点到点标注示意图如图 4-135 所示。

（6）垂直：用于指定直线和所选草图对象端点之间的垂直尺寸，测量到该直线的垂直距离。垂直标注示意图如图 4-136 所示。

（7）斜角：用于指定两条线之间的角度尺寸。相对于工作坐标系，按照逆时针方向测量角度。角度标注示意图 4-137 所示。

图 4-135　点到点标注示意图

图 4-136　垂直标注示意图

（8）直径：用于为草图的弧/圆指定直径尺寸。直径标注示意图 4-138 所示。

图 4-137　斜角标注示意图

图 4-138　直径标注示意图

（9）径向：用于为草图的弧/圆指定半径尺寸。半径标注示意图如图 4-139 所示。

（10）周长尺寸：用于将所选的草图轮廓曲线的总长度限制为一个需要的值。可以选择周长约束的曲线是直线和弧。单击该按钮，打开如图 4-140 所示的"周长尺寸"对话框，选择曲线后，该曲线的尺寸显示在距离文本框中。

图 4-139　半径标注示意图

图 4-140　"周长尺寸"对话框

扫一扫，看视频

4.4.2　建立几何约束

使用几何约束，可以指定草图对象必须遵守的条件或草图对象之间必须维持的关系。"约束"组如图 4-141 所示。

图 4-141 "约束"组

其中主要几何约束功能介绍如下。

（1）⊿几何约束：选择"菜单"→"插入"→"几何约束"命令或单击"主页"选项卡"约束"组中的"几何约束"按钮⊿，打开"几何约束"对话框。在"约束"栏中选择要添加的约束（可以在"设置"栏中勾选不同的约束，将其添加到"约束"栏中），在视图中分别选择要约束的对象和要约束到的对象，即可实现相应的几何约束。例如，"垂直"约束示意图如图 4-142 所示。

图 4-142 "垂直"约束示意图

（2）⊿自动约束：单击该按钮，打开如图 4-143 所示"自动约束"对话框，从中设置系统自动要施加的约束，包括水平、竖直、相切、平行、垂直、点在曲线上、等长、等半径、重合、同心、共线等。该对话框中部分选项功能介绍如下。

①全部设置：选中所有约束类型。

②全部清除：清除所有约束类型。

③距离公差：用于控制对象端点的距离必须达到的接近程度才能重合。

④角度公差：用于控制系统要应用水平、竖直、平行或垂直约束，直线必须达到的接近程度。

当将几何体添加到激活的草图中时，尤其是当几何体是由其他 CAD 系统导入时，该功能会特别有用。

（3）⊿显示草图约束：用于打开所有的约束类型。

图 4-143 "自动约束"对话框

4.4.3 动画演示尺寸

单击"主页"选项卡"约束"组中的"动画演示尺寸"按钮，打开如图 4-144 所示"动画演示尺寸"对话框。该对话框用于在一个指定的范围中，动态显示使给定尺寸发生变化的效果。受这一选定尺寸影响的任一几何体也将同时被模拟。"动画演示尺寸"不会更改草图尺寸，动画模拟完成后，草图会恢复到原先的状态。

相关选项功能如下。

（1）尺寸列表框：列出可以模拟的尺寸。

（2）值：当前所选尺寸的值（动画模拟过程中不会发生变化）。

（3）下限：动画模拟过程中该尺寸的最小值。

（4）上限：动画模拟过程中该尺寸的最大值。

（5）步数/循环：当尺寸值由上限移动到下限（反之亦然）时所变化（等于大小/增量）的次数。

（6）显示尺寸：在动画模拟过程中显示原先的草图尺寸(可选)。

图 4-144 "动画演示尺寸"对话框

4.4.4 转换至/自参考对象

在给草图添加几何约束和尺寸约束的过程中，有时会引起约束冲突。删除多余的几何约束和尺寸约束是解决约束冲突的一种方法，另外一种方法则是将草图几何对象或尺寸对象转换为参考对象。

"转换至/自参考对象"命令能够将草图曲线（但不是点）或草图尺寸由激活状态转换为参考状态，或由参考状态转换回激活状态。参考尺寸显示在用户的草图中，虽然其值被更新，但是它不能控制草图几何体。显示参考曲线，但它的显示已变灰，并且采用双点划线线型。在拉伸或回转草图时，没有用到它的参考曲线。

单击"主页"功能区"约束"组中的"转换至/自参考对象"按钮，打开如图 4-145 所示的"转换至/自动参考对象"对话框。

图 4-145 "转换至/自参考对象"对话框

相关选项功能说明如下。

（1）参考曲线或尺寸：用于将激活对象转换为参考状态。

（2）活动曲线或驱动尺寸：用于将参考对象转换为激活状态。

4.4.5 备选解

当约束一个草图对象时，同一约束可能存在多种求解结果。此时通过单击"主页"选项卡"约束"组中的"备选解"按钮，可以由一个解更换到另一个。

图 4-146 演示了当将两个圆约束为相切时，同一选择如何产生两个不同的解。两个解都是合法的，而"备选解"可以用于指定正确的解。

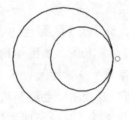

图 4-146 "备选解"示意图

★重点 动手学——垫片草图

源文件：yuanwenjian\4\dianpian.prt

绘制如图 4-147 所示的垫片草图。

图 4-147 垫片草图

操作步骤 视频文件：动画演示\第 4 章\垫片草图.mp4

（1）单击"主页"选项卡"标准"组中的"新建"按钮，打开"新建"对话框。在"模板"栏中选择"模型"，在"名称"文本框中输入"dianpian"，然后单击"确定"按钮，进入建模环境。

（2）选择"菜单"→"首选项"→"草图"命令，打开"草图首选项"对话框。在"尺寸标签"下拉列表框中选择"值"，取消选中"连续自动标注尺寸"复选框，单击"确定"按钮。

（3）选择"菜单"→"插入"→"在任务环境中绘制草图"命令或单击"曲线"选项卡中的"在任务环境中绘制草图"按钮，选择 XC-YC 平面作为草图绘制平面，单击"确定"按钮，进入草图绘制环境。

（4）选择"菜单"→"插入"→"曲线"→"圆"命令或单击"主页"选项卡"曲线"

组中的"圆"按钮○，打开"圆"对话框。捕捉坐标原点为圆心，设置直径为 25，按 Enter 键确认，绘制一个圆。重复上述步骤，分别在坐标（30,0）处绘制直径为 10 和 20 的圆，在坐标（0,30）处绘制直径为 10 和 20 的圆，在坐标（-30,0）处绘制直径为 10 和 20 的圆，在坐标（0,6）处绘制直径为 52 的圆，结果如图 4-148 所示。

图 4-148　绘制圆

（5）选择"菜单"→"插入"→"曲线"→"直线"命令或单击"主页"选项卡"曲线"组中的"直线"按钮✎，在圆下方任意绘制两条直线，如图 4-149 所示。

（6）选择"菜单"→"插入"→"曲线"→"圆弧"命令或单击"主页"选项卡"曲线"组中的"圆弧"按钮↷，在圆的左上角和右上角任意位置绘制半径为 50 的圆弧（扫掠角度尽量大些），如图 4-150 所示。

图 4-149　绘制直线　　　　　　　　　　　　图 4-150　绘制圆弧

（7）单击"主页"选项卡"约束"组中的"几何约束"按钮⟂，打开如图 4-151 所示的"几何约束"对话框，选中"自动选择递进"复选框，在"约束"栏中单击"完全固定"按钮，选择步骤（4）中所绘制的所有圆，将它们完全固定；接下来，单击"相切"按钮○，先选择左上角的圆弧，再选择上边直径为 20 的圆，接着选择左上角的圆弧，然后选择左边直径为 20 的圆；右上角的圆弧和圆下方的两条直线方法同上，结果如图 4-152 所示。

图 4-151　"约束"对话框

图 4-152　添加约束

（8）选择"菜单"→"编辑"→"曲线"→"快速修剪"命令或单击"主页"选项卡"曲线"组中的"快速修剪"按钮，修剪多余线段，结果如图 4-153 所示。

（9）选择"菜单"→"插入"→"尺寸"→"快速"命令或单击"主页"选项卡"约束"组中的"快速尺寸"按钮，打开如图 4-154 所示的"快速尺寸"对话框，选择"方法"为"自动判断"（也可选择其他方法），选择标注对象，在表达式中修改尺寸，标注结果如图 4-147 所示。

图 4-153　修剪多余线段

图 4-154　"快速尺寸"对话框

练一练——绘制拨叉草图

绘制如图 4-155 所示的拨叉草图。

图 4-155　拨叉草图

✍ **思路点拨：**

> 源文件：yuanwenjian\4\bocha.prt
> （1）利用"直线""圆""圆弧"等命令绘制草图。
> （2）利用"几何约束"命令对草图进行约束。
> （3）利用"尺寸约束"命令对图形进行尺寸标注。

扫一扫，看视频

4.5 综合实例——曲柄

源文件：yuanwenjian\4\qubing.prt

本例绘制曲柄，如图 4-156 所示。

图 4-156 曲柄草图

操作步骤 视频文件：动画演示\第 4 章\曲柄.mp4

1. 新建文件

选择"文件"→"新建"命令或单击"主页"选项卡"标准"组中的"新建"按钮，打开"新建"对话框，在"模型"栏中选择适当的模板，在"名称"文本框中输入"qubing"，单击"确定"按钮，进入建模环境。

2. 进入草图环境

选择"菜单"→"插入"→"在任务环境中绘制草图"命令或单击"曲线"选项卡中的"在任务环境中绘制草图"按钮，打开如图 4-157 所示的"创建草图"对话框，选择 XC-YC 平面为基准平面，单击"确定"按钮，进入草图绘制界面。

3. 设置草图首选项

选择"菜单"→"首选项"→"草图"命令，打开如图 4-158 所示的"草图首选项"对话框。在"尺寸标签"下拉列表框中选择"值"，单击"确定"按钮，完成草图设置。

图 4-157 "创建草图"对话框

图 4-158 "草图首选项"对话框

4. 绘制中心线

（1）选择"菜单"→"插入"→"曲线"→"直线"命令或单击"主页"选项卡"曲线"组中的"直线"按钮/，打开"直线"对话框，在视图中绘制如图 4-159 所示的图形。

（2）单击"主页"选项卡"约束"组中的"几何约束"按钮⊥，打开"几何约束"对话框，为草图添加几何约束。在"约束"栏中单击"共线"按钮‖，选择图中水平线，然后选择图中 XC 轴，使它们具有共线约束。

（3）在"约束"栏中单击"共线"按钮‖，选择图中垂直线，然后选择图中 YC 轴，使它们具有共线约束。

（4）在"约束"栏中单击"共线"按钮‖，单击"平行"按钮∥，选择图中两条垂直线，使它们具有平行约束。

（5）选择"菜单"→"插入"→"曲线"→"直线"命令或单击"主页"选项卡"曲线"组中的"直线"按钮/，打开"直线"对话框，在视图中绘制如图 4-160 所示的图形，绘制的两直线相互垂直。

图 4-159 绘制直线

图 4-160 绘制直线

5．标注中心线尺寸

（1）选择"菜单"→"插入"→"尺寸"→"快速"命令或单击"主页"选项卡"约束"组中的"快速尺寸"按钮，打开"快速尺寸"对话框，在"方法"下拉列表框中选择"水平"，选择两条竖直线，系统自动标注尺寸；单击鼠标左键确定尺寸的位置后，在文本框中输入"48"，然后按 Enter 键，结果如图 4-161 所示。

（2）选择"菜单"→"插入"→"尺寸"→"快速"命令或单击"主页"选项卡"约束"组中的"快速尺寸"按钮，打开"快速尺寸"对话框，在"方法"下拉列表框中选择"斜角"，选择斜直线和水平直线，系统自动标注角度尺寸；单击鼠标左键确定尺寸的位置后，在文本框中输入"150"，然后按 Enter 键，结果如图 4-162 所示。

图 4-161　标注水平尺寸

图 4-162　标注角度尺寸

（3）选择"菜单"→"插入"→"尺寸"→"快速"命令或单击"主页"选项卡"约束"组中的"快速尺寸"按钮，打开"快速尺寸"对话框，在"方法"下拉列表框中选择"垂直"，选择斜直线和水平直线，系统自动标注角度尺寸；单击鼠标左键确定尺寸的位置后，在文本框中输入"48"，然后按 Enter 键，结果如图 4-163 所示。

（4）单击"主页"选项卡"约束"组中的"转换至/自参考对象"按钮，打开"转换至/自参考对象"对话框，在视图中拾取所有的图元，单击"确定"按钮，所有的图元都转换为中心线，如图 4-164 所示。

图 4-163　标注垂直尺寸

图 4-164　转换对象

6．绘制曲柄轮廓

（1）选择"菜单"→"插入"→"曲线"→"直线"命令或单击"主页"选项卡"曲线"组中的"直线"按钮，然后选择"菜单"→"插入"→"曲线"→"圆"命令或单击"主页"选项卡"曲线"组中的"圆"按钮，在视图中绘制如图 4-165 所示的图形。

（2）选择"菜单"→"插入"→"几何约束"命令或单击"主页"选项卡"约束"组中的"几何约束"按钮⊥，打开"几何约束"对话框，为草图添加几何约束。单击"约束"栏中的"等半径"按钮，分别选择图中左右两边的圆，使它们具有等半径约束。

（3）选择"菜单"→"插入"→"几何约束"命令或单击"主页"选项卡"约束"组中的"几何约束"按钮⊥，打开"几何约束"对话框，为草图添加几何约束。单击"约束"栏中的"相切"按钮，分别选择图中的圆和直线，使它们具有相切约束，结果如图 4-166所示。

图 4-165　绘制草图　　　　　　　　　图 4-166　约束草图

（4）选择"菜单"→"编辑"→"曲线"→"快速修剪"命令或单击"主页"选项卡"曲线"组中的"快速修剪"按钮，打开"快速修剪"对话框，修剪图中多余的线段，结果如图 4-167 所示。

图 4-167　修剪草图

7. 标注轮廓尺寸

选择"菜单"→"插入"→"尺寸"→"快速"命令或单击"主页"选项卡"约束"组中的"快速尺寸"按钮，打开"快速尺寸"对话框，标注水平和直径尺寸，结果如图 4-156所示。

练一练——绘制连杆草图

绘制如图 4-168 所示的连杆草图。

图 4-168　连杆草图

✎ **思路点拨：**

源文件：yuanwenjian\4\liangancaotu.prt

（1）利用"圆"命令在圆心处绘制两个同心圆。

（2）利用"圆"和"直线"命令绘制连杆的上半部分。

（3）利用"镜像曲线"命令镜像连杆的上半部分，得到右侧图形。

（4）利用"圆弧"命令绘制圆弧，最终完成连杆草图的绘制。

第 5 章　曲线功能

内容简介

本章主要介绍曲线的建立、操作以及编辑的方法。UG NX 12.0 重新改进了曲线的各种操作功能，以前版本中一些复杂难用的操作方式被抛弃了，代之以全新的方式。本章将对此进行详细的介绍。

内容要点

➤ 基本曲线
➤ 派生曲线
➤ 曲线编辑

5.1　曲线

在所有的三维建模中，曲线是构建模型的基础。只有曲线构造的质量良好，才能保证以后的面或实体质量良好。曲线功能主要包括曲线的生成、编辑和操作方法。

5.1.1　基本曲线

扫一扫，看视频

1. 直线的建立

选择"菜单"→"插入"→"曲线"→"基本曲线（原有）"命令，在打开的"基本曲线"对话框中单击"直线"按钮╱（如图 5-1 所示），即可创建直线。

"基本曲线"对话框中各项功能说明如下。

（1）无界：当选中该复选框时，不论生成方式如何，所生成的任何直线都会被限制在视图的范围内（"线串模式"变灰）。

（2）增量：用于以增量的方式生成直线，即在选定一点后，分别在绘图区下方跟踪条的 XC、YC、ZC 文本框中（如图 5-2 所示）输入坐标值，作为后一点相对于前一点的增量。

对于大多数直线生成方式，可以通过在跟踪条的文本框中输入值并在生成直线后立即按 Enter 键，指定精确的直线角度值或长度值。

（3）点方法：能够相对于已有的几何体，通过指定光标位置或使用点构造器来指定点。其中包含的选项与点对话框中选项的功能相似。

图 5-1 "基本曲线"对话框

图 5-2 跟踪条

（4）线串模式：能够生成未打断的曲线串。当选中该"复选框"时，一个对象的终点变成了下一个对象的起点。若要停止线串模式，只需取消选中该复选框即可。若要中断线串模式并在生成下一个对象时再启动，可单击"打断线串"按钮。

（5）打断线串：在所选位置处打断曲线串，但"线串模式"仍保持激活状态（即如果继续生成直线或弧，它们将位于另一个未打断的线串中）。

（6）锁定模式：当生成平行于、垂直于已有直线或与已有直线成一定角度的直线时，如果单击"锁定模式"按钮，则当前在图形窗口中以橡皮线显示的直线生成模式将被锁定。当下一步操作可能会导致直线生成模式发生改变，而又想避免这种改变时，可以单击该按钮。

当单击"锁定模式"按钮后，该按钮会变为"解锁模式"按钮。单击"解锁模式"按钮，可以解除对正在生成的直线的锁定，使其能切换到另外的模式中。

（7）平行于 XC、YC、ZC：这些按钮用于生成平行于 XC、YC 或 ZC 轴的直线。指定一个点，单击所需轴的按钮，并指定直线的终点即可。

（8）原始的：选中该单选按钮后，新创建的平行线的距离由原先选择线算起。

（9）新的：选中该单选按钮后，新创建的平行线的距离由新选择线算起。

（10）角度增量：如果指定了第一点，然后在图形窗口中拖动光标，则该直线就会捕捉至该字段中指定的每个增量度数处。只有当"点方法"设置为"自动推断的点"时，"角度增量"才有效。如果使用了任何其他的"点方法"，则会忽略"角度增量"。

要更改"角度增量"，可在该字段中输入一个新值，并按 Enter 键（只有按下 Enter 键之后，新值才会生效）。

 提示：

本书中类似"基本曲线（原有）"这样含有（原有）二字的命令，在面板中是隐藏的，需要读者从"命令查找器"中搜索出来，然后让命令显示在菜单栏中。具体步骤如下：

1．选择"菜单"→"帮助"→"命令查找器"命令（如图 5-3 所示），打开如图 5-4 所示的"命令查找器"对话框。

图 5-3 "命令查找器"菜单　　　　　图 5-4 "命令查找器"对话框

2．输入搜索的命令"基本曲线"，单击"查找命令"按钮，"基本曲线"命令即可显示在"命令查找器"对话框中，如图 5-5 所示，将鼠标放置在搜索出来的命令上，显示如图 5-6 所示的提示框，单击提示框右边的小三角，在弹出的快捷菜单中选择"在菜单上显示"命令，如图 5-7 所示，隐藏的命令即可显示在菜单栏中。

图 5-5 查找命令　　　　　　　图 5-6 显示提示框

图 5-7　快捷菜单

2. 圆

选择"菜单"→"插入"→"曲线"→"基本曲线（原有）"命令，在打开的"基本曲线"对话框中单击"圆"按钮○（如图 5-8 所示），即可创建圆。

"基本曲线"对话框中的大部分选项前面已介绍过，此处主要介绍创建圆的独有选项。

多个位置：选中此复选框，每定义一个点，都会生成先前生成的圆的一个副本，其圆心位于指定点。

3. 圆弧

选择"菜单"→"插入"→"曲线"→"基本曲线（原有）"命令，在打开的"基本曲线"对话框中单击 "圆弧"按钮（如图 5-9 所示），即可创建圆弧。

图 5-8　"圆"创建对话框

图 5-9　"圆弧"创建对话框

"基本曲线"对话框中的大部分选项前面已介绍过，此处主要介绍创建圆弧的独有选项。

（1）整圆：当该选项为"打开"时，不论其生成方式如何，所生成的任何弧都是完整的圆。

（2）备选解：生成当前所预览的弧的补弧。只能在预览弧的时候使用。如果将光标移至该对话框之后单击"备选解"按钮，预览的弧会发生改变，就不能得到预期的结果了。

（3）创建方法：包括两种，下面结合样图进行介绍。

1）起点，终点，圆弧上的点：使用这种方法，可以生成通过 3 个点的弧，或通过两个点并与选中对象相切的弧。选中的要与弧相切的对象不能是抛物线、双曲线或样条（但是可以选择其中的某个对象与完整的圆相切），如图 5-10 所示。

使用这种方法的操作步骤如下。

①定义两个点。这些点可以是光标位置、控制点或通过在跟踪条中输入数值并按 Enter 键而建立的点。通过拖动即可显示弧。其端点是两个已定义的点。

②定义第三点或选择一个相切对象（不能是抛物线、双曲线或样条）。

2）中心点，起点，终点：使用这种方法时，应首先定义中心点，然后定义弧的起始点和终止点，如图 5-11 所示。

图 5-10　"起点，终点，圆弧上的点"示意图　　图 5-11　"中心点，起点，终点"示意图

使用这种方法的操作步骤如下。

①选中"中心点，起点，终点"单选按钮。

②定义中心点。这些点可以是光标位置、控制点或通过在跟踪条中输入数值并按 Enter 键而建立的点。

③定义第二个点。这样可确定弧的半径和起始角。弧从第二个点开始沿逆时针方向，按橡皮筋方式显示。

④当显示出预期的弧后，指定光标位置、选择限制几何体或在跟踪条中输入一个终止角（记住，用户可以通过按鼠标中键寻求"备选解"，获得所预览弧的补弧）。

（4）跟踪条：如图 5-12 所示。在弧的生成和编辑期间，跟踪条中有以下字段可用。

1）XC、YC 和 ZC 字段显示弧的起始点的位置。

2）第 4 项"半径"字段显示弧的半径。

3）第 5 项"直径"字段显示弧的直径。

4）第 6 项"起始角"字段显示弧的起始角度，从 XC 轴开始测量，按逆时针方向移动。

5）第 7 项 "终止角" 字段显示弧的终止角度，从 XC 轴开始测量，按逆时针方向移动。

图 5-12　跟踪条

📢 注意：

在使用 "起点，终止点，圆弧上的点" 创建方法时，后两项 "起始角" 和 "终止角" 字段将变灰。

4．圆角

选择 "菜单" → "插入" → "曲线" → "基本曲线（原有）" 命令，在打开的 "基本曲线" 对话框中单击 "圆角" 按钮 ，打开如图 5-13 所示对话框。可以通过该对话框圆整 2 条或 3 条选中曲线的相交处，还可以指定生成圆角时原先曲线的修剪方式。

📢 注意：

在激活的草图中的圆角是使用 "草图圆角" 对话框而不是使用本节所述的 "曲线圆角" 对话框生成的。

"曲线倒圆" 对话框中各选项功能介绍如下。

（1） 简单圆角：在两条共面非平行直线之间生成圆角。通过输入半径值确定圆角的大小。直线将被自动修剪至与圆弧的相切点。生成的圆角与直线的选择位置直接相关。要同时选择两条直线。必须以同时包括两条直线的方式放置选择球，如图 5-14 所示。

通过指定一个点选择两条直线。该点确定如何生成圆角，并指示圆弧的中心。将选择球的中心放置到最靠近要生成圆角的交点处。各条线将延长或修剪到圆弧处，如图 5-15 所示。

图 5-13　"曲线倒圆" 对话框

图 5-14　"简单圆角" 示意图

（2） 2 曲线圆角：在两条曲线（包括点、线、圆、二次曲线或样条）之间构造一个圆角。两条曲线间的圆角是沿逆时针方向从第一条曲线到第二条曲线生成的一段弧。通过这种方式生成的圆角同时与两条曲线相切，如图 5-16 所示。

有以下几种圆角情况：

图 5-15　"圆角方向"示意图　　　　　图 5-16　"2 曲线倒圆"示意图

①两个点之间的圆角：如果圆角在两个点之间生成，那么该圆角就会生成在一个基于点的位置的平面上。

📢 注意：

如果两点之间的矢量平行于 ZC 轴，则不能构造出圆角。

②一个点和另一条曲线之间的圆角：如果只有一条曲线是一个点，那么圆角平面定义为包含该点与圆角相切点之间的矢量，以及倒圆角对象的切线的平面。该圆角平面完全独立于工作坐标系。

③两条曲线之间的圆角：如果两条曲线都不是点，那么圆角平面就是包含第一条曲线切线的平面。该平面与同时垂直于两条曲线切线的矢量垂直。这两条曲线不必位于同一平面内，而且圆角完全独立于工作坐标系，如图 5-16 所示。

（3）3 曲线圆角：可在 3 条曲线间生成圆角，这 3 条曲线可以是点、线、圆弧、二次曲线和样条的任意组合。"半径"选项不可用。

3 条曲线倒出的圆角是沿逆时针方向从第一条曲线到第三条曲线生成的一段圆弧。该圆角是按圆弧的中心到所有 3 条曲线的距离相等的方式构造的。3 条曲线不必位于同一个平面内，如图 5-17 所示。

图 5-17　"3 曲线圆角"示意图

这些曲线被修剪至圆角的切点处。如果原先的曲线不与圆角弧相切，则系统会计算并显示与圆角相交所必需的曲线的外推部分（除了无法外推的点和样条）。

一般在每一步的操作过程中，状态行都会给出相应的下一步操作提示。对于上述操作，当没能顺利生成圆角时，系统会给出如下信息。

①定义了无效的圆角：如果选中的 3 条曲线不能构成一个圆角弧，或者如果倒圆角步骤无法会聚到圆角中心，则显示该错误信息。

②无解：如果选定的三条曲线无法形成一个凹圆弧，或者如果圆角程序无法收敛到圆角中心，则系统会显示以下出错消息。

`Invalid Fillet Defined`

当超出迭代的最大许可数值 (100)（用于查找这三条曲线上的某一点，这三条曲线与指定的圆角圆心等距）时，会发生后面的情况。在这种情况下，选取另一个接近圆角中心的点会生成一个圆角。

当系统无法求解这组二次方程时，会显示以下出错消息。在这种情况下，选取另一个接近圆角中心的点会创建一个圆角。

`No Solution-Fillet Not Created`

（4）半径：定义倒圆角的半径。

（5）继承：能够通过选择已有的圆角来定义新圆角的值。

（6）修剪选项：如果选择生成 2 条或 3 条曲线倒圆，则需要选择一个修剪选项。修剪可缩短或延伸选中的曲线以便与该圆角连接起来。根据选中的圆角选项的不同，某些修剪选项可能会发生改变或不可用。点不能进行修剪或延伸，如果修剪后的曲线长度等于 0 并且没有与该曲线关联的连接，则该曲线会被删除。

扫一扫，看视频

★重点　动手学——轴轮廓曲线

源文件：yuanwenjian\5\zhoulunkuoquxian.prt

绘制如图 5-18 所示的轴轮廓曲线

图 5-18　轴轮廓曲线

操作步骤　视频文件：动画演示\第 5 章\轴轮廓曲线.mp4

（1）启动 Unigraphics。

（2）选择"文件"→"新建"命令或单击"主页"选项卡"标准"组中的"新建"按钮 ，打开"新建"对话框，在"名称"文本框中输入"zhoulunkuoquxian"，在"单位"下拉列表框中选择"毫米"，单击"确定"按钮，进入建模环境。

（3）选择"菜单"→"插入"→"曲线"→"基本曲线（原有）"命令，打开如图 5-19

所示"基本曲线"对话框。选中"增量"选项，在"点方法"下拉列表框中选择"点构造器"，打开如图 5-20 所示"点"对话框。输入坐标值（0,0,0），单击"确定"按钮，生成直线第一点。单击"返回"按钮，返回到"基本曲线"对话框。在跟踪条中输入线段终点相对于第一点的增量坐标（0,8,0），按回车键，如图 5-21 所示。

图 5-19　"基本曲线"对话框　　　　图 5-20　"点"对话框

图 5-21　跟踪条

（4）继续输入增量坐标（5,0,0）、（0,-2,0）、（2,0,0）、（0,6,0）、（40,0,0）、（0,4,0）、（5,0,0）、（0,-6,0）、（30,0,0）、（0,-3,0）、（2,0,0）、（0,3,0）、（5,0,0）、（0,-10,0）、（-89,0,0），生成如图 5-18 所示截面曲线。

5.1.2　倒斜角

扫一扫，看视频

该命令用于在两条共面的直线或曲线之间生成斜角。

选择"菜单"→"插入"→"曲线"→"倒斜角（原有）"命令，打开图 5-22 所示"倒斜角"对话框。

该对话框中各选项功能介绍如下。

（1）简单倒斜角：用于建立简单倒角。其产生的两边偏置值必须相同，且角度为 45º。该按钮只能用于两共面的直线间倒角。单击该按钮后，系统会要求输入倒角尺寸，而后选择两直线交点，即可完成倒角，如图 5-23 所示。

图 5-22　"倒斜角"对话框

图 5-23　"简单倒角"示意图

（2）用户定义倒斜角：在两个共面曲线（包括圆弧、样条和三次曲线）之间生成斜角。该按钮比生成简单倒角时具有更多的修剪控制。单击该按钮后，打开如图 5-24 所示对话框。其中各选项功能介绍如下。

①自动修剪：用于使两条曲线自动延长或缩短以连接倒角曲线，如图 5-25 所示。如果原有曲线未能如愿修剪，可恢复原有曲线（使用"取消"命令，或按 Ctrl+Z 组合键）并选择手工修剪。

图 5-24　"用户自定义倒斜角"对话框

图 5-25　"自动修剪"示意图

②手工修剪：可以选择想要修剪的倒角曲线，然后指定是否修剪曲线，并且指定要修剪倒角的哪一侧。选取的倒角侧将从几何体中切除。如图 5-26 所示以偏置和角度方式进行倒角。

图 5-26　"手工修剪"示意图

③不修剪：用于保留原有曲线不变。

当用户选定某一倒角方式后，系统会打开如图 5-27 所示"倒斜角"对话框，要求用户输入偏置值和角度（该角度是从第二条曲线测量的）或者全部输入偏置值来确定倒角范围。以上两选项可以通过"偏置值"和"偏置和角度"按钮来切换。

图 5-27 "倒斜角"对话框

其中"偏置"值是指两曲线交点与倒角线起点之间的距离。对于简单倒角，沿两条曲线的偏置值相等。对于线性倒角偏置而言，偏置值是直线距离；但是对于非线性倒角偏置而言，偏置值不一定是直线距离。

5.1.3 多边形

扫一扫，看视频

选择"菜单"→"插入"→"曲线"→"多边形(原有)"命令，打开如图 5-28 所示"多边形"对话框。当输入多边形的边数后，单击"确定"按钮，将打开如图 5-29 所示对话框。在该对话框中，用户可以选择多边形创建方式。

图 5-28 "多边形"对话框　　　　图 5-29 "多边形"创建方式对话框

下面对多边形的创建方式进行介绍。

（1）内切圆半径：单击该按钮，打开如图 5-30 所示对话框。可以通过输入内切圆的半径定义多边形的尺寸及方位角来创建多边形。"内切圆半径"是指原点到多边形边的中点的距离，"方向角"是指多边形从 XC 轴逆时针方向旋转的角度。"内切圆半径"方式示意图如图 5-31 所示。

图 5-30 "多边形"对话框　　　　图 5-31 "内切圆半径"方式示意图

（2）多边形边：单击该按钮，打开如图5-32所示对话框，从中可以输入多边形一边的边长及方位角来创建多边形。该长度将应用到所有边。

图5-32　"多边形"对话框

（3）外接圆半径：单击该按钮，打开如图5-33所示对话框。可以通过输入外接圆半径定义多边形的尺寸及方位角来创建多边形。外接圆半径是指原点到多边形顶点的距离。"外接圆半径"方式示意图如图5-34所示。

图5-33　"多边形"对话框

图5-34　"外接圆半径"方式示意图

扫一扫，看视频

★**重点　动手学——螺母**

源文件：yuanwenjian\5\luomu.prt

绘制如图5-35所示的螺母。

图5-35　螺母

操作步骤　视频文件：动画演示\第5章\螺母.mp4

（1）选择"文件"→"新建"命令或单击"主页"选项卡"标准"组中的"新建"按钮 ，打开"新建"对话框。在"名称"文本框中输入"luomu"，在"单位"下拉列表框中选择"毫米"，单击"确定"按钮，进入建模界面。

（2）选择"菜单"→"插入"→"曲线"→"多边形"命令，打开如图5-36所示"多边形"对话框，在"边数"文本框中输入"6"，单击"确定"按钮。

（3）打开"多边形"生成方式对话框，单击"内切圆半径"按钮。

（4）打开如图5-37所示"多边形"参数对话框，在"内切圆半径"和"方位角"文本框中分别输入"6""0"，单击"确定"按钮。

图 5-36　"多边形"对话框

图 5-37　"多边形"参数对话框

（5）打开"点"对话框，输入原点作为多边形的圆心，如图 5-38 所示。单击"确定"按钮，完成六边形的绘制，如图 5-39 所示。

图 5-38　"点"对话框

图 5-39　多边形

（6）选择"菜单"→"插入"→"曲线"→"基本曲线"命令，打开如图 5-40 所示"基本曲线"对话框。单击"圆"按钮○，在"点方法"下拉列表框中选择"点构造器"，打开"点"对话框。在该对话框中输入坐标原点作为圆心，单击"确定"按钮；再输入（6,0,0）作为圆上的点，单击"确定"按钮，生成圆 1，如图 5-41 所示。

图 5-40　"基本曲线"对话框

图 5-41　绘制圆 1

同理，在圆心处绘制一个半径为 2.5 的圆 2，如图 5-42 所示。

（7）选择"菜单"→"插入"→"曲线"→"基本曲线"命令，打开如图 5-40 所示的"基本曲线"对话框。单击"圆弧"按钮，选择"中心点，起点，终点"创建方法，在"点方法"下拉列表框中选择"点构造器"，打开"点"对话框。在该对话框中输入中点坐标（0,0,0），起点坐标（3,0,0），终点坐标（0,-3,0），单击"确定"按钮，结果如图 5-35 所示。

图 5-42　绘制圆 2

扫一扫，看视频

5.1.4　椭圆

选择"菜单"→"插入"→"曲线"→"椭圆"命令，在弹出的"点"对话框中输入椭圆原点，单击"确定"按钮，打开如图 5-43 所示"椭圆"对话框。

其中各选项功能介绍如下。

（1）"长半轴"和"短半轴"：椭圆有两根轴，即长轴和短轴（每根轴的中点都在椭圆的中心）。椭圆的最长直径就是主轴；最短直径就是副轴。长半轴和短半轴的值指的是这些轴长度的一半，如图 5-44 所示。

图 5-43　"椭圆"对话框

图 5-44　"长半轴"和"短半轴"示意图

📢 提示：

> 不论为每个轴的长度输入的值如何，较大的值总是作为长半轴的值，较小的值总是作为短半轴的值。

（2）"起始角"和"终止角"：椭圆是绕 ZC 轴正向沿着逆时针方向生成的。起始角和终止角确定椭圆的起始和终止位置，它们都是相对于主轴测算的，如图 5-45 所示。

（3）旋转角度：椭圆的旋转角度是主轴相对于 XC 轴，沿逆时针方向倾斜的角度。除非改变了旋转角度，否则主轴一般是与 XC 轴平行，如图 5-46 所示。

图 5-45 "起始角"和"终止角"示意图

图 5-46 "旋转角度"示意图

扫一扫，看视频

5.1.5 抛物线

选择"菜单"→"插入"→"曲线"→"抛物线"命令，在弹出的"点"对话框中输入抛物线顶点，单击"确定"按钮，打开如图 5-47 所示"抛物线"对话框。在该对话框中输入用户所需的数值，单击"确定"按钮，即可创建抛物线。其示意图如图 5-48 所示。

图 5-47 "抛物线"对话框

图 5-48 "抛物线"示意图

扫一扫，看视频

5.1.6 双曲线

选择"菜单"→"插入"→"曲线"→"双曲线"命令，在弹出的"点"对话框中输入双曲线中心点，打开如图 5-49 所示的"双曲线"对话框。在该对话框中输入用户所需的数值，单击"确定"按钮，即可创建双曲线。其示意图如图 5-50 所示。

图 5-49 "双曲线"对话框

图 5-50 "双曲线"示意图

5.1.7 样条曲线

选择"菜单"→"插入"→"曲线"→"样条（即将失效）"命令，打开如图 5-51 所示"样条（即将失效）"对话框。

UG 中生成的所有样条都是"非均匀有理 B 样条"(NURBS)。系统提供了 4 种样条生成方式，下面分别介绍。

1. 根据极点

这种方式中所给定的数据点称为曲线的极点或控制点。样条曲线靠近它的各个极点，但通常不通过任何极点（端点除外）。使用极点可以对曲线的总体形状和特征进行更好的控制。该方式还有助于避免曲线中多余的波动（曲率反向）。

单击"根据极点"按钮，打开"根据极点生成样条（即将失效）"对话框，如图 5-52 所示。该对话框中各选项功能说明如下。

图 5-51 "样条（即将失效）"对话框

图 5-52 "根据极点生成样条"对话框

（1）曲线类型：样条可以生成为"单段"或"多段"，每段限制为 25 个点。"单段"样条为 Bezier 曲线，"多段"样条为 B 样条。

（2）曲线次数：曲线次数即曲线的阶次，这是一个代表定义曲线的多项式次数的数学概念。曲线次数通常比样条线段中的点数小 1，因此样条的点数不得少于阶次数。UG 样条的曲线次数必须介于 1~24 之间，但是建议用户在生成样条时使用三次曲线（曲线次数为 3）。

📢 提示：

> 应尽可能使用较低曲线次数的曲线（3、4、5）。如果没有什么更好的理由要使用其他阶次，则应使用默认曲线次数 3。单段曲线的次数取决于其指定点的数量。

（3）封闭曲线：通常样条是非闭合的，它们开始于一点，而结束于另一点。选中"封闭曲线"复选框，可以生成开始和结束于同一点的封闭样条。该复选框仅可用于多段样条。当生成封闭样条时，不需将第一个点指定为最后一个点，样条会自动封闭。

（4）文件中的点：用来指定一个其中包含用于样条的点的文件。点的数据可以放在*.dat文件中。

2. 通过点

使用这种方式，可以使生成的样条通过一组数据点，还可以定义任何点或所有点处的切矢和/或曲率。

单击"通过点"按钮，打开"通过点生成样条（即将失效）"对话框，如图 5-53 所示。

若要生成"通过点"的样条，常规操作步骤如下。

（1）设置"通过点生成样条（即将失效）"对话框中的参数，然后单击"确定"按钮。

（2）为样条指定点。点定义方式如图 5-54 所示。

图 5-53   "通过点生成样条"对话框

图 5-54   点定义方式

① 全部成链：用来指定起始点和终止点，从而选择两点之间的所有点。

② 在矩形内的对象成链：从已定义的矩形区域内部的点中选择现有的点。当用户选择在矩形内的对象成链，用户首先通过使用屏幕光标指示两个对角来定义矩形。接着，系统提示用户在矩形内的点中选择起点和终点。最后，系统选择并高亮显示其间的点。

③ 在多边形内的对象成链：从已定义的多边形区域内部的点中选择现有的点。指示第一个顶点，接着指示其他的顶点直到用户定义了所需的多边形。然后，系统提示用户在多边形内的点中选择起点和终点。

④ 点构造器：可以使用点构造器来定义样条点。

（3）指派斜率和指派曲率，然后单击"确定"按钮，生成样条。

3. 拟合

使用该方式，可以通过在指定公差内将样条与构造点相"拟合"来生成样条。该方式减少了定义样条所需的数据量。由于不是强制样条精确通过构造点，从而简化了定义过程。

单击"拟合"按钮，打开"由拟合创建样条"对话框，如图 5-55 所示。

图 5-55   "由拟合创建样条"对话框

其中部分选项功能说明如下。

（1）拟合方法：在指定数据点之后，可以通过选择以下方法之一定义如何生成样条。

①根据公差：用来指定样条可以偏离数据点的最大允许距离。

②根据段：用来指定样条的段数。

③根据模板：可以将现有样条选作模板，在拟合过程中使用其阶次和节点序列。使用"根据模板"方式生成的拟合曲线，可在需要拟合曲线具有相同阶次和相同节点序列的情况下使用。这样，在通过这些曲线构造曲面时，可以减少曲面中的面片数。

（2）公差：控制点与数据点相符的程度。

（3）段数：用来指定样条中的段数。

（4）赋予端点斜率：用来指定或编辑端点处的切矢。

（5）更改权值：用来控制选定数据点对样条形状的影响程度，重新显示点用来更改任何数据点的加权系数。指定较大的权值可确保样条通过或逼近该数据点；指定零权值将在拟合过程中忽略特定点，这对忽略"坏"数据点非常有用。默认的加权系数使离散位置点获得比密集位置点更高的加权。

4. 垂直于平面

使用这种方式，可以生成通过并垂直于一组平面中各个平面的样条。每个平面组中允许的最大平面数为 100。该方式生成样条示意图如图 5-56 所示。

图 5-56 "垂直于平面"方式生成样条示意图

样条段在平行平面之间呈直线状，在非平行平面之间呈圆弧状。每个圆弧段的中心为边界平面的交点。

扫一扫，看视频

5.1.8 规律曲线

选择"菜单"→"插入"→"曲线"→"规律曲线"命令，打开如图 5-57 所示"规律曲线"对话框。

图 5-57　"规律曲线"选项对话框

该对话框中各选项功能说明如下。

（1）恒定：该选项能够给整个规律功能定义一个常数值。系统提示用户只输入一个规律值（即该常数）。

（2）线性：该选项能够定义从起始点到终止点的线性变化率。

（3）三次：该选项能够定义从起始点到终止点的 3 次变化率。

（4）沿脊线的线性：该选项能够使用两个或多个沿着脊线的点定义线性规律功能。选择一条脊线曲线后，可以沿该曲线指出多个点。系统会提示用户在每个点处输入一个值。

（5）沿脊线的三次：该选项能够使用两个或多个沿着脊线的点定义三次规律功能。选择一条脊线曲线后，可以沿该脊线指出多个点。系统会提示用户在每个点处输入一个值。

（6）根据方程：该选项可以用表达式和"参数表达式变量"来定义规律。必须事先定义所有变量（可以使用"工具"→"表达式"来定义变量），并且公式必须使用参数表达式变量"t"。

（7）根据规律曲线：该选项利用已存在的规律曲线来控制坐标或参数的变化。选择该选项后，按照系统在提示行给出的提示，先选择一条存在的规律曲线，再选择一条基线来辅助选定曲线的方向。如果没有定义基准线，默认的基准线方向就是绝对坐标系的 X 轴方向。

★重点　动手学——抛物线

源文件：yuanwenjian\5\paowuxian.prt

绘制如图 5-58 所示的抛物线。

扫一扫，看视频

图 5-58 抛物线

操作步骤 视频文件：动画演示\第 5 章\抛物线.mp4

例如，在标准数学表格中考虑下面的抛物线公式：

$$Y=2-0.25x^2$$

可以在表达式编辑器中使用 t、xt、yt 和 zt 来确定这个公式的参数：

t=0

xt = -sqrt(8)*(1-t)+sqrt(8)*t

yt = 2-0.25*xt^2

zt = 0

之所以使用 t、xt、yt 和 zt，是因为在"根据方程"选项中使用了默认变量名。

1. 创建表达式

选择"菜单"→"工具"→"表达式"命令，打开如图 5-59 所示的"表达式"对话框，输入每个确定了参数值的表达式。使用上面的例子：

图 5-59 "表达式"对话框

t=0

xt = -sqrt(8)*(1-t)+sqrt(8)*t

yt = 2-0.25*xt^2

zt = 0

输入第一个表达式"t=0"，然后单击"应用"按钮。继续输入余下表达式，直到将它们全部输入完为止。最后单击"确定"按钮。

2．绘制抛物线

选择"菜单"→"插入"→"曲线"→"规律曲线"命令，打开如图 5-60 所示"规律曲线"对话框，分别选择 X、Y、Z 规律类型为"根据方程"，其他采用默认设置，单击"确定"按钮，系统使用工作坐标系方向来创建曲线，结果如图 5-58 所示。

图 5-60 "规律曲线"对话框

📢 提示：

规律样条是根据建模首选项对话框中的距离公差和角度公差设置而近似生成的。另外，可以使用"信息"→"对象"命令来显示关于规律样条的非参数信息或特征信息。

任何大于 360° 的规律曲线都必须使用螺旋线命令或根据公式规律子功能来构建。

扫一扫，看视频

5.1.9 螺旋线

选择"菜单"→"插入"→"曲线"→"螺旋"命令，打开如图 5-61 所示"螺旋"对话框，从中定义圈数、螺距、半径方式（规律或恒定）、旋转方向和适当的方向，可以生成螺旋线。其结果是一个样条，如图 5-62 所示。

图 5-61 "螺旋"对话框

图 5-62 螺旋线创建示意图

"螺旋"对话框中各项功能介绍如下。

（1）圈数：必须大于 0。可以接受小于 1 的值（比如 0.5 可生成半圈螺旋线）。

（2）螺距：相邻的圈之间沿螺旋轴方向的距离。"螺距"必须大于或等于 0。

（3）大小：指定螺旋的定义方式，可通过使用"规律类型"或输入半径/直径来定义半径/直径。

①规律类型：能够使用规律函数来控制螺旋线的半径/直径变化。用户可在该下拉列表框中选择一种规律来控制螺旋线的半径/直径。

②值：输入螺旋线的半径/直径值，该值在整个螺旋线上都是常数。

（4）旋转方向：用于控制旋转的方向，如图 5-63 所示。

①右手：螺旋线起始于基点向右卷曲（逆时针方向）。

②左手：螺旋线起始于基点向左卷曲（顺时针方向）。

图 5-63 "旋转方向"示意图

（5）方位：能够使用坐标系工具的"Z 轴，X 点"选项来定义螺旋线方向。可以使用"坐标系"对话框或通过指出光标位置来定义基点。

如果不定义方向，则使用当前的工作坐标系。

如果不定义基点，则使用当前的 XC=0、YC=0 和 ZC=0 作为默认基点。

（6）指定坐标系：用于指定坐标系，以定向螺旋。

★重点 动手学——创建螺旋线

源文件：yuanwenjian\5\luoxuanxian.prt

绘制如图 5-64 所示的螺旋线。

图 5-64 螺旋线

操作步骤 视频文件：动画演示\第 5 章\螺旋线.mp4

（1）选择"文件"→"新建"命令或单击"主页"选项卡"标准"组中的"新建"按钮，打开"新建"对话框。在"名称"文本框中输入"luoxuanxian"，在"单位"下拉列表框中选择"毫米"，单击"确定"按钮，进入建模环境。

（2）创建螺旋线导引直线。选择"菜单"→"插入"→"曲线"→"基本曲线（原有）"命令，打开如图 5-65 所示的"基本曲线"对话框。单击"直线"按钮，在"点方法"下拉列表框中选择"点构造器"，打开如图 5-66 所示"点"对话框，输入（0,0,0），确定起始点，输入（0,100,0），生成一长度为 100 直线，如图 5-67 所示。

图 5-65 "基本曲线"对话框　　　　图 5-66 "点"对话框　　　　图 5-67 直线

（3）创建等分点。选择"菜单"→"插入"→"基准/点"→"点集"命令或单击"曲线"选项卡"曲线"组中的"点集"按钮⁺+，打开如图 5-68 所示的"点集"对话框。选择"曲线点"类型，在"曲线点产生方法"下拉列表框中选择"等弧长"选项，在"点数""起始百分比"和"终止百分比"文本框中分别输入"10""0"和"100"，在屏幕中选择上步创建的直线，单击"确定"按钮，在直线上创建了 10 个等分点。

（4）创建螺旋线。选择"菜单"→"插入"→"曲线"→"螺旋"命令，打开如图 5-69

图 5-68 "点集"对话框　　　　图 5-69 "螺旋"对话框

所示"螺旋"对话框。在"螺距"栏的"规律类型"下拉列表框中选择"恒定"，在"值"文本框中输入"8"；在"长度"栏的"方法"下拉列表框中选择"圈数"，在"圈数"文本框中输入"12.5"；在"大小"栏选中"半径"单选按钮，在"规律类型"下拉列表框中选择"沿脊线的三次"，选择步骤（2）绘制的直线为脊线，在"指定新的位置"下拉列表框中选择"现有点"，依次选择直线点集中的点并分别赋予规律值为 1、3、5、7、9、8、6、4、2、1。单击"确定"按钮，生成半径按上述定义的规律变化的螺旋曲线，如图 5-70 所示。

（5）隐藏直线和点。选择"菜单"→"编辑"→"显示和隐藏"→"隐藏"命令，打开如图 5-71 所示的"类选择"对话框，用鼠标在屏幕中拖拉出一矩形框，将需要隐藏的直线和各点包括其中，单击"确定"按钮，完成隐藏操作，结果如图 5-64 所示。

图 5-70　曲线模型

图 5-71　"类选择"对话框

5.1.10　文本

扫一扫，看视频

选择"菜单"→"插入"→"曲线"→"文本"或单击"曲线"选项卡"曲线"组中的"文本"按钮 **A**，打开如图 5-72 所示的"文本"对话框。该对话框用于给指定几何体创建文本，如图 5-73 所示为给圆弧创建文本。

5.1.11　点

扫一扫，看视频

选择"菜单"→"插入"→"基准/点"→"点"命令或单击"主页"选项卡"特征"组中的"点"按钮 **十**，打开如图 5-74 所示的"点"对话框。利用该对话框，可以在绘图窗口中创建相关点和非相关点。

图 5-72　"文本"对话框

图 5-73　给圆弧创建文本

5.1.12　点集

扫一扫，看视频

选择"菜单"→"插入"→"基准/点"→"点集"命令或单击"曲线"选项卡"曲线"组中的"点集"按钮$+_+$，打开如图 5-75 所示的"点集"对话框。该对话框中主要参数的含义介绍如下。

1. 曲线点

在"类型"下拉列表框中选择"曲线点"，可以在曲线上创建点集。

（1）曲线点产生方法：该下拉列表框用于选择曲线上点的创建方法，包含"等弧长""等参数""几何级数""弦公差""增量弧长""投影点"和"曲线百分比"7 种方法。

①等弧长：用于在点集的起始点和结束点之间按点间等弧长的方法来创建指定数目的点集。例如，在绘图窗口中选择要创建点集的曲线，分别在如图 5-75 所示对话框的"点数""起始百分比"和"终止百分比"文本框中输入"8""0"和"100"，以"等弧长"方式创建的点集如图 5-76 所示。

图 5-74　"点"对话框

图 5-75　"点集"对话框　　　　　　　图 5-76　以"等弧长"方式创建的点集

②等参数：用于以曲线曲率的大小来确定点集的位置。曲率越大，产生点的距离越大，反之则越小。例如，在如图 5-75 所示对话框的"曲线点产生方法"下拉列表框中选择"等参数"，分别在"点数""起始百分比"和"终止百分比"文本框中输入"8""0"和"100"，以"等参数"方式创建的点集如图 5-77 所示。

③几何级数：在如图 5-75 所示对话框的"曲线点产生方法"下拉列表框中选择"几何级进"，则在该对话框中会多出一个"比率"文本框。在设置完其他参数后，还需要指定一个比率值，用来确定点集中彼此相邻的后两点之间距离与前两点之间距离的比率。例如，分别在"点数""起始百分比""终止百分比"和"比率"文本框中输入"8""0""100"和"2"，以"几何级进"方式创建的点集如图 5-78 所示。

图 5-77　以"等参数"方式创建的点集　　　图 5-78　以"几何级数"方式创建的点集

④弦公差：在如图 5-75 所示对话框的"曲线点产生方法"下拉列表框中选择"弦公差"，根据所给弦公差的大小来确定点集的位置。弦公差值越小，产生的点数越多，反之则越少。例如，弦公差值为 1 时，以"弦公差"方式创建的点集如图 5-79 所示。

⑤增量弧长：在如图 5-75 所示对话框的"曲线点产生方法"下拉列表框中选择"增量弧长"，根据弧长的大小确定点集的位置，而点数的多少则取决于曲线总长及两点间的弧长，按照顺时

针方向生成各点。例如，弧长值为 1 时，以"增量弧长"方式创建的点集如图 5-80 所示。

图 5-79 以"弦公差"方式创建点集   图 5-80 以"增量弧长"方式创建的点集

⑥投影点：通过指定点来确定点集。

⑦曲线百分比：通过曲线上的百分比位置来确定一个点。

（2）点数：用于设置要添加点的数量。

（3）起始百分比：用于设置所要创建的点集在曲线上的起始位置。

（4）终止百分比：用于设置所要创建的点集在曲线上的结束位置。

（5）选择曲线或边：单击该按钮，可以选择新的曲线来创建点集。

2. 样条点

在"类型"下拉列表框中选择"样条点"，可以在样条上创建点集。

（1）样条点类型：该下拉列表框中包含"定义点""结点"和"极点" 3 种样条点类型。

①定义点：利用绘制样条曲线时的定义点来创建点集。

②结点：利用绘制样条曲线时的结点来创建点集。

③极点：利用绘制样条曲线时的极点来创建点集。

（2）选择样条：单击该按钮，可以选择新的样条曲线来创建点集。

3. 面的点

在"类型"下拉列表框中选择"面的点"，可以在曲面上创建点集。

（1）面点产生方法：该下拉列表框中包含"阵列""面百分比"和"B 曲面极点" 3 种点的生成方法。

①阵列：用于设置点集的边界。其中，"对角点"单选按钮用于以对角点方式来限制点集的分布范围，选中该单选按钮，系统会提示用户在绘图区中选择一点，完成后再选择另一点，这样就以这两点为对角点设置了点集的边界；"百分比"单选按钮用于以曲面参数百分比的形式来限制点集的分布范围。

②面百分比：通过在选定曲面 U、V 方向上的百分比位置来创建该曲面上的一个点。

③B 曲面极点：用于以 B 曲面极点的方式创建点集。

（2）选择面：单击该按钮，可以选择新的面来创建点集。

★重点 动手学——五角星

源文件：yuanwenjian\5\wujiaoxing.prt

绘制如图 5-81 所示的五角星。

扫一扫，看视频

图 5-81　五角星

操作步骤　视频文件：动画演示\第 5 章\五角星.mp4

1．新建文件

选择"文件"→"新建"命令或单击"主页"选项卡"标准"组中的"新建"按钮，打开"新建"对话框，在"模板"栏中选择"模型"选项，在"名称"文本框中输入"wujiaoxing"，单击"确定"按钮，进入建模界面。

2．绘制五边形

（1）选择"菜单"→"插入"→"曲线"→"多边形(原有)"命令，打开如图 5-82 所示的"多边形"对话框。

（2）在"边数"文本框中输入"5"，单击"确定"按钮，打开如图 5-83 所示的"多边形"创建方式对话框，单击"内切圆半径"按钮。

图 5-82　"多边形"对话框

图 5-83　"多边形"创建方式对话框

（3）打开如图 5-84 所示的"多边形"参数对话框，分别在"内切圆半径"和"方位角"文本框中输入"2"和"18"，单击"确定"按钮。

（4）打开"点"对话框，确定五边形的中心，如图 5-85 所示。以坐标原点为五边形的中心，单击"确定"按钮，完成如图 5-86 所示五边形的绘制。

图 5-84　"多边形"参数对话框

图 5-85　"点"对话框

图 5-86　绘制五边形

3．绘制五角星

（1）选择"菜单"→"插入"→"曲线"→"基本曲线（原有）"命令，打开如图 5-87 所示的"基本曲线"对话框。

（2）单击"直线"按钮，选中"线串模式"复选框，在"点方法"下拉列表框中选择"端点"。

（3）分别选择五边形的各端点，单击"确定"按钮，完成直线的绘制，结果如图 5-88 所示。

图 5-87　"基本曲线"对话框

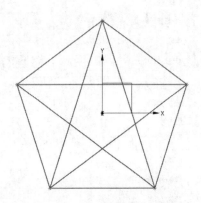

图 5-88　绘制直线

4．修剪曲线

（1）选择"菜单"→"编辑"→"曲线"→"修剪"命令或单击"曲线"选项卡"编辑曲线"组中的"修剪曲线"按钮，打开如图 5-89 所示的"修剪曲线"对话框。

（2）根据系统提示完成各曲线的修剪，结果如图 5-90 所示。

图 5-89　"修剪曲线"对话框

图 5-90　修剪曲线

5. 隐藏曲线

（1）选择"菜单"→"编辑"→"显示和隐藏"→"隐藏"命令，打开如图 5-91 所示的"类选择"对话框。

（2）在绘图窗口中选择步骤 4 创建的五边形，单击"确定"按钮，完成五边形曲线的隐藏。至此完成五角星的绘制，结果如图 5-92 所示。

图 5-91　"类选择"对话框

图 5-92　五角星绘制结果

5.2　派生曲线

一般情况下，曲线创建完成后并不能完全满足用户的需求，还需要进一步处理。本节中将进一步介绍曲线的操作功能，如简化、偏置、桥接、连接、截面和沿面偏置等。

5.2.1　偏置

扫一扫，看视频

该命令能够通过从原先对象偏置的方法，生成直线、圆弧、二次曲线、样条和边。偏置曲线是通过垂直于选中的基本曲线上的点来构造的。可以选择是否使偏置曲线与其输入数据相关联。

曲线可以在选中几何体所确定的平面内偏置，也可以使用拔模角和拔模高度选项偏置到一个平行的平面上。只有当多条曲线共面且为连续的线串（即端端相连）时，才能对其进行偏置。结果曲线的对象类型与它们的输入曲线相同（除了二次曲线，它偏置为样条）。

选择"菜单"→"插入"→"派生曲线"→"偏置"命令或单击"曲线"选项卡"正确"组中的"偏置曲线"按钮，打开如图 5-93 所示"偏置曲线"对话框。

图 5-93　"偏置曲线"对话框

"偏置曲线"对话框中各选项功能介绍如下。

（1）偏置类型：其中包括 4 种。

①距离：此方式在选取曲线的平面上偏置曲线。可在下方的"距离"和"副本数"文本框中设置偏置距离和产生的数量。

②拔模：此方式在平行于选取曲线平面，并与其相距指定距离的平面上偏置曲线。一个平面符号标记出偏置曲线所在的平面。可在下方的"高度"和"角度"文本框中设置拔模高度和拔模角度。该方式的基本思想是将曲线按照指定的"角度"偏置到与曲线所在平面相距"高度"的平面上。其中，拔模角度是偏置方向与原曲线所在平面的法向的夹角。

如图 5-94 所示是用"拔模"偏置方式生成偏置曲线的一个示例，其中"拔模高度"为 0.2500，"拔模角"为 30°。

③规律控制：此方式在规律定义的距离上偏置曲线，该规律是用规律子功能选项对话框指定的。

图 5-94　"拔模"偏置方式示意图

159

④**3D 轴向**：此方式通过在三维空间内指定矢量方向和偏置距离来偏置曲线。可在下方的"3D 偏置值"和"轴矢量"文本框中设置相应的数值。

（2）距离：在箭头矢量指示的方向上与选中曲线之间的偏置距离。负的距离值将在反方向上偏置曲线。

（3）副本数：在该文本框中输入所需参数值，可以构造多组偏置曲线，如图 5-95 所示。每组都从前一组偏置一个指定（使用"偏置方式"选项）的距离。

（4）反向：用于反转箭头矢量标记的偏置方向。

（5）修剪：将偏置曲线修剪或延伸到它们的交点处。

①无：既不修剪偏置曲线，也不将偏置曲线倒成圆角。

②相切延伸：将偏置曲线延伸到它们的交点处。

③圆角：构造与每条偏置曲线的终点相切的圆弧。圆弧的半径等于偏置距离。图 5-96 演示了用"圆角"方式生成的偏置。如果生成重复的偏置（即只单击"应用"按钮而不更改任何输入），则圆弧的半径每次都会增加一个偏置距离。

图 5-95 "副本数"示意图　　　　图 5-96 "圆角"方式示意图

（6）距离公差：当输入曲线为样条或二次曲线时，可确定偏置曲线的精度。

（7）关联：选中该复选框，则偏置曲线与输入曲线和定义数据相关联。

（8）输入曲线：用于指定对原先曲线的处理方式。对于关联曲线，某些选项不可用。

①保留：在生成偏置曲线时，保留输入曲线。

②隐藏：在生成偏置曲线时，隐藏输入曲线。

③删除：在生成偏置曲线时，删除输入曲线。如果选中"关联"复选框，则该选项不可用。

④替换：该操作类似于移动操作，输入曲线被移至偏置曲线的位置。如果选中"关联"复选框，则该选项不可用。

扫一扫，看视频

★**重点　动手学——偏置曲线**

源文件：yuanwenjian\5\pianzhiquxian.prt

绘制如图 5-97 所示的偏置曲线。

图 5-97 偏置曲线

操作步骤 视频文件：动画演示\第 5 章\偏置曲线.mp4

（1）选择"文件"→"新建"命令或单击"主页"选项卡"标准"组中的"新建"按钮 ，打开"新建"对话框。在"名称"文本框中输入"pianzhiquxian"，单位选择"毫米"，单击"确定"按钮，进入建模环境。

（2）选择"菜单"→"插入"→"曲线"→"基本曲线（原有）"命令，打开"基本曲线"对话框，单击"圆"按钮，在原点处绘制一个半径为 10 的圆，如图 5-98 所示。

（3）选择"菜单"→"插入"→"派生曲线"→"偏置"命令或单击"曲线"选项卡"派生曲线"组中的"偏置曲线"按钮 ，打开"偏置曲线"对话框。

（4）在"偏置类型"下拉列表框中选择"距离"，选择步骤（3）绘制的圆为要偏置的曲线，此时显示出偏置方向，如图 5-99 所示。

（5）在"距离"和"副本数"文本框中输入"2""3"，单击"应用"按钮，生成如图 5-100 所示的曲线。

（6）在"偏置类型"下拉列表框中选择"拔模"，选择最小的圆为要偏置的曲线，此时图中显示出偏置方向，如图 5-101 所示。

图 5-98　曲线模型　　图 5-99　偏置方向　　图 5-100　偏置曲线　　图 5-101　偏置方向

（7）在"偏置"栏中设置偏置的"高度""角度、副本数"为 5、0、3，如图 5-102 所示。

（8）单击"确定"按钮，生成曲线如图 5-97 所示。

图 5-102　偏置设置

5.2.2　在面上偏置

扫一扫，看视频

该命令用于在一表面上由一存在曲线按指定的距离生成一条沿面的偏置曲线。

选择"菜单"→"插入"→"派生曲线"→"在面上偏置"命令或单击"曲线"选项卡"派生曲线"组中的"在面上偏置曲线"按钮 ，打开如图 5-103 所示"在面上偏置曲线"对话框。

其中部分选项功能介绍如下。

（1）偏置方法：包括以下 5 种。

①弦：沿曲线弦长偏置。

②弧长：沿曲线弧长偏置。

③测地线：沿曲面最小距离创建。

④相切：沿曲面的切线方向创建。

⑤投影距离：用于按指定的法向矢量在虚拟平面上指定偏置距离。

（2）公差：该文本框用于设置偏置曲线公差，其默认值是在建模预设置对话框中设置的。公差值决定了偏置曲线与被偏置曲线的相似程度，选用默认值即可。

5.2.3 桥接

该命令用来桥接两条不同位置的曲线，边也可以作为曲线来选择。这是在曲线连接中最常用的方法，其示意图如图 5-104 所示。

图 5-103　"在面上偏置曲线"对话框

图 5-104　"桥接曲线"对话框

选择"菜单"→"插入"→"派生曲线"→"桥接"命令或单击"曲线"功能区"派生曲线"组中的"桥接曲线"按钮，打开如图 5-105 所示"桥接曲线"对话框。

图 5-105 "桥接曲线"示意图

其中部分选项功能介绍如下。

1. 起始对象

该栏用于确定桥接曲线操作的第一个对象。

2. 终止对象

该栏用于确定桥接曲线操作的第二个对象。

"桥接曲线"创建实例示意图如图 5-104 所示。

3. 连接

（1）连续性：包括"位置""相切""曲率"和"流"4 种类型。

①相切：表示桥接曲线与第一条曲线、第二条曲线在连接点处相切连续，且为三阶样条曲线。

②曲率：表示桥接曲线与第一条曲线、第二条曲线在连接点处曲率连续，且为五阶或七阶样条曲线。

（2）位置：确定点在曲线的位置。

（3）方向：基于所选几何体定义曲线方向。

4. 约束面

该栏用于限制桥接曲线所在面。

5. 半径约束

该栏用于限制桥接曲线的半径的类型和大小。

6. 形状控制

（1）相切幅值：通过改变桥接曲线与第一条曲线和第二条曲线连接点的切矢量值，来控制桥接曲线的形状。切矢量值的改变是通过拖动"开始"和"结束"滑块，或直接在右侧的"开始""结束"文本框中输入切矢量来实现的。

（2）深度和歪斜度：当选择该控制方式时，"桥接曲线"对话框的变化如图 5-106 所示。

①深度：是指桥接曲线峰值点的深度，即影响桥接曲线形状的曲率百分比，其值可拖动下面的滑块或直接在"深度"文本框中输入百分比来设置。

②歪斜度：是指桥接曲线峰值点的倾斜度，即设定

图 5-106 深度和歪斜度

沿桥接曲线从第一条曲线向第二条曲线度量时峰值点位置的百分比。

（3）模板曲线：用于选择控制桥接曲线形状的参考样条曲线，使桥接曲线继承选定参考曲线的形状。

5.2.4 简化

扫一扫，看视频

该命令以一条最合适的逼近曲线来简化一组选择的曲线（最多可选择 512 条曲线），它将这组曲线简化为圆弧或直线的组合，即将高次方曲线降成二次或一次方曲线。

选择"菜单"→"插入"→"派生曲线"→"简化"命令，打开如图 5-107 所示"简化曲线"对话框。

在简化选中曲线之前，可以指定原有曲线在转换之后的状态。

（1）保持：在生成直线和圆弧之后保留原有曲线。在选中曲线的上面生成曲线。

（2）删除：简化之后删除选中曲线。删除选中曲线之后，不能再恢复（如果选择"撤销"，可以恢复原有曲线但不再被简化）。

（3）隐藏：生成简化曲线之后，将选中的原有曲线从屏幕上移除，但并未被删除。

若要选择的多组曲线彼此首尾相连，则可以通过其中的"成链"选项，通过第一条和最后一条曲线来选择其间彼此连接的一组曲线，之后系统对其进行简化操作。

5.2.5 连结

扫一扫，看视频

该命令可将一连串曲线和/或边合并到一起以生成一条 B 样条曲线。其结果是与原先的曲线链近似的多项式样条，或者是完全表示原先的曲线链的一般样条。

选择"菜单"→"插入"→"派生曲线"→"连结（即将失效）"命令，系统打开如图 5-108 所示"连结曲线（即将失效）"对话框。

图 5-107 "简化曲线"对话框

图 5-108 "连结曲线"对话框

其中部分选项功能介绍如下。

（1）关联：如果选中该复选框，结果样条将与其输入曲线关联，并且当修改这些曲线时会相应更新。

（2）输入曲线：用于处理原先的曲线。

（3）距离公差/角度公差：用于设置连结曲线的公差，其默认值是在建模预设置对话框中设置的。

扫一扫，看视频

5.2.6　投影曲线

该命令能够将曲线和点投影到片体、面、平面和基准面上。点和曲线可以沿着指定矢量方向、与指定矢量成某一角度的方向、指向特定点的方向或面法线的方向进行投影。所有投影曲线在孔或面边界处都要进行修剪。

选择"菜单"→"插入"→"派生曲线"→"投影曲线"命令或单击"曲线"选项卡"派生曲线"组中的"投影曲线"按钮 ，打开如图5-109所示"投影曲线"对话框。

其中部分选项功能介绍如下。

（1）要投影的曲线或点：用于确定要投影的曲线和点。

（2）指定平面：用于确定投影所在的表面或平面。

（3）方向：用于指定将对象投影到片体、面和平面上时所使用的方向。

①沿面的法向：用于沿着面和平面的法向投影对象，如图5-110所示。

图5-109　"投影曲线"对话框

图5-110　"沿面的法向"示意图

②朝向点：可向一个指定点投影对象。对于投影的点，可以在选中点与投影点之间的直线上获得交点，如图 5-111 所示。

③朝向直线：可沿垂直于一指定直线或基准轴的矢量投影对象。对于投影的点，可以在通过选中点垂直于指定直线的直线上获得交点，如图 5-112 所示。

图 5-111　"朝向点"示意图　　　　图 5-112　"朝向直线"示意图

④沿矢量：可沿指定矢量（该矢量是通过矢量构造器定义的）投影选中对象。可以在该矢量指示的单个方向上投影曲线，或者在两个方向上（指示的方向和它的反方向）投影，如图 5-113 所示。

图 5-113　"沿矢量"示意图

⑤与矢量成角度：可将选中曲线按与指定矢量成指定角度的方向投影，该矢量是使用矢量构造器定义的。根据选择的角度值（向内的角度为负值），该投影可以相对于曲线的近似形按向外或向内的角度生成。对于点的投影，该选项不可用。"与矢量成角度"示意图如图 5-114 所示。

图 5-114　"与矢量成角度"示意图

（4）关联：表示原曲线保持不变，在投影面上生成与原曲线相关联的投影曲线。只要原曲线发生变化，投影曲线随之也发生变化。

（5）连结曲线：曲线拟合的阶次，可以选择"三次""五次"或者"常规"，一般推荐使用"三次"。

（6）公差：用于设置公差，其默认值是在建模预设置对话框中设置的。该公差值决定所投影的曲线与被投影曲线在投影面上的投影的相似程度。

5.2.7 组合投影

该命令用于组合两个已有曲线的投影，生成一条新的曲线。需要注意的是，这两个曲线投影必须相交。可以指定新曲线是否与输入曲线关联，以及将对输入曲线进行哪些处理。"组合投影"示意图如图 5-115 所示。

选择"菜单"→"插入"→"派生曲线"→"组合投影"命令或单击"曲线"选项卡"派生曲线"组中的"组合投影"按钮 ，打开如图 5-116 所示"组合投影"对话框。

图 5-115 "组合投影"示意图　　　　图 5-116 "组合投影"对话框

该对话框中各选项功能介绍如下。

（1）曲线 1：选择第一组曲线。可用"过滤器"选项帮助选择曲线。

（2）曲线 2：选择第二组曲线。默认的投影矢量垂直于该线串。

（3）投影方向 1：为第 1 个选定曲线链指定方向。

（4）投影方向 2：为第 2 个选定曲线链指定方向。

5.2.8 缠绕/展开曲线

该命令可以将曲线从平面缠绕到圆锥或圆柱面上，或者将曲线从圆锥或圆柱面展开到平面上。如图 5-117 所示是将一样条曲线缠绕到锥面上。输出曲线是 3 次 B 样条，并且与其输入曲线、定义面和定义平面相关。

选择"菜单"→"插入"→"派生曲线"→"缠绕/展开曲线"命令或单击"曲线"选项卡"派生曲线"组中的"缠绕/展开曲线"按钮 ，打开如图 5-118 所示"缠绕/展开曲线"对话框。

图 5-117 "缠绕/展开"示意图

图 5-118 "缠绕/展开曲线"对话框

其中各选项功能说明如下。

（1）类型包括 2 种。

①缠绕：指定要缠绕曲线。

②展开：指定要展开曲线。

（2）曲线或点：选择要缠绕或展开的曲线。仅可以选择曲线、边或面。

（3）面：可选择曲线将缠绕到或从其上展开的圆锥或圆柱面。可选择多个面。

（4）平面：可选择一个与缠绕面相切的基准平面或平面。仅选择基准面或仅选择面。

（5）切割线角度：用于指定"切线"（一条假想直线，位于缠绕面和缠绕平面相遇的公共位置处。它是一条与圆锥或圆柱轴线共面的直线）绕圆锥或圆柱轴线旋转的角度（0° ~ 360° 之间）。可以输入数值或表达式。

★重点　动手学——缠绕/展开曲线

源文件：yuanwenjian\5\quxian.prt

本例学习如何缠绕/展开曲线。

操作步骤　视频文件：动画演示\第 5 章\缠绕/展开曲线.mp4

（1）打开 5-1.prt 文件，进入建模模块，如图 5-119 所示。

（2）选择"菜单"→"插入"→"派生曲线"→"缠绕/展开曲线"命令，打开"缠绕/展开曲线"对话框。

（3）通过"选择面"选择圆锥面，通过"指定平面"选择基准平面，通过"选择曲线或点"选取样条曲线。

（4）选择"缠绕"类型，在"切割线角度"文本框中输入"90"。

（5）单击"确定"按钮，生成曲线如图 5-120 所示。

（6）同上步骤，选择"展开"类型，生成曲线如图 5-121 所示。

图 5-119　模型　　　　图 5-120　缠绕曲线　　　　图 5-121　展开曲线

5.2.9　镜像

选择"菜单"→"插入"→"派生曲线"→"镜像"命令或单击"曲线"选项卡"派生曲线"组中的"镜像曲线"按钮，打开如图 5-122 所示的"镜像曲线"对话框。如图 5-123 所示为镜像曲线示意图。

图 5-122　"镜像曲线"对话框　　　　　　图 5-123　"镜像曲线"示意图

（1）曲线：用于确定要镜像的曲线。

（2）镜像平面：用于确定镜像的面和基准平面。

（3）关联：表示原曲线保持不变，生成与原曲线相关联的镜像曲线。只要原曲线发生变化，镜像曲线随之也发生变化。

扫一扫，看视频

★重点　动手学——椭圆曲线

源文件：yuanwenjian\5\tuoyuanquxian.prt

绘制如图 5-124 所示的椭圆曲线。

图 5-124　椭圆曲线

操作步骤　视频文件：动画演示\第 5 章\椭圆曲线.mp4

（1）选择"文件"→"新建"命令或单击"主页"选项卡"标准"组中的"新建"按钮🗋，打开"新建"对话框。在"模板"栏中选择"模型"，在"名称"文本框中输入"tuoyuanquxian"，单击"确定"按钮，进入建模环境。

（2）选择"菜单"→"插入"→"在任务环境中绘制草图"命令或单击"曲线"选项卡中的"在任务环境中绘制草图"按钮🗹，选择 XC-YC 平面作为草图绘制平面，单击"确定"按钮，进入草图绘制环境。

（3）选择"菜单"→"插入"→"曲线"→"艺术样条"命令或单击"曲线"选项卡"曲线"组中的"艺术曲线"按钮🖊，在弹出的对话框中选择"通过点"类型，取消选中"封闭"复选框，输入表 5-1 所示的点，绘制如图 5-125 所示的样条曲线。

表 5-1　样条 1 坐标点

点	坐　标
点 1	0,110.9,0
点 2	25,107.2,0
点 3	50,94.9,0
点 4	75,70.3,0
点 5	96.9,0,0

（4）选择"菜单"→"插入"→"来自曲线集的曲线"→"镜像曲线"或单击"主页"选项卡"曲线"组中的"镜像曲线"按钮🗗，先将样条曲线沿 X 轴进行镜像，再把所有样条

曲线沿 Y 轴进行镜像，如图 5-126 所示。单击"主页"选项卡"草图"组中的"完成"按钮，草图绘制完毕。

图 5-125 绘制样条曲线

图 5-126 镜像样条曲线

5.2.10 抽取

该命令使用一个或多个已有体的边或面生成几何（线、圆弧、二次曲线和样条）。体不发生变化。大多数抽取曲线是非关联的，但也可选择生成相关联的等斜度曲线或阴影外形曲线。

选择"菜单"→"插入"→"派生曲线"→"抽取（原有）"命令，打开如图 5-127 所示"抽取曲线"对话框。

其中部分选项功能说明如下。

（1）边曲线：用来沿一个或多个已有体的边生成曲线。每次选择一条所需的边，或使用菜单选择面上的所有边、体中的所有边、按名称或按成链选取边。选定边的总数显示在状态行中，可以单击"返回"按钮取消选择边。所有边都选择完毕后，单击"确定"按钮，生成曲线。

（2）轮廓曲线：从轮廓边缘生成曲线，用于生成体的外形（轮廓）曲线（直线，弯曲面在这些直线处从指向视点变为远离视点）。选择所需体后，随即生成轮廓曲线，并提示选择其他体。生成的曲线是近似的，它由建模距离公差控制。工作视图中生成的轮廓曲线与视图相关。

（3）完全在工作视图中：由工作视图中体的所有可见边（包括轮廓边）创建曲线。

（4）阴影轮廓：这个选项会在工作视图中生成体的一个视图相关曲线的轮廓。不会根据内部细节创建曲线。如图 5-128 所示。

图 5-127 "抽取曲线"对话框

图 5-128 "阴影轮廓"示意图

扫一扫，看视频

提示：

> 阴影轮廓曲线与用于创建它们的体没有关联，除非是在"制图"应用程序中执行了此操作。在这种情况下，在更改体时，旧的阴影轮廓将被删除，系统会创建新的阴影轮廓作为图纸视图更新流程的一部分。

5.2.11 相交

该命令用于在两组对象之间生成相交曲线。相交曲线是关联的，会根据其定义对象的更改而更新。如图 5-129 所示为相交曲线的一个示例，其中相交曲线是由片体与包含腔体的长方体相交而得到的。

选择"菜单"→"插入"→"派生曲线"→"相交"命令或单击"曲线"选项卡"派生曲线"组中的"相交曲线"按钮 ，打开如图 5-130 所示"相交曲线"对话框。

其中部分选项功能如下。

（1）第一组：用于选择第一组对象。

（2）第二组：用于选择第二组对象。

（3）保持选定：选中该复选框之后，在右侧的选项栏中选择"第一组"或"第二组"，单击"应用"按钮，自动选择已选择的"第一组"或"第二组"对象。

图 5-129　"相交曲线"示意图　　　图 5-130　"相交曲线"对话框

（4）高级曲线拟合：用于设置曲线拟合的方式，包括"次数和段数""次数和公差"和"自动拟合"3 种。

（5）关联：用于指定相交曲线是否关联。当对源对象进行更改时，关联的相交曲线会自动更新。

5.2.12 截面

该命令用于在指定平面与体、面、平面和/或曲线之间生成相交几何体。平面与曲线之间相交生成一个或多个点。几何体输出可以是相关的。

选择"菜单"→"插入"→"派生曲线"→"截面"命令或单击"曲线"选项卡"派生曲线"组中的"截面曲线"按钮⚑，打开如图 5-131 所示"截面曲线"对话框。

图 5-131 "截面曲线"对话框

其中部分选项功能介绍如下。

1. 选定的平面

选择该类型，可以指定单独平面或基准平面来作为截面。

（1）要剖切的对象：用来选择将被截取的对象。需要时，可以使用"过滤器"选项辅助选择所需对象。可以将过滤器设置为任意、体、面、曲线、平面或基准平面。

（2）剖切平面：用来选择已有平面或基准平面，或者使用平面子功能定义临时平面。需要注意的是，如果选中"关联"复选框，则平面子功能不可用，此时必须选择已有平面。

2. 平行平面

选择该类型，可以设置一组等间距的平行平面作为截面。选择该类型时，"截面曲线"对话框将变为如图 5-132 所示。

（1）步进：指定每个临时平行平面之间的相互距离。

（2）起点和终点：是从基本平面测量的，正距离为显示的矢量方向。系统将生成适合指定限制的平面数。这些输入的距离值不必恰好是步进距离的偶数倍。

3．径向平面

从一条普通轴开始以扇形展开生成按等角度间隔的平面，以用于选中体、面和曲线的截取。选择该类型时，"截面曲线"对话框将变为如图 5-133 所示。

图 5-132 "平行平面"类型

图 5-133 "径向平面"类型

（1）径向轴：用来定义径向平面绕其旋转的轴矢量。若要指定轴矢量，可使用矢量方式或矢量构造器工具。

（2）参考平面上的点：使用点方式或点构造器工具，指定径向参考平面上的点。径向参考平面是包含该轴线和点的唯一平面。

（3）起点：表示相对于基准平面的角度，径向面由此角度开始。按右手法则确定正方向。限制角不必是步进角度的偶数倍。

（4）终点：表示相对于基准平面的角度，径向面在此角度处结束。

（5）步进：表示径向平面之间所需的夹角。

4．垂直于曲线的平面

选择该类型，可以设定一个或一组与所选曲线垂直的平面作为截面。选择该类型的，"截面曲线"对话框将变为如图 5-134 所示。

图 5-134　"垂直于曲线的平面"类型

（1）曲线或边：用来选择沿其生成垂直平面的曲线或边。可以使用"过滤器"选项来辅助对象的选择。可以将过滤器设置为曲线或边。

（2）间距：包括 5 个选项。

①等弧长：沿曲线路径以等弧长方式间隔平面。必须在"副本数"字段中输入截面平面的数目，以及平面相对于曲线全弧长的起始和终止位置的百分比值。

②等参数：根据曲线的参数化法来间隔平面。必须在"副本数"字段中输入截面平面的数目，以及平面相对于曲线参数长度的起始和终止位置的百分比值。

③几何级数：根据几何级数比间隔平面。必须在"副本数"字段中输入截面平面的数目，还须在"比率"字段中输入数值，以确定起始和终止点之间的平面间隔。

④弦公差：根据弦公差间隔平面。选择曲线或边后，定义曲线段使线段上的点距线段端点连线的最大弦距离，等于在"弦公差"字段中输入的弦公差值。

⑤增量弧长：以沿曲线路径递增的方式间隔平面。在"弧长"字段中输入数值，在曲线上以递增弧长方式定义平面。

5.3　曲线编辑

当曲线创建之后，经常还需要对曲线进行修改和编辑，进一步完善曲线的诸多细节。本节主要介绍曲线编辑操作，包括编辑曲线参数、修剪曲线、修剪拐角、分割诸曲线、编辑圆角、拉长曲线、曲线长度、光顺样条等。相关操作命令主要集中在"菜单"→"编辑"→"曲线"子菜单及"曲线"选项卡的"编辑曲线"组中，如图 5-135 所示。

图 5-135　"曲线"子菜单及"编辑曲线"组

扫一扫，看视频

5.3.1　编辑曲线参数

选择"菜单"→"编辑"→"曲线"→"参数"命令或单击"曲线"选项卡"更多库"下的"编辑曲线参数"按钮 ，打开如图 5-136 所示"编辑曲线参数"对话框，在其中可编辑大多数类型的曲线。

在"编辑曲线参数"对话框中，当选择不同的对象类型时系统会弹出相应的对话框。

1. 编辑直线

当选择直线对象后会打开如图 5-137 所示对话框。过该对话框设置改变直线的端点或它的参数（长度和角度）编辑它。如要改变直线的端点：

图 5-136　"编辑曲线参数"对话框

图 5-137　编辑"直线"对话框

（1）选择要修改的直线端点。现在可以从固定的端点像拉橡皮筋一样改变该直线了。

（2）单击"点对话框"按钮，打开"点"对话框，指定新的位置。

如要改变直线的参数：

①选择该直线，避免选到它的控制点。

②在跟踪条中输入长度和/或角度的新值，然后按 Enter 键。

2．编辑圆弧或圆

当选择圆弧或圆对象后会打开如图 5-138 所示对话框。

可以在该对话框中输入新的参数值来改变圆弧或圆，还可以把圆弧变成它的补弧。不管激活的编辑模式是什么，都可以将圆弧或圆移动到新的位置。

（1）选择圆弧或圆的中心（释放鼠标中键）。

（2）将光标移动到新的位置后单击鼠标左键，或在跟踪条中输入新的 XC、YC 和 ZC 的位置。

使用此方法可以把圆弧或圆移动到其他的控制点，比如线段的端点或其他圆的圆心。

要生成圆弧的补弧，则必须在"参数"模式下进行。选择一条或多条圆弧，然后在"编辑曲线参数"对话框中选择"补弧"。

3．编辑椭圆

当选择椭圆对象后会打开如图 5-139 所示对话框。该对话框用于编辑一个或多个已有的椭圆。其操作和生成椭圆的操作几乎相同。用户最多可以选择 128 个椭圆；当选择多个椭圆时，最后选中的椭圆参数值成为默认值。这就允许通过继承编辑椭圆：

图 5-138　编辑"圆弧/圆"对话框

图 5-139　"编辑椭圆"对话框

（1）选择要编辑的椭圆。

（2）选择含有所需参数值的椭圆。

（3）单击"应用"按钮，所有选择的椭圆都变成相同的。

"长半轴"和"短半轴"的值为绝对值。例如，如果输入"-5"作为长半轴的值，则被解释为+5。"起始角""终止角"或"旋转角度"都可被接受。新的旋转角度应用于椭圆的初始位置。新的角不加到当前旋转角的值上。

扫一扫，看视频

提示：

> 当改变椭圆的任何参数值时，所有相关联的制图对象都会自动更新。单击"应用"按钮后，选择列表变空并且数值重设为零。"撤消"操作会把椭圆重设回它们的初始状态。

5.3.2 修剪曲线

该命令可以根据边界实体和选中进行修剪的曲线的分段来调整曲线的端点，可以修剪或延伸直线、圆弧、二次曲线或样条。

选择"菜单"→"编辑"→"曲线"→"修剪"命令或单击"曲线"选项卡"编辑曲线"组中的"修剪曲线"按钮，打开如图 5-140 所示"修剪曲线"对话框。

其中部分选项功能介绍如下。

（1）要修剪的曲线：用于选择要修剪的一条或多条曲线（此步骤是必需的）。

（2）边界对象：让用户从工作区中选择一串对象作为边界，沿着它修剪曲线。

（3）曲线延伸：如果正在修剪一个要延伸到边界对象的样条，则可以选择延伸的形状。

①自然：从样条的端点沿自然路径延伸。

②线性：把样条从任一端点延伸到边界对象，样条的延伸部分是直线。

③圆形：把样条从端点延伸到边界对象，样条的延伸部分是圆弧形。

④无：对任何类型的曲线都不执行延伸。

（4）关联：指定输出的已被修剪的曲线是相关联的。修剪操作会创建修剪曲线特征，其中包含原始曲线的重复且关联的修剪副本。

原始曲线的线型改为虚线，这样它们对照于被修剪的、关联的副本更容易看得到。如果输入参数改变，则关联的修剪曲线会自动更新。

（5）输入曲线：指定输入曲线的被修剪部分处于何种

图 5-140　"修剪曲线"对话框

扫一扫，看视频

状态。

①隐藏：意味着输入曲线被渲染成不可见。

②保留：意味着输入曲线不受修剪曲线操作的影响，被"保持"在它们的初始状态。

③删除：意味着通过修剪曲线操作把输入曲线从模型中删除。

④替换：意味着输入曲线被已修剪的曲线替换或交换。当使用"替换"时，原始曲线的子特征成为已修剪曲线的子特征。

修剪曲线示意图如图5-141所示。

图5-141 修剪曲线示意图

★重点 动手学——绘制扳手轮廓曲线

源文件：yuanwenjian\5\banshouquxian.prt

绘制如图5-142所示的扳手轮廓曲线。

图5-142 扳手轮廓曲线

操作步骤 视频文件：动画演示\第5章\扳手轮廓曲线.mp4

（1）选择"文件"→"新建"命令或单击"主页"选项卡"标准"组中的"新建"按钮，打开"新建"对话框。在"名称"文本框中输入"banshou"，在"单位"下拉列表框中选择"毫米"，单击"确定"按钮，进入建模环境。

（2）创建六边形。选择"菜单"→"插入"→"曲线"→"多边形（原有）"命令，打开如图5-143所示"多边形"对话框。在"边数"文本框中输入"6"，单击"确定"按钮，打开"多边形"生成方式对话框，如图5-144所示。单击"外接圆半径"按钮，打开如图5-145所示"多边形"参数对话框。在"圆半径"文本框中输入"5"，单击"确定"按钮，打开"点"对话框，确定多边形位置。输入坐标（0,0,0），将生成的多边形定位于原点上，单击"确定"按钮，完成多边形的创建。按上述步骤再创建一个定位于（80,0,0）、外接圆半径为6的正六边形。生成的两个六边形如图5-146所示。

图 5-143　"多边形"对话框

图 5-144　"多边形"生成方式对话框

图 5-145　"多边形"参数对话框

图 5-146　多边形

（3）建立外圆轮廓。选择"菜单"→"插入"→"曲线"→"基本曲线（原有）"命令，打开如图 5-147 所示的"基本曲线"对话框。单击"圆弧"按钮，选择"起点，终点，圆弧上的点"创建方法。系统依次提示输入圆的起点、终点和中点，用鼠标单击多边形 A 点、B 点并输入坐标点（10,0,0），生成一个经过上述 3 点的圆弧。按照相同的步骤，再生成一个经过 C 点、D 点和坐标点（70,0,0）3 点的圆弧。

（4）建立两条平行直线。选择"菜单"→"插入"→"曲线"→"基本曲线（原有）"命令，打开"基本曲线"对话框。单击"直线"按钮，在"点方法"下拉列表框中选择"点构造器"，打开"点"对话框。输入点（5,3,0），单击"确定"按钮；输入点（75,3,0），单击"确定"按钮，生成线段一。按上述步骤输入点（5,-3,0）和（75,-3,0），生成线段二。单击"取消"按钮，完成线段的创建，如图 5-148 所示。

图 5-147　"基本曲线"对话框

图 5-148　创建线段

（5）修剪线段。选择"菜单"→"编辑"→"曲线"→"修剪"命令或单击"曲线"选项卡"编辑曲线"组中的"修剪曲线"按钮，打开 "修剪曲线"对话框。按图 5-149 所示设置各选项，用鼠标选择左边圆弧为第一边界，选择右边圆弧为第二边界，单击圆弧中的线段一和线段二部分，完成修剪操作，结果如图 5-150 所示。

图 5-149　"修剪曲线"对话框　　　　　　　　图 5-150　修剪曲线

（6）修剪圆弧。选择"菜单"→"编辑"→"曲线"→"修剪"命令或单击"曲线"选项卡"编辑曲线"组中的"修剪曲线"按钮，打开"修剪曲线"对话框。按图 5-149 所示设置各选项，用鼠标选择线段 1 为第一边界，选择线段 2 为第二边界，单击两直线中的圆弧部分，完成修剪操作，最终结果如图 5-142 所示。

练一练——绘制碗轮廓线

绘制如图 5-151 所示的碗轮廓曲线。

图 5-151　碗轮廓曲线

✍ **思路点拨：**

源文件：yuanwenjian\5\wan.prt
（1）利用"圆""直线""偏置曲线"和"快速修剪"命令绘制碗边沿曲线。
（2）利用"直线"和"快速修剪"命令绘制碗底轮廓曲线。

5.3.3 修剪拐角

该命令用于把两条曲线修剪到它们的交点，从而形成一个拐角（生成的拐角依附于选择的对象），如图 5-152 所示。

图 5-152 "修剪拐角"示意图

选择"菜单"→"编辑"→"曲线"→"修剪拐角（原有）"命令，打开如图 5-153 所示"修剪…"对话框。

图 5-153 "修剪…"对话框

📢 **提示：**

如果选择球只包含一条曲线，则会显示错误信息：无有效的曲线；当修剪样条时，会警告用户样条的定义数据会被删除，可以选择"取消"来退出或"确定"来继续修剪操作。

扫一扫,看视频

5.3.4 分割曲线

该命令把曲线分割成一组同样的段(即直线到直线、圆弧到圆弧)。每个生成的段都是单独的实体,并被赋予和原先的曲线相同的线型。新的对象和原先的曲线放在同一层上。

选择"菜单"→"编辑"→"曲线"→"分割"命令或单击"曲线"选项卡"更多库"下的"分割曲线"按钮 ∫,打开如图5-154所示"分割曲线"对话框。

图5-154 "分割曲线"对话框

"类型"下拉列表框中有5个选项,代表分割曲线有5种不同的方式。

(1)等分段:使用曲线长度或特定的曲线参数把曲线分成相等的段。

①等参数:根据曲线参数特征把曲线等分。曲线的参数随各种不同的曲线类型而变化。

②等弧长:根据选中的曲线分割成等长度的单独曲线,各段的长度是通过把实际的曲线长度分成要求的段数计算出来的。

(2)按边界对象:使用边界实体把曲线分成几段,边界实体可以是点、曲线、平面和/或面等,如图5-155所示。在"类型"下拉列表框中选择该选项后,将打开如图5-156所示对话框。

图5-155 "按边界对象"示意图

图5-156 "按边界对象"类型

（3）弧长段数：按照各段定义的弧长分割曲线，如图 5-157 所示。在"类型"下拉列表框中选择该选项后，将打开如图 5-158 所示对话框，要求输入分段弧长值，其下方会显示分段数目和剩余部分弧长值。

图 5-157　"弧长段数"示意图　　　　　　图 5-158　"弧长段数"类型

具体操作时，在靠近要开始分段的端点处选择该曲线。从选择的端点开始，系统沿着曲线测量输入的长度，并生成一段。从分段处的端点开始，系统再次测量长度并生成下一段。此过程不断重复，直到到达曲线的另一个端点。生成的完整分段数目会在对话框中显示出来，此数目取决于曲线的总长和输入的各段的长度。曲线剩余部分的长度也会显示出来，作为部分段。

（4）在结点处：使用选中的结点分割曲线，其中结点是指样条段的端点，如图 5-159 所示。在"类型"下拉列表框中选择该选项后，将打开如图 5-160 所示对话框。其中"方法"下拉列表框介绍如下。

图 5-159　"在结点处"示意图　　　　　　图 5-160　"在结点处"类型

①按结点号：通过输入特定的结点号分割样条。
②选择结点：通过用图形光标在结点附近指定一个位置来选择分割结点。当选择样条时

会显示结点。

③所有结点：自动选择样条上的所有结点来分割曲线。

（5）在拐角上：在角上分割样条，其中角是指样条折弯处（即某样条段的终止方向不同于下一段的起始方向）的节点，如图 5-161 所示。

要在角上分割曲线，首先要选择该样条。所有的角上都显示有星号。使用与"在结点处"相同的方式选择角点。如果在选择的曲线上未找到角，则会显示如下错误信息：不能分割——没有角。

图 5-161 "在拐角上"示意图

★**重点 动手学——用"分割"命令编辑曲线**

源文件：yuanwenjian\5\fenge.prt

操作步骤 视频文件：动画演示\第 5 章\用"分割"命令编辑曲线.mp4

扫一扫，看视频

（1）创建一个新的文件。选择"文件"→"新建"命令或单击"主页"选项卡"标准"组中的"新建"按钮🗋，打开"新建"对话框。在"名称"文本框中输入"fenge"，单位选择"毫米"，单击"确定"按钮，进入建模环境。

（2）选择"菜单"→"插入"→"曲线"→"基本曲线（原有）"命令，打开"基本曲线"对话框，单击"圆"按钮，在坐标原点处绘制一个半径为 20 的圆，如图 5-162 所示。

（3）选择"菜单"→"编辑"→"曲线"→"分割"命令或单击"曲线"选项卡"更多库"下的"分割曲线"按钮，打开"分割曲线"对话框。

（4）选择"等分段"类型，选择屏幕中的圆为分割曲线。

（5）分段设置如图 5-163 所示，单击"确定"按钮，圆被分成 4 段圆弧。

图 5-162 绘制圆

段数	∧
段长度	等弧长 ▾
段数	4

图 5-163 分段设置

（6）选择"菜单"→"插入"→"曲线"→"基本曲线（原有）"命令，在打开的"基本曲线"对话框中单击"直线"按钮，连接各段圆弧的端点，结果如图5-164所示。

（7）同步骤（2）、（3），分段设置如图5-165所示。

（8）分别选择4段直线，单击"确定"按钮，每段直线被分成两段。

（9）选择"菜单"→"插入"→"曲线"→"基本曲线（原有）"命令，在打开的"基本曲线"对话框中单击"直线"按钮，连接各段直线的端点，结果如图5-166所示。

图 5-164　绘制直线

图 5-165　分段设置

图 5-166　绘制直线

扫一扫，看视频

5.3.5　编辑圆角

该命令用于编辑已有的圆角。

选择"菜单"→"编辑"→"曲线"→"圆角(原有)"命令，打开如图5-167所示"编辑圆角"对话框。从中选择一种编辑圆角的方式，然后依次选择对象1、圆角、对象2，打开如图5-168所示对话框。

图 5-167　"编辑圆角"对话框

图 5-168　"编辑圆角"参数对话框

其中各选项功能说明如下。

（1）半径：指定圆角新的半径值。半径值默认为被选圆角的半径或用户最近指定的半径。

（2）默认半径：包括两个单选按钮。

①圆角：每编辑一个圆角，半径值就默认为它的半径。

②模态：用于使半径值保持恒定，直到输入新的半径或半径默认值被更改为"圆角"。

③新的中心：让用户选择是否指定新的近似中心点。如果取消选中该复选框，则当前圆角的圆弧中心用于开始计算修改的圆角。

"编辑圆角"示意图如图5-169所示。

（a）原曲线　　　　　　　　　　（b）编辑圆角后的曲线

图 5-169　"编辑圆角"示意图

扫一扫，看视频

5.3.6　拉长曲线

该命令用于移动几何对象，同时拉伸或缩短选中的直线。可以移动大多数几何类型，但只能拉伸或缩短直线。

选择"菜单"→"编辑"→"曲线"→"拉长（即将失效）"命令，打开如图 5-170 所示"拉长曲线（即将失效）"对话框。

其中各选项功能介绍如下。

（1）XC 增量/YC 增量/ZC 增量：要求输入 XC/YC/ZC 的增量。按这些增量值移动或拉伸几何体。

（2）重置值：用于将上述增量值重设为零。

（3）点到点：用于显示"点"对话框，让用户定义参考点和目标点。

（4）撤销：用于把几何体改变成先前的状态。

具体操作时可以使用矩形来选择对象，矩形必须包围要平移的对象，以及要拉伸的直线的端点。如果对象（直线除外）只有一部分在矩形内，则该对象不会被选中。如图 5-171 所示为"拉长曲线"示意图。

图 5-170　"拉长曲线"对话框

拉长前　　　　　　　拉长后

图 5-171　"拉长曲线"示意图

📢 **提示：**

拉长曲线可用于除了草图、组、组件、体、面和边以外的所有几何类型。

扫一扫，看视频

5.3.7 曲线长度

该命令可以通过给定的圆弧增量或总弧长来修剪曲线。

选择"菜单"→"编辑"→"曲线"→"长度"命令或单击"曲线"选项卡"编辑曲线"组中的"曲线长度"按钮 ，系统打开如图 5-172 所示"曲线长度"对话框。

其中部分选项功能介绍如下。

1．延伸

（1）长度：包括以下两个选项。

①总数：利用曲线的总弧长来修剪。总弧长是指沿着曲线的精确路径，从曲线的起点到终点的距离。

②增量：利用给定的弧长增量来修剪曲线。弧长增量是指从初始曲线上修剪的长度。

（2）侧：包括以下两个选项。

①起点和终点：从圆弧的起点和终点修剪或延伸。

②对称：从圆弧的起点和终点修剪和延伸它。

（3）方法：用于确定所选样条延伸的形状，包括 3 个选项。

①自然：从样条的端点沿自然路径延伸。

②线性：从任意一个端点延伸样条，延伸部分是线性的。

③圆形：从样条的端点延伸，延伸部分是圆弧。

2．限制：用于输入一个值作为修剪掉的或延伸的圆弧长度。

（1）开始：起始端修剪或延伸的圆弧长度。

（2）结束：终止端修剪或延伸的圆弧长度。

用户既可以输入正值，也可以输入负值作为弧长。输入正值时延伸曲线，输入负值则截断曲线。示意图如图 5-173 所示。

图 5-172 "曲线长度"对话框

（a）原曲线　　　　　　（b）延伸结果

图 5-173 "编辑曲线长度"示意图

扫一扫，看视频

5.3.8 光顺样条

该命令用来光顺曲线的斜率，使得 B-样条曲线更加光顺。

选择"菜单"→"编辑"→"曲线"→"光顺样条"命令或单击"曲线"选项卡"编辑曲线"组中的"光顺样条"按钮 ，打开如图 5-174 所示"光顺样条"对话框。

其中部分选项功能介绍如下。

（1）类型：包括以下两种。

①曲率：通过最小化曲率值的大小来光顺曲线。

②曲率变化：通过最小化整条曲线的曲率变化来光顺曲线。

（2）约束：用于选择在光顺曲线的时候对于曲线起点和终点的约束。

①在 UG 中通常使用的两种连续性是数学连续性（用 Cn 表示，其中 n 是某个整数）与几何连续性（用 Gn 表示）。连续性用来描述分段边界处的曲线与曲面的行为。

②Gn 表示两个几何对象间的实际连续程度。例如，G0 意味着两个对象相连或两个对象的位置是连续的；G1 意味着两个对象光顺连接，一阶微分连续，或者是相切连续的；G2 意味着两个对象光顺连接，二阶微分连续，或者两个对象的曲率是连续的；G3 意味着两个对象光顺连接，三阶微分连续等。Gn 的连续性是独立于表示（参数化）的。如图 5-175 所示的曲率梳状线图演示了这些差异。

图 5-174 "光顺样条"对话框

图 5-175 G1、G2、G3 连续示意图

5.4 综合实例——鞋子曲线

扫一扫，看视频

源文件：yuanwenjian\5\xiezi.prt

绘制如图 5-176 所示的鞋子曲线。

图 5-176　鞋子曲线

操作步骤　视频文件：动画演示\第 5 章\鞋子曲线.mp4

（1）创建一个新的文件。选择"文件"→"新建"命令或单击"主页"选项卡"标准"组中的"新建"按钮，打开"新建"对话框。在"名称"文本框中输入"xieziquxian"，单位选择"毫米"，单击"确定"按钮，进入建模环境。

（2）创建点。选择"菜单"→"插入"→"基准/点"→"点"命令或单击"主页"选项卡"特征"组中的"点"按钮十，打开如图 5-177 所示"点"对话框，分别创建表 5-2 中的各点，结果如图 5-178 所示。

表 5-2　点坐标

点	坐　标	点	坐　标
点 1	0,-250,0	点 2	71,-250,0
点 3	141,-230,-0	点 4	144,-114,0
点 5	92,-61,0	点 6	86,15,0
点 7	102,78,0	点 8	102,146,0
点 9	72,208,0	点 10	24,220,0
点 11	0,220,0		

图 5-177　"点"对话框　　　　　　　　　　　　　图 5-178　创建点

（3）创建艺术样条 1。选择"菜单"→"插入"→"曲线"→"艺术样条"命令或单击"曲线"选项卡"曲线"组中的"艺术样条"按钮，打开如图 5-179 所示"艺术样条"对话框。选择"通过点"类型，其他保持系统默认设置，然后单击"点构造器"按钮，打开如图 5-180 所示"点"对话框。在"类型"下拉列表框中选择"现有点"，然后在屏幕中依次选择点 1、点 2、点 3、点 4、点 5、点 6、点 7、点 8、点 9、点 10、点 11，连续单击"确定"按钮，生成如图 5-181 所示艺术样条曲线 1。

图 5-179 "艺术样条"对话框   图 5-180 "点"对话框

图 5-181 生成艺术样条曲线 1

（4）创建点。选择"菜单"→"插入"→"基准/点"→"点"命令或单击"主页"选项卡"特征"组中的"点"按钮，打开"点"对话框，分别创建表 5-3 中的各点，结果如图 5-182 所示。

表5-3　点坐标

点	坐　标	点	坐　标
点2	-39,-250,0	点3	-126,-215,0
点4	-122,-106,0	点5	-96,-31,0
点6	-90,43,0	点7	-103,113,0
点8	-78,191,0	点9	-37,220,0

（5）创建艺术样条2。选择"菜单"→"插入"→"曲线"→"艺术样条"命令或单击"曲线"选项卡"曲线"组中的"艺术样条"按钮，打开"艺术样条"对话框。类型选择"通过点"，其他保持系统默认设置，然后单击"点构造器"按钮，打开"点"对话框。在"类型"下拉列表框中选择"现有点"，然后在屏幕中依次选择样条曲线1的起点、点2、点3、点4、点5、点6、点7、点8、点9，样条曲线1的终点，连续单击"确定"按钮，生成如图5-183所示艺术样条曲线2。

图5-182　创建点

图5-183　生成艺术样条曲线2

（6）创建点。选择"菜单"→"插入"→"基准/点"→"点"命令或单击"主页"选项卡"特征"组中的"点"按钮十，打开"点"对话框。在"类型"下拉列表框中选择"曲线/边上的点"，在艺术样条1适当的地方单击，创建点1。在"点"对话框的"类型"下拉列表框中选择"自动判断的点"，分别创建表5-4中的各点。在"点"对话框的"类型"下拉列表中选择"曲线/边上的点"，在艺术样条2适当的地方单击，创建点17，如图5-184所示。

表5-4　点坐标

点	坐　标	点	坐　标
点2	140,-160,14	点3	138,-160,41
点4	135,-160,74	点5	124,-160,98
点6	105,-160,122	点7	83,-160,130
点8	58,-160,136	点9	30,-160,138
点10	2,-160,138	点11	-23,-160,136
点12	-48,-160,128.5	点13	-72,-160,114
点14	-93,-160,91.6	点15	-110,-160,60
点16	-118,-160,24		

（7）创建艺术样条3。选择"菜单"→"插入"→"曲线"→"艺术样条"命令或单击"曲线"选项卡"曲线"组中的"艺术样条"按钮，打开"艺术样条"对话框。选择"通

过点"类型，其他保持系统默认设置，然后单击"点构造器"按钮 。打开"点"对话框。在"类型"下拉列表框中选择"现有点"，然后在屏幕中依次选择点 1、点 2、点 3、点 4、点 5、点 6、点 7、点 8、点 9、点 10、点 11、点 12、点 13、点 14、点 15、点 16、点 17，连续单击"确定"按钮，生成如图 5-185 所示艺术样条曲线 3。

图 5-184　创建点　　　　　　　　　　　图 5-185　生成艺术样条曲线 3

（8）创建点。选择"菜单"→"插入"→"基准/点"→"点"命令或单击"主页"选项卡"特征"组中的"点"按钮 ，打开"点"对话框。在"类型"下拉列表框中选择"曲线/边上的点"，在艺术样条 1 适当的地方单击，创建点 1。在"点"对话框的"类型"下拉列表框中选择"自动判断的点"，分别创建表 5-5 中的各点。在"点"对话框的"类型"下拉列表框中选择"曲线/边上的点"，在艺术样条 2 适当的地方单击，创建点 15，如图 5-186 所示。

表 5-5　点坐标

点	坐　标	点	坐　标
点 2	-92,0,15	点 3	-87,0,40
点 4	-76,0,65	点 5	-60,0,86
点 6	-43,0,100	点 7	-22,0,107
点 8	-1,0,110	点 9	18,0,109
点 10	41,0,104	点 11	64,0,92
点 12	78.5,0,70	点 13	85,0,43
点 14	88.5,0,9		

（9）创建艺术样条 4。选择"菜单"→"插入"→"曲线"→"艺术样条"命令或单击"曲线"选项卡"曲线"组中的"艺术样条"按钮 ，打开"艺术样条"对话框。选择"通过点"类型，其他保持系统默认设置，然后单击"点构造器"按钮 ，打开"点"对话框。在"类型"下拉列表框中选择"现有点"，然后在屏幕中依次选择点 1、点 2、点 3、点 4、点 5、点 6、点 7、点 8、点 9、点 10、点 11、点 12、点 13、点 14、点 15，连续单击"确定"按钮，生成如图 5-187 所示艺术样条曲线 4。

图 5-186　创建点　　　　　　　　　　　图 5-187　创建艺术样条曲线 4

（10）创建点。选择"菜单"→"插入"→"基准/点"→"点"命令或单击"主页"选项卡"特征"组中的"点"按钮➕，打开"点"对话框，分别创建表5-6中各点结果如图5-188所示。

表5-6　点坐标

点	坐　标	点	坐　标
点1	0,72.6,190	点2	9,72.6,190
点3	40,71,190	点4	75.5,86.7,190
点5	80,138,190	点6	69,188.8,190
点7	37.5,201.5,190	点8	9.6,203,190
点9	0,203,190		

（11）创建艺术样条5。选择"菜单"→"插入"→"曲线"→"艺术样条"命令或单击"曲线"选项卡"曲线"组中的"艺术样条"按钮，打开"艺术样条"对话框。选择"通过点"类型，取消选中"封闭"复选框，其他保持系统默认设置，然后单击"点构造器"按钮，打开"点"对话框。在"类型"下拉列表框中选择"现有点"，然后在屏幕中依次选择点1、点2、点3、点4、点5、点6、点7、点8、点9，连续单击"确定"按钮，生成如图5-189所示艺术样条曲线5。

图5-188　创建点

图5-189　生成艺术样条曲线5

（12）创建点。选择"菜单"→"插入"→"基准/点"→"点"命令或单击"主页"选项卡"特征"组中的"点"按钮➕，打开"点"对话框，分别创建表5-7中各点，结果如图5-190所示。

（13）创建艺术样条6。选择"菜单"→"插入"→"曲线"→"艺术样条"命令或单击"曲线"选项卡"曲线"组中的"艺术样条"按钮，打开"艺术样条"对话框。选择"通过点"类型，取消选中"封闭"复选框，其他保持系统默认设置，然后单击"点构造器"按钮，打开"点"对话框。在"类型"下拉列表框中选择"现有点"，然后在屏幕中依次选择艺术样条曲线5的起点、点2、点3、点4、点5、点6、点7、点8、点9、点10、艺术样条曲线5的终点，连续单击"确定"按钮，生成如图5-191所示艺术样条曲线6。

表 5-7 点坐标

点	坐 标	点	坐 标
点 2	-11.5,72.5,190	点 3	-36.5,75.8,190
点 4	-60,88,190	点 5	-76.8,112,190
点 6	-81.6,146,190	点 7	-71,180,190
点 8	-51.5,197,190	点 9	-29,202,190
点 10	-10,203,190		

图 5-190 创建点

图 5-191 生成艺术样条曲线 6

（14）创建点。选择"菜单"→"插入"→"基准/点"→"点"命令或单击"主页"选项卡"特征"组中的"点"按钮╋，打开"点"对话框。在"类型"下拉列表框中选择"端点"，拾取样条曲线 1 的端点，创建点 1。在"点"对话框的"类型"下拉列表框中选择"自动判断的点"，分别创建表 5-8 中的各点。在"点"对话框的"类型"下拉列表框中选择"端点"，拾取艺术样条 5 的端点，创建点 11，如图 5-192 所示。

表 5-8 点坐标

点	坐 标	点	坐 标
点 2	0,-250,21	点 3	0,-248,85
点 4	0,-186,146	点 5	0,-133,136
点 5	0,-109,126	点 6	0,-96,120
点 7	0,-71,106	点 8	0,-25,91
点 9	0,33,129	点 10	0,63,169

（15）创建艺术样条 7。选择"菜单"→"插入"→"曲线"→"艺术样条"命令或单击"曲线"选项卡"曲线"组中的"艺术样条"按钮↴，打开"艺术样条"对话框。选择"通过点"类型，取消选中"封闭"复选框，其他保持系统默认设置，然后单击"点构造器"按钮↴，打开"点"对话框。在"类型"下拉列表框中选择"现有点"，然后在屏幕中依次选择点 1、点 2、点 3、点 4、点 5、点 6、点 7、点 8、点 9、点 10、点 11，连续单击"确定"按钮，生成如图 5-193 所示艺术样条曲线 7。

图 5-192　创建点

图 5-193　生成艺术样条曲线 7

（16）创建点。选择"菜单"→"插入"→"基准/点"→"点"命令或单击"主页"选项卡"特征"组中的"点"按钮十，打开"点"对话框。在"类型"下拉列表框中选择"曲线/边上的点"，在艺术样条曲线 1 上拾取适当的点，创建点 1。在"点"对话框的"类型"下拉列表框中选择"自动判断的点"，分别创建表 5-9 中的各点。在"点"对话框的"类型"下拉列表框中选择"曲线/边上的点"，在艺术样条曲线 5 上拾取适当的点，创建点 4，如图 5-194 所示。

表 5-9　点坐标

点	坐　　标	点	坐　　标
点 2	93,129,63	点 3	85,131,127

（17）创建艺术样条 8。同上步骤，依次选择点 1、点 2、点 3、点 4，创建如图 5-195 所示的艺术样条曲线 8。

图 5-194　创建点

图 5-195　生成艺术样条曲线 8

（18）创建点。选择"菜单"→"插入"→"基准/点"→"点"命令或单击"主页"选项卡"特征"组中的"点"按钮十，打开"点"对话框。在"类型"下拉列表框中选择"曲线/边上的点"，在艺术样条曲线 1 上拾取适当的点，创建点 1。在"点"对话框的"类型"下拉列表框中选择"自动判断的点"，分别创建表 5-10 中的各点。在"点"对话框的"类型"下拉列表框中选择"曲线/边上的点"，在样条曲线 5 上拾取适当的点，创建点 4，如图 5-196 所示。

表 5-10　坐标点

点	坐　　标	点	坐　　标
点 2	-89,135,63	点 3	-84,136.5,126.6

（19）创建艺术样条9。同上步骤，依次选择点1、点2、点3、点4，创建如图5-197所示的艺术样条曲线9。

图 5-196　创建点

图 5-197　生成艺术样条曲线 9

（20）创建直线。选择"菜单"→"插入"→"曲线"→"直线"命令或单击"主页"选项卡"曲线"组中的"直线"按钮✐，打开如图5-198所示"直线"对话框。选择艺术样条1的右端点为起点。选择艺术样条5的右端点为终点，单击"确定"按钮，完成直线的创建，结果如图5-199所示。

图 5-198　"直线"对话框

图 5-199　直线的创建

（21）隐藏点。选择"菜单"→"编辑"→"显示和隐藏"→"隐藏"命令，打开如图5-200所示"类选择"对话框。单击"类型过滤器"按钮，打开如图5-201所示的"按类型选择"对话框，选择"点"类型，单击"确定"按钮。返回到"类选择"对话框，单击"全选"按钮，视图区中的点全部被选中。单击"确定"按钮，结果如图5-202所示。

图 5-200   "类选择"对话框

图 5-201   "按类型选择"对话框

（22）桥接曲线。选择"菜单"→"插入"→"派生曲线"→"桥接"命令或单击"曲线"功能区"派生曲线"组中的"桥接曲线"按钮，打开如图 5-203 所示"桥接曲线"对话框。选择艺术样条 8 为桥接的起点对象，选择艺术样条 1 为桥接的端部对象。若桥接曲线不满足要求，可以拖动开始点和终点调节桥接曲线，如图 5-204 所示。完成桥接后，单击"确定"按钮。同上步骤，桥接艺术样条 9 和艺术样条 2，结果如图 5-205 所示。

图 5-202   隐藏点

图 5-203   "桥接曲线"对话框

图 5-204　桥接样条曲线

图 5-205　桥接样条曲线

（23）编辑曲线。若艺术样条不满足要求，选择要编辑的艺术样条，单击鼠标右键，在弹出的快捷菜单中选择"编辑参数"命令，激活样条，调节样条节点即可。

练一练——绘制咖啡壶曲线

绘制如图 5-206 所示的咖啡壶曲线。

图 5-206　咖啡壶曲线

✎ **思路点拨：**

源文件：yuanwenjian\5\kafeihu.prt

（1）利用"基本曲线"命令绘制 5 个圆。

（2）利用"圆角"和"修剪曲线"命令绘制曲线。

（3）利用"艺术样条"命令绘制样条，完成咖啡壶曲线的绘制。

第 6 章　基本特征建模

内容简介

相对于单纯的实体建模和参数化建模，UG 采用的是复合建模方法。该方法是基于特征的实体建模方法，是在参数化建模方法的基础上采用了一种所谓"变量化技术"的设计建模方法，对参数化建模技术进行了改进。

本章主要介绍 UG NX 12.0 中基础三维建模工具的用法。

内容要点

� 创建体素特征
➥ 创建扫描特征
➥ GC 工具箱

6.1　创建体素特征

本章主要介绍简单特征，如长方体、圆柱、圆锥体以及球体的创建方法。

扫一扫，看视频

6.1.1　长方体

选择"菜单"→"插入"→"设计特征" →"长方体"命令或单击"主页"选项卡"特征"组中的"长方体"按钮🔲，打开如图 6-1 所示"长方体"对话框。

从该对话框的"类型"下拉列表框可以看出，长方体有 3 种不同的创建方式。下面分别介绍。

（1）原点和边长：该方式允许用户通过原点和 3 边长度来创建长方体，示意图如图 6-2 所示。

（2）两点和高度：该方式允许用户通过高度和底面的两对角点来创建长方体，示意图如图 6-3 所示。

（3）两个对角点：该方式允许用户通过两个对角顶点来创建长方体，示意图如图 6-4 所示。

图 6-1　"长方体"对话框

图 6-2　"原点和边长"方式示意图

图 6-3　"两点和高度"方式示意图

图 6-4　"两个对角点"方式示意图

扫一扫，看视频

★重点　动手学——压板

源文件：yuanwenjian\6\yaban.prt

本例主要介绍采用实体建模方式建立长方体和挖孔，生成如图 6-5 所示压板。

操作步骤　视频文件：动画演示\第 6 章\压板.mp4

（1）新建文件。选择"文件"→"新建"命令或单击"主页"选项卡"标准"组中的"新建"按钮，打开"新建"对话框。在"模板"栏中选择适当的模板，在"名称"文本框中输入"yaban"，单击"确定"按钮，进入建模环境。

图 6-5　压板

（2）创建长方体。选择"菜单"→"插入"→"设计特征" →"长方体"命令或单击"主页"选项卡"特征"组中的"长方体"按钮，打开如图 6-6 所示的"长方体"对话框。在"长度（XC）""宽度（YC）"和"高度（ZC）"文本框中分别输入"50""100"和"10"

单击"点对话框"按钮⊕，打开"点"对话框。输入坐标（0,0,0,），单击"确定"按钮，生成长方体，如图 6-7 所示。

图 6-6　"长方体"对话框

图 6-7　创建长方体

（3）创建长方体。选择"菜单"→"插入"→"设计特征"→"长方体"命令或单击"主页"选项卡"特征"组中的"长方体"按钮，打开如图 6-8 所示的"长方体"对话框。在"长度（XC）""宽度（YC）"和"高度（ZC）"文本框中分别输入"50""30""8"，单击"点对话框"按钮⊕，打开如图 6-9 所示的"点"对话框。输入原点坐标（0,0,-8），单击"确定"按钮，返回"长方体"对话框。在"布尔"下拉列表框中选择"合并"，系统自动选择上步创建的长方体合并，单击"确定"按钮，生成长方体，如图 6-5 所示。

图 6-8　"长方体"对话框

图 6-9　"点"对话框

6.1.2　圆柱

选择"菜单"→"插入"→"设计特征"→"圆柱"命令或单击"主页"选项卡"特征"组中的"圆柱"按钮，打开如图 6-10 所示"圆柱"对话框。

从该对话框的"类型"下拉列表框可以看出，圆柱有 2 种不同的创建方式。下面分别介绍。

（1）轴、直径和高度：该方式允许用户通过定义直径和圆柱高度值以及底面圆心来创建圆柱体。示意图如图 6-11 所示。

（2）圆弧和高度：该方式允许用户通过定义圆柱高度值，选择一段已有的圆弧并定义创建方向来创建圆柱体。用户选取的圆弧不一定是完整的圆，且生成的圆柱与弧不关联，圆柱方向可以选择是否反向。示意图如图 6-12 所示。

图 6-10　"圆柱"对话框

图 6-11　"轴、直径和高度"方式示意图　　　图 6-12　"圆弧和高度"方式示意图

★**重点　动手学——滑块**

源文件：yuanwenjian\6\huakuai.prt

绘制如图 6-13 所示的滑块：首先利用"长方体"命令创建滑块基体，然后利用"圆柱"命令创建凸台。

操作步骤　视频文件：动画演示\第 6 章\滑块.mp4

1. 创建新文件

选择"菜单"→"文件"→"新建"命令或单击快速访问工具条中的"新建"按钮，打开"新建"对话框。在"模板"栏中选择"模型"，在"名称"文本框中输入"huakuai"，单击"确定"按钮，进入建模环境。

图 6-13　滑块

2. 创建长方体

（1）选择"菜单"→"插入"→"设计特征"→"长方体"命令或单击"主页"选项卡"特征"组中的"长方体"按钮，打开如图 6-14 所示的"长方体"对话框。

（2）在"类型"下拉列表框中选择"原点和边长"。

（3）单击"点对话框"按钮，打开"点"对话框，输入原点坐标（-10,-10,0），单击"确定"按钮，返回到"长方体"对话框。

（4）在"长度""宽度"和"高度"文本框中分别输入"20""20"和"15"，单击"确定"按钮，生成长方体，如图 6-15 所示。

图 6-14 "长方体"对话框

图 6-15 创建长方体

3. 创建凸台

（1）选择"菜单"→"插入"→"设计特征"→"圆柱"命令或单击"主页"选项卡"特征"组中的"圆柱"按钮，打开如图 6-16 所示的"圆柱"对话框。

（2）在"类型"下拉列表中选择"轴、直径和高度"。

（3）在"指定矢量"下拉列表框中选择"ZC 轴"为圆柱体方向。单击"点对话框"按钮，打开如图 6-17 所示的"点"对话框。输入原点坐标（0,0,15），单击"确定"按钮，返回到"圆柱"对话框。

图 6-16 "圆柱"对话框

图 6-17 "点"对话框

（4）在"直径"和"高度"文本框中分别输入"10"和"10"，单击"确定"按钮，生成模型如图 6-18 所示。

图 6-18　创建圆柱

练一练——绘制时针

绘制如图 6-19 所示的时针。

图 6-19　时针

✍ **思路点拨：**

源文件：yuanwenjian\6\shizhen.prt
（1）利用"长方体"命令创建一个长方体。
（2）利用"圆柱"命令创建圆柱体和孔。

6.1.3　圆锥

扫一扫，看视频

选择"菜单"→"插入"→"设计特征"→"圆锥"命令或单击"主页"选项卡"特征"组中的"圆锥"按钮🔺，打开如图 6-20 所示"圆锥"对话框。

从该对话框的"类型"下拉列表框可以看出，圆锥有 5 种不同的创建方式。下面分别介绍。

（1）直径和高度：通过定义底部直径、顶部直径和高度值生成圆锥，其示意图如图 6-21 所示。

图 6-20　"圆锥"对话框　　　　　　　　图 6-21　"直径和高度"方式示意图

（2）直径和半角：通过定义底部直径、顶部直径和半角值生成圆锥，其示意图如图 6-22 所示。

半角定义了圆锥的轴与侧面形成的角度。半角值的有效范围是 1°～89°。图 6-23 说明了不同的半角值对圆锥形状的影响。每种情况下轴的底部直径和顶部直径都是相同的。半角影响顶点的"锐度"以及圆锥的高度。

图 6-22　"直径和半角"方式示意图　　　　　图 6-23　不同半角值对圆锥的影响

（3）底部直径，高度和半角：通过定义底部直径、高度和半顶角值生成圆锥。半角值的有效范围是 1°～89°。在生成圆锥的过程中，有一个经过原点的圆形平表面，其直径由底部直径值给出。顶部直径值必须小于底部直径值。示意图如图 6-24 所示。

（4）顶部直径，高度和半角：通过定义顶部直径、高度和半顶角值生成圆锥。在生成圆锥的过程中，有一个经过原点的圆形平表面，其直径由顶直径值给出。底部直径值必须大于顶部直径值。示意图如图 6-25 所示。

图 6-24　"底部直径，高度和半角"方式示意图

图 6-25　"顶部直径，高度和半角"方式示意图

（5）两个共轴的圆弧：通过选择两条圆弧生成圆锥特征，两条弧不一定是平行的。示意图如图 6-26 所示。

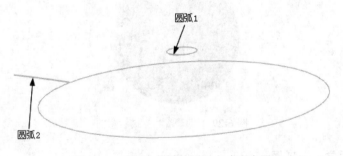

图 6-26　"两个共轴的弧"方式示意图

选择了基弧和顶弧之后，就会生成完整的圆锥。所定义的圆锥轴位于弧的中心，并且处于基弧的法向上。圆锥的底部直径和顶部直径取自两个弧。圆锥的高度是顶弧的中心与基弧的平面之间的距离。

如果选中的弧不是共轴的，系统会将第二条选中的弧（顶弧）平行投影到由基弧形成的平面上，直到两个弧共轴为止。另外，圆锥不与弧相关联。

6.1.4　球

选择"菜单"→"插入"→"设计特征"→"球"命令或单击"主页"选项卡"特征"

扫一扫，看视频

组中的"球"按钮◯，打开如图 6-27 所示"球"对话框。

从该对话框的"类型"下拉列表框可以看出，球有 2 种不同的创建方式。下面分别介绍。

（1）中心点和直径：通过定义直径值和中心生成球体，其示意图如图 6-28 所示。

图 6-27　"球"对话框　　　　　图 6-28　"中心点和直径"方式示意图

（2）圆弧：通过选择圆弧来生成球体，其示意图如图 6-29 所示。所选的弧不必为完整的圆弧，系统基于任何弧对象生成完整的球体。选定的弧定义球体的中心和直径。另外，球体不与弧相关；这意味着如果编辑弧的大小，球体不会更新以匹配弧的改变。

图 6-29　"圆弧"方式示意图

★重点　动手学——球摆

源文件：yuanwenjian\6\qiubai.prt

绘制如图 6-30 所示的球摆：首先利用"圆柱"命令绘制球摆的杆，然后利用"球"命令创建下方的球，再利用"长方体"命令和"圆柱"命令，创建上方的孔。

图 6-30　球摆

操作步骤　视频文件：动画演示\第 6 章\球摆.mp4

1．创建新文件

选择"文件"→"新建"命令或单击"主页"选项卡"标准"组中的"新建"按钮，打开"新建"对话框。在"模板"栏中选择"模型"，在"名称"文本框中输入"qiubai"，单击"确定"按钮，进入建模环境。

2．创建圆柱体

（1）选择"菜单"→"插入"→"设计特征"→"圆柱"命令或单击"主页"选项卡"特征"组中的"圆柱"按钮 ，打开如图 6-31 所示的"圆柱"对话框。

（2）在"类型"下拉列表框中选择"轴、直径和高度"。

（3）在"指定矢量"下拉列表框中选择"-ZC 轴"为圆柱体方向，单击"点对话框"按钮 ，打开"点"对话框。输入原点坐标（0,0,0），单击"确定"按钮，返回到"圆柱"对话框。

（4）在"直径"和"高度"文本框中分别输入"20"和"500"，单击"确定"按钮，生成模型如图 6-32 所示。

图 6-31　"圆柱"对话框

图 6-32　圆柱体

3．创建球

（1）选择"菜单"→"插入"→"设计特征"→"球"命令或单击"主页"选项卡"特征"组中的"球"按钮 ，打开如图 6-33 所示的"球"对话框。

（2）在"类型"下拉列表框中选择"中心点和直径"。

（3）单击"点对话框"按钮 ，在弹出的"点"对话框中输入坐标（0,0,–500），单击"确定"按钮。

（4）返回"球"对话框，在"直径"文本框中输入"150"，在"布尔"下拉列表框中选择"合并"选项，单击"确定"按钮，生成模型如图6-34所示。

图6-33 "球"对话框

图6-34 创建球

4. 创建长方体

（1）选择"菜单"→"插入"→"设计特征" →"长方体"命令或单击"主页"选项卡"特征"组中的"长方体"按钮▇，打开如图6-35所示的"长方体"对话框。

（2）在"类型"下拉列表框中选择"原点和边长"。

（3）单击"点对话框"按钮▇，在弹出的"点"对话框中输入原点坐标（-4,-9,0），单击"确定"按钮，返回到"长方体"对话框。

（4）在"长度""宽度"和"高度"文本框中分别输入"8""18"和"25"，在"布尔"下拉列表框中选择"合并"选项，单击"确定"按钮，生成模型如图6-36所示。

图6-35 "长方体"对话框

图6-36 创建长方体

5．创建孔

（1）选择"菜单"→"插入"→"设计特征"→"圆柱"命令或单击"主页"选项卡"特征"组中的"圆柱"按钮▮，打开如图 6-37 所示的"圆柱"对话框。

（2）在"类型"下拉列表框中选择"轴、直径和高度"。

（3）在"指定矢量"下拉列表框中选择"XC 轴"为圆柱体方向，单击"点对话框"按钮▮，在弹出的"点"对话框中输入原点坐标（-10,0,12.5），单击"确定"按钮，返回到"圆柱"对话框。

（4）在"直径"和"高度"文本框中分别输入"15"和"20"，在"布尔"下拉列表框中选择"减去"选项，单击"确定"按钮，生成模型如图 6-38 所示。

图 6-37　"圆柱"对话框

图 6-38　创建孔

练一练——绘制乒乓球

绘制如图 6-39 所示的乒乓球。

图 6-39　乒乓球

✍ **思路点拨：**

源文件：yuanwenjian\6\pingpangqiu.prt

利用"球"命令绘制乒乓球。

6.2 创建扫描特征

本节将介绍如何创建扫描特征，即先绘制截面，然后通过拉伸、旋转、沿引导线扫掠等创建特征。

扫一扫，看视频

6.2.1 拉伸

该命令通过在指定方向上将截面曲线扫掠一个线性距离来生成体，如图 6-40 所示。

选择"菜单"→"插入"→"设计特征"→"拉伸"命令或单击"主页"选项卡"特征"组中的"拉伸"按钮，打开如图 6-41 所示"拉伸"对话框。

图 6-40 "拉伸"示意图

图 6-41 "拉伸"对话框

该对话框中各选项功能介绍如下。

（1）选择曲线：用于选择被拉伸的曲线；如果选择的是面，则自动进入到草绘模式。

（2）绘制截面：用户可以通过该按钮先绘制拉伸的轮廓，然后进行拉伸。

（3）指定矢量：用于选择拉伸的矢量方向。单击右侧的下拉按钮，可在弹出的下拉列表框中选择矢量构成选项。

（4）反向：如果在生成拉伸体之后，更改了作为方向轴的几何体，拉伸也会相应地更新，以实现匹配。显示的默认方向为矢量指向选中几何体平面的法向。如果选择了面或片体，默认方向是沿着选中面端点的面法向。如果选中曲线构成了封闭环，在选中曲线的中心处显示方向矢量。如果选中曲线没有构成封闭环，开放环的端点将以系统颜色显示为星号。

（5）开始/结束：用于沿着矢量方向输入生成几何体的起始位置和结束位置，可以通过动态箭头来调整。其中包括6个选项，分别介绍如下。

①值：由用户输入拉伸的起始和结束距离的数值，如图6-42（a）所示。

②对称值：用于约束生成的几何体关于选取的对象对称，如图6-42（b）所示。

③直至下一个：沿矢量方向拉伸至下一个对象，如图6-42（c）所示。

④直至选定：拉伸至选定的表面、基准面或实体，如图6-42（d）所示。

⑤直至延伸部分：允许用户裁剪扫略体至一选中表面，如图6-42（e）所示

⑥贯通：允许用户沿拉伸矢量完全通过所有可选实体生成拉伸体，如图6-42（f）所示。

（a）值　　　　　　　　（b）对称值　　　　　　　（c）直至下一个

（d）直至选定　　　　（e）直至延伸部分　　　　（f）贯通

图6-42　限制方式

（6）布尔：用于指定生成的几何体与其他对象的布尔运算，包括无、合并、减去、相交等几种方式。配合起始点位置的选取，可以实现多种拉伸效果。

（7）拔模：用于对面进行拔模。正角使得特征的侧面向内拔模（朝向选中曲线的中心），负角使得特征的侧面向外拔模（背离选中曲线的中心），零拔模角则不会应用拔模。

①从起始限制：允许用户从起始点至结束点创建拔模，如图6-43（a）所示。

②从截面：允许用户从起始点至结束点创建的锥角与截面对齐，如图 6-43（b）所示。

③从截面-不对称角：允许用户沿截面至起始点和结束点创建不对称锥角，如图 6-43（c）所示。

④从截面-对称角：允许用户沿截面至起始点和结束点创建对称锥角，如图 6-43（d）所示。

⑤从截面匹配的终止处：允许用户沿轮廓线至起始点和结束点创建的锥角，在两端面处的锥面保持一致，如图 6-43（e）所示。

（a）从起始限制　　　　　　　　　　　　　　　　（b）从截面

（c）从截面-不对称角　　　　（d）从截面-对称角　　　　（e）从截面匹配的终止处

图 6-43　拔模

（8）偏置：用于生成特征，该特征由曲线或边的基本设置偏置一个常数值。

①单侧：以单侧形式偏置实体，如图 6-44（a）所示。

②两侧：以双侧形式偏置实体，如图 6-44（b）所示。

③对称：以对称形式偏置实体，如图 6-44（c）所示。

（a）单侧　　　　　　　　（b）两侧　　　　　　　　（c）对称

图 6-44　偏置方式

（9）预览：用于预览绘图工作区中临时实体的生成状态，以便于用户及时修改和调整。

★**重点 动手学——扳手**

源文件：yuanwenjian\6\banshou.prt

本例采用基本曲线、多边形等建立扳手平面曲线，然后进行拉伸操作，生成如图6-45所示固定开口扳手。

图6-45 固定开口扳手

操作步骤 视频文件：动画演示\第6章\扳手.mp4

1. 创建新文件

选择"文件"→"新建"命令或单击"主页"选项卡"标准"组中的"新建"按钮，打开"新建"对话框。在"模板"栏中选择"模型"，在"名称"文本框中输入"banshou"，单击"确定"按钮，进入建模环境。

2. 创建六边形

（1）选择"菜单"→"插入"→"曲线"→"多边形"命令，打开如图6-46所示"多边形"对话框。在"边数"文本框中输入"6"，单击"确定"按钮，打开"多边形"生成方式对话框，如图6-47所示。单击"外接圆半径"按钮，打开"多边形"参数对话框，如图6-48所示。在"圆半径"文本框中输入"5"，单击"确定"按钮，打开"点"对话框。输入坐标（0,0,0），将生成的多边形定位于原点上。单击"确定"按钮，完成六边形的创建。

（2）按上述步骤创建一个定位于（80,0,0），外接圆半径为6的正六边形。生成的两个六边形如图6-49所示。

图6-46 "多边形"对话框 图6-47 "多边形"生成方式对话框 图6-48 "多边形"参数对话框

图6-49 两个六边形

3. 建立外圆轮廓

选择"菜单"→"插入"→"曲线"→"直线和圆弧"→"圆（点-点-点）"命令，打开点坐标输入框。系统依次提示输入圆的起点、终点和中点，用鼠标单击多边形 A 点、B 点，然后输入坐标（10,0,0），生成一个经过上述 3 点的圆形。

同上步骤，生成一个经过 C 点、D 点和坐标（70,0,0）3 点的圆，如图 6-50 所示。

图 6-50　创建圆

4．建立两条平行直线

（1）选择"菜单"→"插入"→"曲线"→"基本曲线（原有）"命令，打开如图 6-51 所示"基本曲线"对话框。在"点方法"下拉列表框中选择"点构造器" ，打开"点"对话框。输入点（5,3,0），单击"确定"按钮；输入点（75,3,0），单击"确定"按钮，生成线段 1。

（2）按上述步骤输入点（5,-3,0）和（75,-3,0），生成线段 2。结果如图 6-52 所示。

图 6-51　"基本曲线"对话框

图 6-52　绘制两条平行直线

5．修剪线段

选择"菜单"→"编辑"→"曲线"→"修剪"命令或单击"曲线"选项卡"编辑曲线"组中的"修剪曲线"按钮 ，打开"修剪曲线"对话框。按图 6-53 所示设置各选项，选择两条平行直线为要修剪的曲线，选择左边圆和右边圆为边界对象，选择线段 1 和线段 2 两圆之间的部分为要保留的区域，单击"确定"按钮，结果如图 6-54 所示。

重复上述步骤，修剪圆弧并删除多余线段，结果如图 6-55 所示。

图 6-53 "修剪曲线"对话框

图 6-54 修剪曲线

图 6-55 修剪曲线

6. 拉伸

选择"菜单"→"插入"→"设计特征"→"拉伸"命令或单击"主页"选项卡"特征"组中的"拉伸"按钮 📖，打开如图 6-56 所示"拉伸"对话框。选择视图中所有的曲线为拉伸曲线，在"指定矢量"下拉列表框中选择"ZC 轴"为拉伸方向，分别设置开始距离和结束距离为 0 和 5，单击"确定"按钮，生成如图 6-45 所示扳手。

图 6-56 "拉伸"对话框

练一练——绘制半圆键

绘制如图 6-57 所示的半圆键。

图 6-57　半圆键

扫一扫，看视频

✍ **思路点拨：**

源文件：yuanwenjian\6\banyuanjian.prt
利用"拉伸"命令创建半圆键。

6.2.2　旋转

该命令通过绕给定的轴以非零角度旋转截面曲线来生成一个特征，如图 6-58 所示。可以从基本横截面开始并生成圆或部分圆的特征。

选择"菜单"→"插入"→"设计特征"→"旋转"命令或单击"主页"选项卡"特征"组中的"旋转"按钮 ，打开如图 6-59 所示"旋转"对话框。

图 6-58　"旋转"示意图

图 6-59　"旋转"对话框

"旋转"对话框中的部分选项说明如下。

（1）选择曲线 ：用于选择旋转的曲线；如果选择的是面，则自动进入到草绘模式。

（2）绘制截面 ：用户可以通过该按钮先绘制旋转的轮廓，然后进行旋转。

（3）指定矢量：用于指定旋转轴的矢量方向。单击右侧的下拉按钮，可在弹出的下拉列表框中选择矢量构成选项。

（4）指定点：通过指定旋转轴上的一点，来确定旋转轴的具体位置。

（5）反向 ：与拉伸中的"反向"按钮功能类似，其默认方向是生成实体的法线方向。

（6）限制：用于指定旋转的角度。

①开始/结束：指定旋转的开始/结束角度，总数量不能超过 360°。结束角度大于起始角度旋转方向为正方向，否则为反方向，如图 6-60（a）所示。

②直至选定：可以把截面集合体旋转到目标实体上的选定面或基准平面，如图 6-60（b）所示。

(a) 开始/结束　　　　　　　　　　(b) 直至选定

图 6-60　限制方式

（7）布尔：用于指定生成的几何体与其他对象的布尔运算，包括无、合并、减去、相交等几种方式。配合起始点位置的选取可以实现多种旋转效果。

（8）偏置：用于指定偏置方式，分为无和两侧。

①无：直接以截面曲线生成旋转特征，如图 6-61（a）所示。

②两侧：在截面曲线两侧生成旋转特征，以结束值和起始值之差为实体的厚度，如图 6-61（b）所示。

(a) 无　　　　　　　　　　(b) 两侧

图 6-61　偏置方式

★重点 动手学——圆锥销

源文件：yuanwenjian\6\yuanzhuixiao.prt

本例采用基本曲线建立圆锥销截面轮廓曲线，然后进行旋转操作，生成如图 6-62 所示圆锥销。

图 6-62 圆锥销

操作步骤 视频文件：动画演示\第 6 章\圆锥销.mp4

1. 新建文件

选择"文件"→"新建"命令或单击"主页"选项卡"标准"组中的"新建"按钮，打开"新建"对话框，在"模板"栏中选择适当的模板，在"名称"文本框中输入"yuanzhuixiao"，单击"确定"按钮，进入建模环境。

2. 创建圆锥销轮廓截面线

选择"菜单"→"插入"→"曲线"→"基本曲线（原有）"命令，打开如图 6-63 所示"基本曲线"对话框。在"点方法"下拉列表框中选择"点对话框"，打开"点"对话框。输入基点坐标（0,10,0），单击"确定"按钮，在屏幕中生成基点 1；接着输入（50,11,0），单击"确定"按钮，生成一条直线。按照上述步骤，建立端点坐标为（0,0,0）和（50,-1,0）的直线。单击"取消"按钮，完成截面直线的建立，如图 6-64 所示。

图 6-63 "基本曲线"对话框

图 6-64 绘制直线

3. 创建圆锥销两端截面弧线

（1）选择"菜单"→"插入"→"曲线"→"圆弧/圆"命令，打开如图 6-65 所示"圆弧/圆"对话框。分别选中上下两条直线的左端点，设置"半径"为10，并确定圆弧向外凸，单击鼠标中键，然后单击"应用"按钮，生成两端点分别为两直线左端点的圆弧。

（2）按照上述方法，建立圆锥销另一端半径为 12 的圆弧截面线，如图 6-66 所示。

图 6-65 "圆弧/圆"对话框

图 6-66 绘制圆弧

4. 创建旋转截面线

选择"菜单"→"插入"→"曲线"→"直线"命令，打开如图 6-67 所示"直线"对话框。通过鼠标分别选择两段圆弧中点，单击"确定"按钮，生成旋转轴直线，如图 6-68 所示。

图 6-67 "直线"对话框

图 6-68 绘制直线

5. 裁剪曲线

选择"菜单"→"编辑"→"曲线"→"修剪"命令或单击"曲线"选项卡"编辑曲线"组中的"修剪曲线"按钮，打开"修剪曲线"对话框，如图 6-69 所示。在"曲线延伸"下拉列表框中选择"无"，在"输入曲线"下拉列表框中选择"隐藏"。分别选择旋转轴直线为第一边界线，上端直线为第二边界线，选择两段圆弧线的下半部分为裁剪曲线，生成如图 6-70 所示截面轮廓曲线。

图 6-69 "修剪曲线"对话框

图 6-70 截面轮廓曲线

6. 创建旋转体

选择"菜单"→"插入"→"设计特征"→"旋转"命令或单击"主页"选项卡"特征"组中的"旋转"按钮，打开如图 6-71 所示"旋转"对话框。选择上端的圆弧和直线为旋转截面，在"指定矢量"下拉列表框中选择"XC 轴"，捕捉水平直线的端点为回转点，单击"确定"按钮，生成如图 6-62 所示的模型。

图 6-71 "旋转"对话框

练一练——绘制碗

绘制如图 6-72 所示的碗。

图 6-72 碗

✍ **思路点拨：**

源文件：yuanwenjian\6\wan.prt

（1）利用"直线""偏置曲线""修剪曲线"命令绘制草图。

（2）利用"旋转"命令旋转草图。

（3）利用"边倒圆"命令对模型倒圆角，完成碗的创建。

6.2.3 沿引导线扫掠

该命令通过沿着由一个或一系列曲线、边或面构成的引导线串（路径）拉伸开放的或封闭的边界草图、曲线、边或面来生成单个体，如图 6-74 所示。

选择"菜单"→"插入"→"扫掠"→"沿引导线扫掠"命令或单击"曲面"选项卡"曲面"组中的"沿引导线扫掠"按钮，打开如图 6-73 所示"沿引导线扫掠"对话框。

图 6-73 "沿引导线扫掠"对话框

图 6-74 "沿引导线扫掠"示意图

📢 提示：

（1）如果截面对象有多个环，则引导线串必须由线/圆弧构成，如图 6-75 所示。

（2）如果沿着具有封闭的、尖锐拐角的引导线串扫掠，建议把截面线串放置到远离尖锐拐角的位置。

（3）如果引导路径上两条相邻的线以锐角相交，或者如果引导路径中的圆弧半径对于截面曲线来说太小，则不会发生扫掠面操作。换言之，路径必须是光顺的、切向连续的。

图 6-75 当截面有多个环时

★重点 动手学——活动钳口

源文件：yuanwenjian\6\huodongqiankou.prt

本例采用草图拉伸的方式创建钳口主体，然后绘制截面线和引导线，创建引导线实体，生成如图 6-76 所示活动钳口。

图 6-76　活动钳口

操作步骤　视频文件：动画演示\第 6 章\活动钳口.mp4

（1）新建文件。选择"文件"→"新建"命令或单击"主页"选项卡"标准"组中的"新建"按钮 ，打开"新建"对话框，在"模板"栏中选择适当的模板，在"名称"文本框中输入"huodongqiankou"，单击"确定"按钮，进入建模环境。

（2）绘制草图。选择"菜单"→"插入"→"在任务环境中绘制草图"命令或单击"曲线"选项卡中的"在任务环境中绘制草图"按钮 ，选择 XC-YC 平面作为草图绘制平面，单击"确定"按钮，进入草图绘制环境。绘制草图如图 6-77 所示，然后单击"主页"选项卡"草图"组中的"完成"按钮 ，草图绘制完毕。

（3）创建拉伸体。选择"菜单"→"插入"→"设计特征"→"拉伸"命令或单击"主页"选项卡"特征"组中的"拉伸"按钮 ，打开如图 6-78 所示的"拉伸"对话框。选择上步绘制的草图为拉伸截面，在"指定矢量"下拉列表框中选择"ZC"轴为拉伸方向，在开始和结束"距离"文本框中分别输入"0""18"，其他默认。单击"确定"按钮，创建拉伸特征1，如图 6-79 所示。

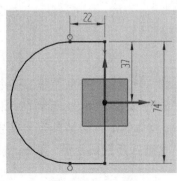

图 6-77　绘制草图 1　　　　图 6-78　"拉伸"对话框

图 6-79　创建拉伸特征 1

（4）绘制草图。选择"菜单"→"插入"→"在任务环境中绘制草图"命令或单击"曲线"选项卡中的"任务环境中的草图"按钮，进入草图绘制界面。选择如图 6-79 所示的面 1 为工作平面，绘制如图 6-80 所示的草图。单击"主页"选项卡"草图"组中的"完成"按钮，草图绘制完毕。

（5）创建拉伸体。选择"菜单"→"插入"→"设计特征"→"拉伸"命令或单击"主页"选项卡"特征"组中的"拉伸"按钮，打开如图 6-78 所示的"拉伸"对话框。选择如图 6-80 所示的草图，在"指定矢量"下拉列表框中选择"ZC 轴"为拉伸方向，在"布尔"下拉列表框中选择"合并"选项，分别设置"开始距离"和"结束距离"为 0、10，其他默认。单击"确定"按钮，创建拉伸特征 2，如图 6-81 所示。

图 6-80　绘制草图 2

图 6-81　创建拉伸特征 2

（6）绘制截面。选择"菜单"→"插入"→"在任务环境中绘制草图"命令或单击"曲线"选项卡中的"在任务环境中绘制草图"按钮，选择如图 6-81 所示的面 2 为工作平面，绘制如图 6-82 所示的草图。单击"主页"选项卡"草图"组中的"完成"按钮，草图绘制完毕。

图 6-82　绘制草图 3

（7）沿引导线扫掠实体。选择"菜单"→"插入"→"扫掠"→"沿引导线扫掠"命令或单击"曲面"选项卡"曲面"组中的"沿引导线扫掠"按钮，打开如图 6-83 所示的"沿引导线扫掠"对话框。选择如图 6-82 所示草图为扫掠截面，选择拉伸体 1 的沿 Y 轴边为引导线，如图 6-84 所示。在"布尔"下拉列表中选择"合并"选项，其他采用默认设置，单击"确定"按钮，创建沿引导线扫掠特征，如图 6-76 所示。

图 6-83 "沿引导线扫掠"对话框

图 6-84 创建扫掠体

6.2.4 管

该命令用于沿着由一条或一系列曲线构成的引导线串（路径）扫掠出简单的管道对象，如图 6-85 所示。

选择"菜单"→"插入"→"扫掠"→"管"命令或单击"曲面"选项卡"曲面"组中的"管"按钮，打开如图 6-86 所示"管"对话框。

图 6-85 "管"示意图

图 6-86 "管"对话框

其中部分选项功能介绍如下。

（1）外径/内径：用于输入管的内外径数值，其中外径不能为 0。

（2）输出：包括两个选项。

①单段：只有一个或两个侧面，此侧面为 B 曲面。如果内直径是 0，那么管只有一个侧面，如图 6-87（a）所示。

②多段：沿着引导线串扫成一系列侧面，这些侧面可以是柱面或环面，如图 6-87（b）所示。

（a）单段 （b）多段

图 6-87 "输出"示意图

扫一扫，看视频

★重点　动手学——手镯

源文件：yuanwenjian\6\shouzhuo.prt

本例采用样条曲线建立一段光滑的导线，然后通过软管操作沿导线生成模型，如图 6-88 所示。

图 6-88 手镯

操作步骤　视频文件：动画演示\第 6 章\手镯.mp4

（1）新建文件。选择"文件"→"新建"命令或单击"主页"选项卡"标准"组中的"新建"按钮 □，打开"新建"对话框。在"模板"栏中选择适当的模板，在"名称"文本框中输入"shouzhuo"，单击"确定"按钮，进入建模环境。

（2）创建圆。选择"菜单"→"插入"→"曲线"→"基本曲线（原有）"命令，打开"基本曲线"对话框，如图 6-89 所示。单击"圆"按钮，在"点方法"下拉列表框中选择"点构造器" ↟，打开"点"对话框。输入圆心坐标（0,0,0），单击"确定"按钮；接着输入（50,0,0）作为半径坐标，单击"确定"按钮，生成一个圆，如图 6-90 所示。

图 6-89 "基本曲线"对话框 图 6-90 绘制圆

（3）创建手镯。选择"菜单"→"插入"→"扫掠"→"管"命令或单击"曲面"选项卡"曲面"组中的"管"按钮 ，打开如图 6-91 所示"管"对话框。选择上步创建的圆为路径，在"外径"和"内径"文本框中分别输入"8""6"，在"输出"下拉列表框中选择"单段"，单击"确定"按钮，生成如图 6-88 所示手镯管。

图 6-91 "管"对话框

6.3 GC 工具箱

通过本节的学习可以更快速地创建齿轮和弹簧等标准零件。

6.3.1 齿轮建模

选择"菜单"→"GC 工具箱"→"齿轮建模"命令，弹出如图 6-92 所示子菜单。从中选择一种齿轮形式（在此以柱齿轮为例，选择"柱齿轮"命令），打开"渐开线圆柱齿轮建模"对话框，如图 6-93 所示。

图 6-92 "齿轮建模"子菜单

图 6-93 "渐开线圆柱齿轮建模"对话框

1. 创建齿轮

创建新的齿轮。选中该单选按钮，单击"确定"按钮，打开如图 6-94 所示"渐开线圆柱齿轮类型"对话框。

（1）直齿轮：指轮齿平行于齿轮轴线的齿轮。

（2）斜齿轮：指轮齿与轴线成一角度的齿轮。

（3）外啮合齿轮：指齿顶圆直径大于齿根圆直径的齿轮。

（4）内啮合齿轮：指齿顶圆直径小于齿根圆直径的齿轮。

（5）加工：包括滚齿和插齿两种类型。

①滚齿：用齿轮滚刀按展成法加工齿轮的齿面。

②插齿：用插齿刀按展成法或成形法加工内、外齿轮或齿条等齿面。

图 6-94 "渐开线圆柱齿轮类型"对话框

选择适当参数后，单击"确定"按钮，打开如图 6-95 所示的"渐开线圆柱齿轮参数"对话框。

（1）标准齿轮：根据标准的模数、齿宽以及压力角创建的齿轮为标准齿轮。

（2）变位齿轮：选择此选项卡，如图 6-96 所示。改变刀具和轮坯的相对位置来切制的齿轮为变位齿轮。

图 6-95 "渐开线圆柱齿轮参数"对话框

图 6-96 "变位齿轮"选项卡

2. 修改齿轮参数

选中此单选按钮，单击"确定"按钮，打开"选择齿轮进行操作"对话框，选择要修改的齿轮，在"渐开线圆柱齿轮参数"对话框中修改齿轮参数。

3．齿轮啮合

选中此单选按钮，单击"确定"按钮，打开如图 6-97 所示的"选择齿轮啮合"对话框，选择要啮合的齿轮，分别设置为主动齿轮和从动齿轮。

4．移动齿轮

选择要移动的齿轮，将其移动到适当位置。

5．删除齿轮

删除视图中不要的齿轮。

6．信息

显示选择的齿轮的信息。

图 6-97　"选择齿轮啮合"对话框

★重点　动手学——圆柱齿轮

源文件：yuanwenjian\6\yuanzhuchilun.prt

首先利用 GC 工具箱中的"柱齿轮"命令创建圆柱齿轮的主体，然后绘制轴孔草图，利用"拉伸"命令来创建轴孔，如图 6-98 所示。

图 6-98　圆柱齿轮

操作步骤　视频文件：动画演示\第 6 章\圆柱齿轮.mp4

1．创建齿轮基体

（1）选择"菜单"→"GC 工具箱"→"齿轮建模"→"柱齿轮"命令或者单击"主页"选项卡"齿轮建模-GC 工具箱"组中的"柱齿轮建模"按钮，打开如图 6-99 所示的"渐开线圆柱齿轮建模"对话框。

（2）选中"创建齿轮"单选按钮，单击"确定"按钮，打开如图 6-100 所示的"渐开线圆柱齿轮类型"对话框。选中"直齿轮""外啮合齿轮"和"滚齿"单选按钮，单击"确定"按钮，打开如图 6-101 所示的"渐开线圆柱齿轮参数"对话框。在"标准齿轮"选项卡中设置"模数""牙数""齿宽"和"压力角"为 3、21、24 和 20，单击"确定"按钮，打开如图 6-102 所示的"矢量"对话框。在"类型"下拉列表框中选择"ZC 轴"，单击"确定"按钮，打开如图 6-103 所示的"点"对话框。输入坐标（0,0,0），单击"确定"按钮，生成如图 6-104 所示圆柱齿轮。

图 6-99 "渐开线圆柱齿轮建模"对话框

图 6-100 "渐开线圆柱齿轮类型"对话框

图 6-101 "渐开线圆柱齿轮参数"对话框

图 6-102 "矢量"对话框

图 6-103 "点"对话框

图 6-104 创建圆柱直齿轮

2．绘制草图

选择"菜单"→"插入"→"在任务环境中绘制草图"命令或单击"曲线"选项卡中的"在任务环境中绘制草图"按钮，选择圆柱齿轮的外表面为工作平面，单击"确定"按钮，进入草图绘制环境。绘制如图 6-105 所示草图，然后单击"主页"选项卡"草图"组中的 "完成"按钮，草图绘制完毕。

3．创建轴孔

选择"菜单"→"插入"→"设计特征→"拉伸"命令或者单击"主页"选项卡"特征"组中的"拉伸"按钮，打开如图 6-106 所示"拉伸"对话框。选择上步绘制的草图

图 6-105　绘制草图

为拉伸曲线，在"指定矢量"下拉列表框中选择"-ZC 轴"为拉伸方向，在"结束"下拉列表框中选择"贯通"，单击"确定"按钮，生成如图 6-107 所示圆柱齿轮。

图 6-106　"拉伸"对话框

图 6-107　创建轴孔

练一练——绘制斜齿轮

利用"齿轮建模"命令绘制如图 6-108 所示的斜齿轮。

图 6-108　斜齿轮

✍ **思路点拨：**

源文件：yuanwenjian\6\xiechilun.prt
（1）利用"柱齿轮"命令创建斜齿轮主体。
（2）利用"凸台"命令创建凸台。
（3）利用"拉伸"命令创建拉伸实体。
（4）利用"圆柱"命令创建轴孔，利用"长方体"命令创建键槽。
（5）利用"圆柱"和"阵列特征"命令创建减重孔。

扫一扫，看视频

6.3.2　弹簧设计

选择"菜单"→"GC 工具箱"→"弹簧设计"命令，弹出如图 6-109 所示子菜单。从中选择一种弹簧形式（在此以圆柱压缩弹簧为例，选择"圆柱压缩弹簧"命令；也可单击"主页"选项卡"弹簧工具-GC 工具箱"组中的"圆柱压缩弹簧"按钮 ▤），打开"圆柱压缩弹簧"对话框，如图 6-110 所示。

图 6-109　"弹簧设计"子菜单　　　　图 6-110　"圆柱压缩弹簧"对话框

（1）类型：选择类型和创建方式。

（2）输入参数：输入弹簧的各个参数，如图 6-111 所示。

（3）显示结果：显示设计好的弹簧各个参数。

图 6-111 输入弹簧参数

扫一扫，看视频

★重点 动手学——圆柱拉伸弹簧

源文件：yuanwenjian\6\yuanzhulashentanhuang.prt

利用 GC 工具箱中的"圆柱拉伸弹簧"命令，在相应的对话框中输入弹簧参数，直接创建弹簧，如图 6-112 所示。

图 6-112 圆柱拉伸弹簧

操作步骤 视频文件：动画演示\第 6 章\圆柱拉伸弹簧.mp4

（1）选择"菜单"→"GC 工具箱"→"弹簧设计"→"圆柱拉伸弹簧"命令或者单击"主页"选项卡"弹簧工具-GC 工具箱"组中的"圆柱拉伸弹簧"按钮，打开如图 6-113 所示的"圆柱拉伸弹簧"对话框。

图 6-113　"圆柱拉伸弹簧"对话框

（2）设置"选择类型"为"输入参数"，"创建方式"为"在工作部件中"，单击"下一步"按钮。

（3）打开"输入参数"选项卡，如图 6-114 所示。在"旋向"栏中选中"右旋"单选按钮，在"端部结构"下拉列表框中选择"圆钩环"，设置"中间直径"为 30，"材料直径"为 4，"有效圈数"为 15，单击"下一步"按钮。

图 6-114　"输入参数"选项卡

（4）打开"显示结果"选项卡，显示出弹簧的各个参数，如图 6-115 所示。单击"完成"按钮，完成弹簧的创建，如图 6-116 所示。

图 6-115 "显示结果"选项卡

图 6-116 圆柱拉伸弹簧

6.4 综合实例——方向盘

扫一扫，看视频

源文件：yuanwenjian\6\fangxiangpan.prt

方向盘模型采用基本曲线绘制模型大致轮廓，然后通过软管等操作生成模型，如图 6-117 所示。

图 6-117 方向盘

操作步骤 视频文件：动画演示\第 6 章\方向盘.mp4

（1）选择"文件"→"新建"命令或单击"主页"选项卡"标准"组中的"新建"按钮，打开"新建"对话框。在"模板"栏中选择"模型"，在"名称"文本框中输入"fangxiangpan"，单击"确定"按钮，进入建模环境。

（2）选择"菜单"→"插入"→"曲线"→"基本曲线（原有）"命令，打开如图 6-118 所示"基本曲线"对话框。单击"圆"按钮○，在"点方法"下拉列表框中单击"点构造器"按钮，打开"点"对话框。根据系统提示输入圆心坐标（0,0,0），单击"确定"按钮；系统提示输入圆上一点坐标，输入（200,0,0），单击"确定"按钮，完成圆 1 的创建。同上步骤创建圆心在（0,0,-120），圆上一点坐标为（20,0,-120）的圆 2，如图 6-119 所示。

图 6-118　"基本曲线"对话框

图 6-119　绘制圆

（3）选择"菜单"→"插入"→"曲线"→"基本曲线（原有）"命令，打开如图 6-120 所示"基本曲线"对话框。单击"直线"按钮 ，在"点方法"下拉列表框中单击"象限点"按钮 ，依次选择圆 1 和圆 2 的第一象限点，单击"取消"按钮，完成直线的创建。生成的曲线模型如图 6-121 所示。

图 6-120　"基本曲线"对话框

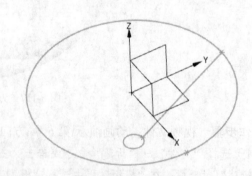

图 6-121　曲线模型

（4）选择"菜单"→"插入"→"设计特征"→"圆柱"命令或单击"主页"选项卡"特征"组中的"圆柱"按钮 ，打开如图 6-122 所示"圆柱"对话框。在"类型"下拉列表框中选择"轴、直径和高度"，选择"ZC 轴"为圆柱的指定矢量，单击"点对话框"按钮 ，打开"点"对话框。输入（0,0,-130），单击"确定"按钮，返回"圆柱"对话框。在"直径"

和"高度"文本框中分别输入"80"和"40",连续单击"确定"按钮,完成圆柱体的创建,如图 6-123 所示。

图 6-122 "圆柱"对话框 　　　　　图 6-123 创建圆柱体

(5)选择"菜单"→"插入"→"扫掠"→"管"命令或单击"曲面"选项卡"曲面"组中的"管"按钮 ,打开如图 6-124 所示"管"对话框。在"外径"和"内径"文本框中分别输入"25"和"0",在"输出"下拉列表框中选择"单段",选择圆 1 为软管导引线,单击"确定"按钮,完成管 1 的创建。同上步骤,在"外径"和"内径"文本框中分别输入"20"和"0",选择直线为管路径,创建管 2。生成模型如图 6-125 所示。

图 6-124 "管"对话框 　　　　　图 6-125 创建管

(6)选择"菜单"→"编辑"→"移动对象"命令或单击"工具"选项卡"实用工具"组中的"移动对象"按钮 ,打开"移动对象"对话框,如图 6-126 所示。选择直线管,在"运动"下拉列表框中选择"角度"；在"指定矢量"下拉列表框中选择"ZC 轴"；在"指定轴点"下拉列表框中选择"点对话框" ⬛，在打开的"点"对话框中输入坐标（0,0,0），如图 6-127所示；"角度"设置为120；在"结果"栏中选中"复制原先的"单选按钮，在"非关联副本数"文本框中输入"2"，单击"确定"按钮，生成模型如图 6-128 所示。

图 6-126　"移动对象"对话框

图 6-127　"点"对话框

（7）选择"菜单"→"插入"→"组合"→"合并"命令或单击"主页"选项卡"特征"组中的"合并"按钮 ⬛，打开如图 6-129 所示"合并"对话框，对图 6-128 中 5 个实体模型进行布尔合并操作。

图 6-128　模型

图 6-129　"合并"对话框

（8）选择"菜单"→"插入"→"曲线"→"多边形（原有）"命令，打开如图 6-130 所示"多边形"对话框。在"边数"文本框中输入"6"，单击"确定"按钮，打开"多边形创建方式"对话框。单击"外接圆半径"按钮，打开"多边形"参数对话框，如图 6-131 所示。在"圆半径"

和"方位角"文本框中分别输入"25""0",单击"确定"按钮。打开"点"对话框,以圆柱体上端面圆心为六边形中心,单击"取消"按钮,完成六边形的创建,如图 6-132 所示。

图 6-130 "多边形"对话框

图 6-131 "多边形"参数对话框

图 6-132 绘制多边形

(9)选择"菜单"→"插入"→"设计特征"→"拉伸"命令或单击"主页"选项卡"特征"组中的"拉伸"按钮,打开如图 6-133 所示"拉伸"对话框。在"指定矢量"下拉列表框中选择"ZC 轴",在"限制"栏的"开始距离"文本框中输入"0",在"结束距离"文本框中输入"-40",选择屏幕中的六边形曲线,单击"确定"按钮,完成拉伸操作,结果如图 6-134 所示。

图 6-133 "拉伸"对话框

图 6-134 模型

（10）选择"菜单"→"插入"→"细节特征"→"边倒圆"命令或单击"主页"选项卡"特征"组中的"边倒圆"按钮🔲，打开如图 6-135 所示的"边倒圆"对话框，对圆柱体上下两端圆弧进行倒圆，倒圆半径为 2，结果如图 6-136 所示。

图 6-135 "边倒圆"对话框

图 6-136 模型

（11）调整坐标系。

①选择"菜单"→"格式"→WCS→"显示"命令。

②选择"菜单"→"格式"→WCS→"旋转"命令，绕+ZC 轴旋转 10 度。单击"曲线"选项卡"曲线"组中的"直线"按钮✐，打开"直线"对话框，在"起点选项"下拉列表框中选择坐标原点，"终点选项"下拉列表框中选择 YC，距离设置为 300。

③选择"菜单"→"格式"→WCS→"动态"命令，按住鼠标右键向左拖动，在弹出的快捷菜单中选择"静态线框"命令，将坐标系移动到上一步所绘直线与圆 1 的交点上（在上边框条捕捉点处可选择"相交"，如图 6-137 所示）。移动完成后，按住鼠标右键向上拖动，在弹出的快捷菜单中选择"带边着色"命令。再选择"菜单"→"格式"→WCS→"旋转"命令，绕+YC 轴旋转 90 度，结果如图 6-138 所示。

图 6-137 选择相交

（12）选择"菜单"→"插入"→"曲线"→"基本曲线"命令，打开"基本曲线"对话框。单击"圆"按钮○，在"点方法"下拉列表框中单击"点构造器"按钮✛，打开"点"对话框。"参考"选择"WCS"，根据系统提示输入圆心坐标（0,0,0），单击"确定"按钮；系统提示输入圆上一点坐标，输入（14,0,0），单击"确定"按钮，完成圆 3 的创建，如图 6-139 所示。

图 6-138 变换 WCS 位置

图 6-139 绘制圆

（13）选择"菜单"→"格式"→WCS→"WCS 设为绝对"命令，将坐标系调整回原坐标系原点和方向矢量。选择"菜单"→"格式"→WCS→"显示"命令，取消显示。

（14）选择"菜单"→"编辑"→"移动对象"命令或单击"工具"选项卡"实用工具"组中的"移动对象"按钮，打开如图 6-140 所示"移动对象"对话框。选择圆 3；在"运动"下拉列表框中选择"角度"；在"指定矢量"下拉列表框中选择"ZC 轴"；在"指定轴点"下拉列表框中选择"点对话框"，在打开的"点"对话框中输入坐标（0,0,0）；在"角度"文本框中输入"20"；在"结果"栏中选中"复制原先的"单选按钮，在"非关联副本数"文本框中输入"18"，单击"确定"按钮，生成模型如图 6-141 所示。

图 6-140 "移动对象"对话框

图 6-141 生成模型

（15）选择"菜单"→"插入"→"扫掠"→"管"命令或单击"曲面"选项卡"曲面"组中的"管"按钮，打开"管"对话框。在"外径"和"内径"文本框中分别输入"6"和

"0"，在"输出"下拉列表框中选择"单段"，在"布尔"下拉列表框中选择"减去"，选择圆 3，单击"应用"按钮。其余圆 3 副本也按照上述方法进行操作，完成管 3 的创建，结果如图 6-142 所示。

图 6-142　创建管 3

第 7 章　设计特征建模

内容简介

在建模过程中，凡是不能独立存在的、只能依附于已存特征上的特征，都可称之为辅助特征。在创建这类特征时，都会遇到在已存特征上定位新特征的问题，因此也常将其称为放置特征。其中主要包括凸台、腔、孔、垫块、键槽、槽等，本章将详细介绍其创建方法。

内容要点

➥ 创建设计特征
➥ 综合实例——阀体

7.1　创建设计特征

本节主要介绍孔、凸台、腔、垫块、键槽、槽、三角形加强筋和螺纹等设计特征。

扫一扫，看视频

7.1.1　凸台

选择"菜单"→"插入"→"设计特征"→"凸台（原有）"命令，打开如图 7-1 所示"支管"对话框，让用户能在平面或基准面上生成一个简单的凸台，如图 7-2 所示。

图 7-1　"支管"对话框

图 7-2　"凸台"示意图

支管"凸台"对话框各选项功能说明如下。

（1）过滤：通过限制可用的对象类型帮助用户选择需要的对象。这些选项是任意、面和基准平面。

（2）直径：输入凸台直径的值。

（3）高度：输入凸台高度的值。

（4）锥角：输入凸台的柱面壁向内倾斜的角度。该值可正可负。0 值时产生没有锥度的垂直圆柱壁。

（5）反侧：如果选择了基准面作为放置平面，则此按钮可用。点击此按钮使当前方向矢量反向，同时重新生成凸台的预览。

扫一扫，看视频

★重点 动手学——笔芯

源文件：yuanwenjian\7\bixin.prt

笔芯主要由圆柱体和圆台组成，创作步骤较为简单，模型如图 7-3 所示。

图 7-3 笔芯

操作步骤 视频文件：动画演示\第 7 章\笔芯.mp4

（1）选择"文件"→"新建"命令或单击"主页"功能区"标准"组中的"新建"按钮，打开"文件新建"对话框，在"模型"选项卡中选择模型模板，在"名称"文本框中输入"bixin"，单击"确定"按钮，进入建模环境。

（2）选择"菜单"→"插入"→"设计特征"→"圆柱"命令或单击"主页"选项卡"特征"面组上的"圆柱"按钮，打开如图 7-4 所示"圆柱"对话框。选择"轴、直径和高度"按钮，在"指定失量"下拉列表中选择"ZC 轴"为圆柱体的创建方向，单击"点"对话框按钮，打开"点"对话框，输入原点坐标（0,0,0），单击"确定"按钮，返回"圆柱"对话框，在"直径"和"高度"文本框中分别输入"4"和"145"，单击"确定"按钮，生成圆柱体。

（3）选择"菜单"→"插入"→"设计特征"→"凸台（原有）"命令，打开如图 7-5 所示"支管"对话框。在"直径"，"高度"和"锥角"文本框中分别输入"2""4"和"0"，按系统提示选择步骤 2 创建的圆柱体上端面为放置面，单击"确定"按钮，生成一圆台，并打开"定位"对话框，在对话框中单击"点落在点上"定位按钮，进入"点落在点上"对话框，选择圆柱体端面圆弧，打开"设置圆弧的位置"对话框，单击"圆弧中心"按钮，完成圆台的创建。同上步骤再以上述创建圆台的端面为放置面，创建直径、高度和锥角分别是 1、2 和 0，定位与圆台端面中心，生成如图 7-6 所示模型。

图 7-4　"圆柱"对话框　　　　　　　　　图 7-5　"支管"对话框

（4）创建球。选择"菜单"→"插入"→"设计特征"→"球"命令或单击"主页"功能区"特征"组中的"球"按钮 ⬤ ，打开如图 7-7 所示"球"对话框，以步骤 3 创建的小凸台端面中心为中心点创建球，输入直径为 1，在"布尔"下拉列表中选择"合并"，生成模型如图 7-3 所示。

图 7-6　创建凸台　　　　　　　　　　　图 7-7　"球"对话框

练一练——绘制电阻

绘制如图 7-8 所示的电阻。

图 7-8　电阻

扫一扫，看视频

✍ **思路点拨：**

源文件：yuanwenjian\7\dianzu.prt

（1）利用"圆柱"命令创建圆柱体。

（2）利用"凸台"命令创建凸台顶面和凸台底面，最终完成电阻的创建。

7.1.2　孔

选择"菜单"→"插入"→"设计特征"→"孔"命令或单击"主页"功能区"特征"组中的"孔"按钮，打开如图 7-9 所示"孔"对话框。

"孔"对话框选项介绍如下。

1．常规孔

（1）简单孔：选中该选项后，让用户以指定的直径、深度和顶锥角生成一个简单的孔，如图 7-10 所示。

图 7-9　"孔"对话框

图 7-10　"简单"示意图

（2）沉头：选中该选项后，可变窗口区变换为如图 7-11 所示，让用户创建具有指定的孔直径、孔深度、顶锥角、沉头直径和沉头深度的沉头孔，如图 7-12 所示。

图 7-11　"沉头孔"窗口

图 7-12　"沉头孔"示意图

（3）埋头：选中该选项后，可变窗口区变换为如图 7-13 所示，让用户以指定的孔直径、孔深度、顶锥角、埋头直径和埋头角度创建埋头孔，如图 7-14 所示。

图 7-13　"埋头"窗口

图 7-14　"埋头孔"示意图

（4）锥孔：选中该选项后，可变窗口区变换为如图 7-15 所示，让用户以指定的孔直径、锥角和深度创建锥形孔。

2．螺钉间隙孔：创建简单、沉头或埋头通孔，为具体应用而设计。

3．螺纹孔：创建螺纹孔，其尺寸标注由标准、螺纹尺寸和径向进刀定义。

图 7-15　"锥孔"窗口

4．孔系列：创建起始、中间和结束孔尺寸一致的多形状、多目标体的对齐孔。

★重点　动手学——法兰盘

源文件：yuanwenjian\7\falanpan.prt

本节创建法兰盘，如图 7-16 所示，首先绘制长方体作为基体，然后创建中间简单孔，最后创建沉头孔。

扫一扫，看视频

图 7-16　法兰盘

操作步骤　视频文件：动画演示\第 7 章\法兰盘.mp4

1．创建新文件

选择"文件"→"新建"命令或单击"主页"功能区"标准"组中的"新建"按钮，打开"新建"对话框。在模板列表中选择"模型"，在"名称"文本框中输入"falanpan"，单击"确定"按钮，进入建模环境。

2．创建长方体

（1）选择"菜单"→"插入"→"设计特征"→"长方体"命令或单击"主页"功能区"特征"组中的"长方体"按钮，打开如图 7-17 所示的"长方体"对话框。

（2）在"长度""宽度"和"高度"文本框中分别输入"30"、"30"和"6"，单击"点"对话框按钮，打开"点"对话框，输入坐标点为（0，0，0），单击"确定"按钮，创建一长方体，如图 7-18 所示。

3．创建孔

（1）选择"菜单"→"插入"→"设计特征"→"孔"命令或单击"主页"功能区"特征"组中的"孔"按钮，打开如图 7-19 所示的"孔"对话框。

（2）在"类型"选项中选择"常规孔"，在"成形"下拉列表中选择"简单孔"，在"直径"、"深度"和"顶锥角"文本框中分别输入"20"、"6"和"0"。

图 7-17　"长方体"对话框

图 7-18　创建长方体

（3）单击"绘制截面"按钮，打开"创建草图"对话框，选择长方体的上表面为孔放置面，进入草图绘制环境。打开"草图点"对话框，创建点。单击"完成"按钮，草图绘制完毕，如图 7-20 所示。

（4）返回到"孔"对话框，单击"确定"按钮，完成孔的创建，如图 7-21 所示。

4．创建孔

（1）选择"菜单"→"插入"→"设计特征"→"孔"命令或单击"主页"功能区"特

征"组中的"孔"按钮，打开如图 7-22 所示的"孔"对话框。

图 7-19　"孔"对话框

图 7-20　绘制草图

图 7-21　创建简单孔

图 7-22　"孔"对话框

（2）在"类型"选项中选择"常规孔"，在"成形"下拉列表中选择"沉头"，在"沉头直径""沉头深度""直径""深度"和"顶锥角"文本框中分别输入"5""2""3""4"和"0"。

（3）单击"绘制截面"按钮 ，打开"创建草图"对话框，选择长方体的上表面为孔放置面，进入草图绘制环境。打开"草图点"对话框，创建点。单击"完成"按钮 ，草图绘制完毕，如图 7-23 所示。

（4）返回到"孔"对话框，捕捉绘制的 4 个点，单击"确定"按钮，完成孔的创建，如图 7-24 所示。

图 7-23　绘制草图

图 7-24　创建沉头孔

7.1.3　腔

选择"菜单"→"插入"→"设计特征"→"腔（原有）"命令，打开如图 7-25 所示"腔"对话框，让用户在现有体上生成一个型腔。

"腔"对话框各选项功能说明如下。

（1）圆柱形：选中该选项，在选定放置平面后系统会打开如图 7-26 所示的"圆柱腔"对话框，该选项让用户定义一个圆形的腔体，有一定的深度，有或没有圆角的底面，具有直面或斜面，如图 7-27 所示。

图 7-25　"腔"对话框

图 7-26　"圆柱腔"对话框

图 7-27　"圆柱形"示意图

252

对话框各选项功能如下。

①腔直径：输入腔体的盲径。

②深度：沿指定方向矢量从原点测量的腔体深度。

③底面半径：输入腔体底边的圆形半径。此值必须等于或大于 0。

④锥角：应用到腔壁的拔模角。此值必须等于或大于 0。

需要注意的是：深度值必须大于底半径。

（2）矩形：选中该选项，在选定放置平面及水平参考面后系统会打开如图 7-28 所示的"矩形腔"对话框。该选项让用户定义一个矩形的腔体，按照指定的长度、宽度和深度，按照拐角处和底面上的指定半径，具有直边或锥边（如图 7-29 所示）。

图 7-28 "矩形腔"对话框

图 7-29 "矩形腔"示意图

对话框各选项功能如下。

①长度/宽度/深度：输入腔体的长度/宽度/高度值。

②角半径：腔体竖直边的圆半径（大于或等于 0）。

③底面半径：腔体底边的圆半径（大于或等于 0）。

④锥角：腔体的四壁以这个角度向内倾斜。该值不能为负。0 值导致竖直的壁。

需要注意的是：角半径必须大于或等于底半径。

（3）常规：与"圆柱形"和"常规"腔体选项相比，该选项所定义的腔体具有更大的灵活性（如图 7-30 所示）。以下是"常规腔"的一些独有特性。

①常规腔体的放置面可以是自由形式的面，而不像其他腔体选项那样，要严格地是一个平面。

②腔体的底部通过底面进行定义，如果需要的话，底面也可以是自由形式的面。

③通过曲线链定义腔体顶部和/或底部的形状。曲线不一定位于选中面上（如果没有位于选中面上，它们将按照用户选定的方式投影到面上）。

如图 7-31 所示为"常规腔"示意图。

图 7-30　"常规腔"对话框

图 7-31　"常规腔"示意图

部分选项功能说明如下。

（1）选择步骤

①放置面 ：该选项是一个或多个选中的面，或是单个平面或基准平面。腔体的顶面会遵循放置面的轮廓。必要的话，将放置面轮廓曲线投影到放置面上。如果没有指定可选的目标体，第一个选中的面或相关的基准平面会标识出要放置腔体的实体或片体（如果选择了固定的基准平面，则必须指定目标体）面的其余部分可以来自于部件中的任何体。

②放置面轮廓 ：该选项是在放置面上构成腔体顶部轮廓的曲线。放置面轮廓曲线必须是连续的（即端到端相连）。

③底面 ：该选项是一个或多个选中的面，或是单个平面或基准平面，用于确定腔体的底部。选择底面的步骤是可选的，腔体的底部可以由放置面偏置而来。

④底面轮廓曲线 ：该选项是底面上腔体底部的轮廓线。与放置面轮廓一样，底面轮廓线中的曲线（或边）必须是连续的。

⑤目标体 ：如果希望腔体所在的体与第一个选中放置面所属的体不同，则选择"目标体"。这是一个可选的选择，如果没有选择目标体，则将由放置面进行定义。

⑥放置面轮廓线投影矢量：如果放置面轮廓曲线已经不在放置面上，则该选项用于指定如何将它们投影到放置面上。

⑦底面平移矢量：该选项指定了放置面或选中底面将平移的方向。

⑧底面轮廓曲线投影矢量：如果底部轮廓曲线已经不在底面上，则底面轮廓投影矢量指定如何将它们投影到底面上。其他用法与"放置面轮廓投影矢量"类似。

⑨放置面上的对齐点：该选项是在放置面轮廓曲线上选择的对齐点。

⑩底面对齐点：该选项是在底面轮廓曲线上选择的对齐点。

（2）轮廓对齐方法：如果选择了放置面轮廓和底面轮廓，则可以指定对齐放置面轮廓曲线和底面轮廓曲线的方式。

（3）放置面半径：该选项定义放置面（腔体顶部）与腔体侧面之间的圆角半径。

①恒定：用户为放置面半径输入恒定值。

②规律控制：用户通过为底部轮廓定义规律来控制放置面半径。

（4）底面半径：该选项定义腔体底面（腔体底部）与侧面之间的圆角半径。

（5）角半径：该选项定义放置在腔体拐角处的圆角半径。拐角位于两条轮廓曲线/边之间的运动副处，这两条曲线/边的切线偏差的变化范围要大于角度公差。

（6）附着腔：该选项将腔体缝合到目标片体，或由目标实体减去腔体。如果没有选择该选项，则生成的腔体将成为独立的实体。

★重点 动手学——柱塞

源文件：yuanwenjian\7\zhusai.prt

柱塞形体较为简单，由一个作往复运动的柱塞杆和一个连接凸台构成，因此柱塞的绘制将分为两步：第一步绘制柱塞杆，第二步绘制连接凸台以及型腔和通孔。如图 7-32 所示。

操作步骤 视频文件：动画演示\第 7 章\柱塞.mp4

（1）新建文件。选择"文件"→"新建"命令或单击"主页"功能区"标准"组中的"新建"按钮，打开"新建"对话框，在模型选项卡中选择适当的模板，在"名称"文本框中输入"zhusai"，单击"确定"按钮，进入建模环境。

（2）绘制圆柱体。选择"菜单"→"插入"→"设计特征"→"圆柱体"命令或单击"主页"功能区"特征"组中的"圆柱"按钮，打开"圆柱"对话框，如图 7-33 所示。选择"轴，直径和高度"类型，在"指定矢量"下拉列表中选择"ZC 轴"。在"直径"和"高度"文本框中中分别输入"36"和"80"，单击"确定"按钮，在坐标原点创建圆柱体，结果如图 7-34 所示。

扫一扫，看视频

255

图 7-32　柱塞　　　　　　图 7-33　"圆柱"对话框　　　　　　图 7-34　圆柱

（3）建立基准平面。选择"菜单"→"插入"→"基准/点"→"基准平面"命令或单击"主页"功能区"特征"组中的"基准平面"按钮 ，打开"基准平面"对话框，如图 7-35 所示。选择"XC-YC 平面"类型，在"偏置和参考"选项卡选择"WCS"方式，在"距离"文本框中输入"0"，建立工作坐标系的 3 个平面，结果如图 7-36 所示。

图 7-35　"基准平面"对话框　　　　　　图 7-36　绘制基准平面

（4）绘制垫块。选择"菜单"→"插入"→"设计特征"→"垫块（原有）"命令，打开"垫块"对话框，如图 7-37 所示。单击"矩形"按钮，打开"矩形垫块"放置面对话框，如图 7-38 所示，单击圆柱体的下表面为垫块放置面，打开"水平参考"对话框，XOZ 基准平面，打开"矩形垫块"参数对话框，输入垫块尺寸：长度 24，宽度 24，高度 14，如图 7-39 所示，单击"确定"按钮。打开"定位"对话框，单击"垂直"按钮 ，选择 XOZ 基准平面，再选择垫块宽度上任一条边，设定距离值为 12。同理，设定垫块长度上任一条边 YOZ 基准平面的距离为 12。完成垫块的定位，绘制结果如图 7-40 所示。

图 7-37　"垫块"对话框

图 7-38　"矩形垫块"放置面对话框

图 7-39　"矩形垫块"参数对话框

图 7-40　创建垫块

（5）建立基准平面。选择"菜单"→"插入"→"基准/点"→"基准平面"命令或单击"主页"功能区"特征"组中的"基准平面"按钮，打开"基准平面"对话框，如图 7-41 所示。单击垫块任一侧面，设置偏置距离为"0"，单击"应用"按钮，生成基准平面。单击 XOY 基准平面，设置偏置距离为"-26"，单击"确定"按钮，生成基准平面，如图 7-42 所示。

图 7-41　"基准平面"对话框

图 7-42　创建基准平面

（6）绘制凸台。选择"菜单"→"插入"→"设计特征"→"凸台（原有）"命令，打开"支管"对话框，如图 7-43 所示。选择垫块侧面处的基准平面为凸台安装平面，设定凸台尺寸参数：直径为 24，高度为 24，锥角为 0。单击"反侧"按钮调整凸台创建方向，单击"确定"按钮。打开"定位"对话框选择"垂直" 模式，使凸台轴线与 XOY 基准平面距离为 14，与 XOZ 基准平面距离为 0。创建的凸台如图 7-44 所示。

图 7-43　"支管"对话框　　　　　　　　　图 7-44　创建凸台

（7）绘制腔。选择"菜单"→"插入"→"设计特征"→"腔（原有）"命令，打开"腔"对话框，如图 7-45 所示。单击"矩形"按钮，打开"矩形腔"对话框，选择与 XOY 基准平面平行的偏置基准面，使之成为腔安装平面。利用"方向"对话框，如图 7-46 所示，确定矩形腔安装方向。打开"水平参考"对话框，单击 XOZ 基准面为水平参考。打开"矩形腔"参数对话框设置腔体尺寸：长度 24，宽度 6，高度 24，其他项均为 0，如图 7-47 所示。采用"垂直" 模式，分别选择 XOZ 基准面和 YOZ 基准面和腔体的中心线，设置距离为 0，绘制结果如图 7-48 所示。

图 7-45　"腔"对话框　　　　　　　　　图 7-46　确定安装方位

图 7-47　"矩形腔"参数对话框　　　　　　图 7-48　创建腔

（8）绘制通孔。选择"菜单"→"插入"→"设计特征"→"孔"命令或单击"主页"功能区"特征"组中的"孔"按钮 ，打开"孔"对话框，如图 7-49 所示。在"孔"对话框，采用"简单孔"形式，尺寸设置：直径为 10，深度为 30，顶锥角为 0。选择图 7-50 所示的耳片侧面圆弧圆心为孔放置位置，绘制结果如图 7-51 所示。

图 7-49　"孔"对话框　　　图 7-50　捕捉圆心　图 7-51　绘制通孔

（9）柱塞头倒角。选择"菜单"→"插入"→"细节特征"→"倒斜角"命令或单击"主页"功能区"特征"组中的"倒斜角"按钮，打开"倒斜角"对话框，如图 7-52 所示，在"横截面"下拉列表中选择"对称"选项，选择如图 7-53 所示的边为倒斜角边，设置距离为2，单击"确定"按钮，完成端面倒斜角，结果如图 7-54 所示。

图 7-52　"倒斜角"对话框　　图 7-53　选择倒斜角边　　图 7-54　倒斜角

练一练——绘制机械臂

利用"腔"命令绘制如图 7-55 所示的机械臂。

图 7-55　机械臂

📝 **思路点拨：**

源文件：yuanwenjian\7\jixiebi.prt

（1）利用"圆柱"命令，创建两个圆柱体。
（2）利用"拉伸"命令创建出机械臂的基体。
（3）利用"孔"命令创建出机械臂上的孔。
（4）利用"腔"命令创建腔体。

扫一扫，看视频

7.1.4　垫块

选择"菜单"→"插入"→"设计特征"→"垫块（原有）"命令，打开如图 7-56 所示的"垫块"对话框。让用户在已有实体上生成凸台。

对话框各选项功能说明如下。

（1）矩形：选中该选项，在选定放置平面及水平参考面后，系统打开如图 7-57 所示的"矩形垫块"对话框。让用户定义一个有指定长度、宽度和深度，在拐角处有指定半径，具有直面或斜面的垫块，如图 7-58 所示。

图 7-56　"垫块"对话框　　　　图 7-57　"矩形垫块"参数对话框

图 7-58　创建"矩形垫块"示意图

（2）常规：选中该选项后，系统会打开如图 7-59 所示"常规垫块"对话框。与矩形垫块相比，该选项所定义的垫块具有更大的灵活性。该选项各功能与"腔"的"常规"选项类似，此处从略。示意图如图 7-60 所示。

图 7-59　"常规垫块"对话框

图 7-60　"常规"示意图

扫一扫，看视频

★重点　动手学——上阀瓣

源文件：yuanwenjian\7\shangfaban.prt

上阀瓣是一种轴对称实体，如图 7-61 所示。既可以使用平面曲线通过旋转操作生成，也可以利用圆柱、凸台、孔以及垫块等实体操作来生成。在这一小节中，采用后一种方法，继续学习圆柱体、凸台、孔以及垫块的绘制方法和技巧。

图 7-61　上阀瓣

操作步骤　视频文件：动画演示\第 7 章\上阀瓣.mp4

（1）新建文件。选择"文件"→"新建"命令或单击"主页"功能区"标准"组中的"新建"按钮□，打开"新建"对话框，在模型选项卡中选择适当的模板，在"名称"文本框中输入"shangfaban"，单击"确定"按钮，进入建模环境。

（2）绘制圆柱体。选择"菜单"→"插入"→"设计特征"→"圆柱"命令或单击"主页"功能区"特征"组中的"圆柱"按钮█，打开"圆柱"对话框，选择"轴、直径和高度"类型，在"指定失量"下拉列表中选择"ZC 轴"。在"直径"和"高度"文本框中输入"9"和"30"，如图 7-62 所示。单击"确定"按钮，完成圆柱体的绘制，结果如图 7-63 所示。

图 7-62　"圆柱"对话框　　　　　　　　　图 7-63　创建圆柱

（3）绘制凸台。选择"菜单"→"插入"→"设计特征"→"凸台（原有）"命令，打开"支管"对话框，如图 7-64 所示。选择圆柱体上表面为凸台安装平面，设定凸台尺寸参数：直径为 24，高度为 4，锥角为 0。利用"定位"对话框中"点落在点上"✔模式，使凸台中心轴线与圆柱体中心轴线相重合，绘制结果如图 7-65 所示。

图 7-64　"支管"对话框　　　　　　　　　图 7-65　绘制凸台

（4）绘制凸台。选择"菜单"→"插入"→"设计特征"→"凸台（原有）"命令，打开"支管"对话框，如图 7-66 所示。凸台的安装平面为大凸台的上表面，小凸台的尺寸参数设置为：直径为 14，高度为 2，锥角为 0；利用"定位"对话框"点落在点上"✔模式，使小凸台中心轴线与大凸台同轴线，绘制结果如图 7-67 所示。

图 7-66　"支管"对话框

图 7-67　绘制第二个凸台

（5）绘制凸台。选择"菜单"→"插入"→"设计特征"→"凸台（原有）"命令，打开"凸台"对话框，如图 7-68 所示。选择上一个凸台的上表面为凸台放置面，尺寸参数设置为：直径为 12，高度为 10，锥角为 0；利用"定位"对话框"点落在点上" 模式，使小凸台中心轴线与前两个凸台同轴线，绘制结果如图 7-69 所示。

图 7-68　"凸台"对话框

图 7-69　绘制第三个凸台

（6）建立基准平面 1。选择"菜单"→"插入"→"基准/点"→"基准轴"命令或单击"主页"功能区"特征"组中的"基准轴"按钮，打开如图 7-70 所示"基准轴"对话框。选择"曲线/面轴"类型，选择如图 7-71 所示的凸台圆柱面，单击"确定"按钮，结果如图 7-72 所示。

图 7-70　"基准轴"对话框

图 7-71　选择圆柱面

图 7-72　创建基准轴

（7）建立与已知基准面成角度的基准2。选择"菜单"→"插入"→"基准/点"→"基准平面"命令或单击"主页"功能区"特征"组中的"基准平面"按钮 ，打开"基准平面"对话框。选择"YC-ZC平面"类型，单击"应用"按钮，创建基准平面1。选择"成一角度"类型，单击刚建的基准平面和基准轴，输入角度为60度，单击应用按钮。重复上述操作，建立与第一个基准面成-60度的基准面，生成的基准平面如图7-73所示。

图7-73　选择凸台中心轴线

（8）绘制垫块。选择"菜单"→"插入"→"设计特征"→"垫块（原有）"命令，打开"垫块"对话框，如图7-74所示。单击"矩形"按钮，打开"矩形垫块"对话框，选择单击基准面1为垫块安装平面，打开"安装方向"对话框选择基准面的哪一侧为垫块安装平面，接受默认方向。打开"水平参考"对话框。单击基准面2为水平参考，打开"矩形垫块"对话框设置垫块尺寸：长度10，宽度2，高度8，如图7-75所示。打开"定位"对话框来精确定位垫块。垫块竖直中心线与基准平面2的距离为0，垫块水平中心线与XOY基准平面的距离为41。绘制的垫块如图7-76所示。

图7-74　"垫块"对话框

图7-75　设置垫块尺寸

（9）绘制基准面2和基准面3上的垫块。重复上述操作，绘制基准面2和基准面3上的垫块，选择"矩形"，安装平面分别基准面2和基准面3，接受默认安装方向，设置水平参考均为向上箭头，垫块尺寸：长度10，宽度2，高度8，使用系统默认定位，完成垫块的定位，结果如图7-77所示。

图7-76　绘制垫块　　　　　图7-77　绘制三个方向上的垫块

（10）绘制简单孔。选择"菜单"→"插入"→"设计特征"→"孔"命令或单击"主页"功能区"特征"组中的"孔"按钮 🔳，打开"孔"对话框，如图 7-78 所示。采用"简单孔"形式，尺寸设置为：直径为 8，深度为 10，顶锥角为 118。捕捉小凸台上表面圆心为孔位置，如图 7-79 所示。绘制结果如图 7-80 所示。

图 7-78　"孔"对话框

图 7-79　捕捉圆心

图 7-80　绘制孔

练一练——绘制箱体

绘制如图 7-81 所示的箱体。

图 7-81　箱体

✍ **思路点拨：**

源文件：yuanwenjian\7\xiangti.prt

（1）利用"拉伸""垫块""腔"工具创建箱体的主体。

（2）利用"草图"命令绘制草图，结合"拉伸"工具创建出箱体的拉伸特征。

（3）利用"孔"命令创建孔。

7.1.5 槽

选择"菜单"→"插入"→"设计特征"→"槽"命令或单击"主页"功能区"特征"组中的"槽"按钮 🗄️ ，打开如图 7-82 所示的"槽"对话框。

该选项让用户在实体上生成一个槽，就好像一个成形工具在旋转部件上向内（从外部定位面）或向外（从内部定位面）移动，如同车削操作。

该选项只在圆柱形或圆锥形的面上起作用。旋转轴是选中面的轴。槽在选择该面的位置（选择点）附近生成并自动连接到选中的面上。

图 7-82 "槽"对话框

"槽"对话框各选项功能如下。

（1）矩形：选中该选项，在选定放置平面后系统会打开如图 7-83 所示的"矩形槽"对话框。该选项让用户生成一个周围为尖角的槽，示意图如图 7-84 所示。

①槽直径：生成外部槽时，指定槽的内径，而当生成内部槽时，指定槽的外径。

②宽度：槽的宽度，沿选定面的轴向测量。

图 7-83 "矩形槽"对话框　　　　图 7-84 "矩形槽"示意图

（2）球形端槽：选中该选项，在选定放置平面后系统会打开如图 7-85 所示的"球形端槽"对话框。该选项让用户生成底部有完整半径的槽，示意图如图 7-86 所示。

图 7-85 "球形端槽"对话框　　　　图 7-86 "球形端槽"示意图

①槽直径：生成外部槽时，指定槽的内径，而当生成内部槽时，指定槽的外径。

②球直径：槽的宽度。

（3）U 形槽：选中该选项，在选定放置平面后系统会打开如图 7-87 所示的"U 形槽"对话框。该选项让用户生成在拐角有半径的槽，示意图如图 7-88 所示。

图 7-87　"U 形槽"对话框

图 7-88　"U 形槽"示意图

①槽直径：生成外部槽时，指定槽的内部直径，而当生成内部槽时，指定槽的外部直径。

②宽度：槽的宽度，沿选择面的轴向测量。

③角半径：槽的内部圆角半径。

★重点　动手学——阀盖 1

源文件：yuanwenjian\7\fagai.prt

扫一扫，看视频

阀盖类似螺冒，由六角螺栓头与凸台、螺纹构成。六角螺栓头采用正六边形拉伸体与圆锥体的布尔运算生成，利用凸台生成其他特征，结果如图 7-89 所示。

图 7-89　阀盖

操作步骤　视频文件：动画演示\第 7 章\阀盖.mp4

（1）新建文件。选择"文件"→"新建"命令或单击"主页"功能区"标准"组中的"新建"按钮，打开"新建"对话框，在模型选项卡中选择适当的模板，在"名称"文本框中输入"fagai"，单击"确定"按钮，进入建模环境。

（2）绘制多边形。选择"菜单"→"插入"→"曲线"→"多边形（原有）"命令，打开"多边形"对话框，如图 7-90 所示。设定多边形的"边数"为 6，打开"多边形"设定尺寸参数对话框，选择"外接圆半径"选项，如图 7-91 所示，打开"多边形"参数对话框设定外接圆半径为 16，方位角为 0，如图 7-92 所示。

图 7-90　"多边形"对话框　图 7-91　"多边形"设定尺寸参数对话框 图 7-92　"多边形"参数对话框

单击"确定"按钮，打开"点"对话框，设定多边形中心点坐标为（0,0,0），如图 7-93 所示。单击"确定"按钮完成正六边形的绘制，结果如图 7-94 所示。

图 7-93　"点"对话框　　　　　　　图 7-94　绘制正六边形

（3）拉伸实体。选择"菜单"→"插入"→"设计特征"→"拉伸"命令或单击"主页"功能区"特征"组中的"拉伸"按钮，打开"拉伸"对话框，如图 7-95 所示。选择正六边形的六条边，设置"限制"值为：开始 0，结束 5；指定失量为 ZC 轴，单击"确定"按钮，完成拉伸实体的操作，绘制结果如图 7-96 所示。

图 7-95　"拉伸"对话框　　　　　　图 7-96　绘制拉伸体

268

（4）绘制圆锥体。选择"菜单"→"插入"→"设计特征"→"圆锥"命令或单击"主页"功能区"特征"组中的"圆锥"按钮，打开"圆锥"对话框，如图 7-97 所示。选择"直径和高度"类型，指定失量方向为 ZC 轴，输入圆锥底部直径为 32，顶部直径为 0，高度为 30，如图 7-97 所示。打开"点"对话框，设置圆锥体底面圆心点坐标为（0,0,0）。在"布尔"下拉列表中选择"相交"选项，使圆锥体与刚绘制的六棱柱体相交，如图 7-98 所示。

图 7-97 "圆锥"对话框   图 7-98 绘制六角螺帽

（5）拉伸实体。选择"菜单"→"插入"→"设计特征"→"拉伸"命令或单击"主页"功能区"特征"组中的"拉伸"按钮，打开"拉伸"对话框，选择正六边形的六条边为拉伸曲线，指定失量方向为-ZC 轴。设定拉伸体的尺寸参数：开始距离为 0，结束距离为 10，如图 7-99 所示。在"布尔"下拉列表中选择"合并"选项，单击"确定"按钮，完成拉伸实体的操作，绘制结果如图 7-100 所示。

图 7-99 设定拉伸尺寸   图 7-100 绘制拉伸体

（6）绘制大凸台。选择"菜单"→"插入"→"设计特征"→"凸台（原有）"命令，打开"支管"对话框，如图7-101所示。选择六棱柱体上表面为安装平面，设定凸台尺寸参数：直径为36，高度为5，锥角为0。利用"定位"对话框中"垂直" 定位模式，使凸台中心轴线与六棱柱体任两条棱边的距离均为 16，即使凸台中心轴线与正六棱柱体的中心轴线相互重合，大凸台绘制结果如图7-102所示。

图 7-101 "支管"对话框

图 7-102 绘制凸台

（7）绘制小凸台。选择"菜单"→"插入"→"设计特征"→"凸台（原有）"命令，打开"支管"对话框，选择大凸台上表面为安装平面，设定小凸台尺寸参数：直径为30，高度为12，锥角为0，如图7-103所示。利用"定位"对话框中"垂直" 定位模式，即小凸台与大凸台同轴线，小凸台绘制结果如图7-104所示。

图 7-103 "支管"对话框

图 7-104 绘制凸台

（8）绘制简单孔。选择"菜单"→"插入"→"设计特征"→"孔"命令或单击"主页"功能区"特征"组中的"孔"按钮 ，打开"孔"对话框，如图7-105所示。采用"简单孔"形式，尺寸设置为：直径为12，深度为30，顶锥角为118。捕捉如图7-106所示的圆弧圆心为孔放置位置。单击"确定"按钮，绘制结果如图7-107所示。

图 7-105　"孔"对话框　　　　图 7-106　捕捉圆弧圆心　　　　图 7-107　绘制简单孔

（9）绘制沟槽。选择"菜单"→"插入"→"设计特征"→"槽"命令或单击"主页"功能区"特征"组中的"槽"按钮 💾，打开"槽"对话框，如图 7-108 所示。单击"矩形"按钮，打开"矩形槽"对话框，选择小凸台的外环面为沟槽安装面。打开"矩形槽"对话框设定沟槽尺寸参数：槽直径为 26，宽度为 2，如图 7-109 所示。选择小凸台的上端面，再选择槽的上侧端面，打开"创建表达式"对话框，设定定位距离为 10，如图 7-110 所示，单击"确定"按钮完成槽的绘制，结果如图 7-111 所示。

图 7-108　"槽"对话框

图 7-109　设定槽尺寸

图 7-110　设定定位距离

图 7-111　绘制槽

7.1.6 键槽

选择"菜单"→"插入"→"设计特征"→"键槽（原有）"命令，打开如图 7-112 所示的"槽"对话框。该选项让用户生成一个直槽的通道通过实体或通到实体里面。在当前目标实体上自动在菜单栏中选择减去操作。所有槽类型的深度值按垂直于平面放置面的方向测量。

图 7-112 "槽"对话框

"槽"对话框各选项功能说明如下。

（1）矩形槽：选中该选项，在选定放置平面及水平参考面后系统会打开如图 7-113 所示的"矩形槽"对话框。选择该选项让用户沿着底边生成有尖锐边缘的槽，示意图如图 7-114 所示。

图 7-113 "矩形槽"对话框

图 7-114 "矩形槽"示意图

①长度：槽的长度，按照平行于水平参考的方向测量。此值必须是正的。

②宽度：槽的宽度值。

③深度：槽的深度，按照和槽的轴相反的方向测量，是从原点到槽底面的距离。此值必须是正的。

（2）球形端槽：选中该选项，在选定放置平面及水平参考面后系统会打开如图 7-115 所示的"球形槽"对话框。该选项让用户生成一个有完整半径底面和拐角的槽（如图 7-116）。

图 7-115 "球形槽"对话框

图 7-116 "球形槽"示意图

（3）U 形槽：选中该选项，在选定放置平面及水平参考面后系统会打开如图 7-117 所示的"U 形键槽"对话框。可以用此选项生成"U"型的槽。这种槽留下圆的转角和底面半径，示意图如图 7-118 所示。

图 7-117 "U 形键槽"对话框 　　　　图 7-118 "U 形键槽"示意图

①宽度：槽的宽度（即切削工具的直径）。

②深度：槽的深度，在槽轴的反方向测量，也即从原点到槽底的距离。这个值必须为正。

③角半径：槽的底面半径（即切削工具边半径）。

④长度：槽的长度，在平行于水平参考的方向上测量。这个值必须为正值。

需要注意的是："深度"值必须大于"拐角半径"的值。

（4）T 型槽：选中该选项，在选定放置平面及水平参考面后系统会打开如图 7-119 所示的"T 型槽"对话框。能够生成横截面为倒 T 字型的槽，示意图如图 7-120 所示。

图 7-119 "T 型槽"对话框 　　　　图 7-120 "T 形槽"示意图

①顶部宽度：槽较窄的上部宽度。

②顶部深度：槽顶部的深度，在槽轴的反方向上测量，即从槽原点到底部深度值顶端的距离。

③底部宽度：槽较宽的下部宽度。

④底部深度：槽底部的深度，在刀轴的反方向上测量，即从顶部深度值的底部到槽底的

距离。

⑤长度：槽的长度，在平行于水平参考的方向上测量。这个值必须为正值。

📢 注意：

槽的底部宽度要大于顶部宽度。

（5）燕尾槽：选中该选项，在选定放置平面及水平参考面后系统会打开如图 7-121 所示的"燕尾槽"对话框。该选项生成"燕尾"型的槽。这种槽留下尖锐的角和有角度的壁，示意图如图 7-122 所示。

图 7-121　"燕尾槽"对话框

图 7-122　"燕尾槽"示意图

①宽度：实体表面上槽的开口宽度，在垂直于槽路径的方向上测量，以槽的原点为中心。

②深度：槽的深度，在刀轴的反方向测量，也即从原点到槽底的距离。

③角度：槽底面与侧壁的夹角。

④长度：槽的长度，在平行于水平参考的方向上测量。这个值必须为正值。

（6）通槽：该复选框让用户生成一个完全通过两个选定面的槽。有时，如果在生成特殊的槽时碰到麻烦，尝试按相反的顺序选择通过面，如图 7-123 所示。槽可能会多次通过选定的面，这依赖于选定面的形状。

图 7-123　"通槽"示意图

★重点　动手学——顶杆帽

源文件：yuanwenjian\7\dingganmao.prt

本例绘制顶杆帽，如图 7-124 所示。顶杆帽分三步完成，首先头部由草图曲线回转生成，其次使用凸台和孔操作创建杆部，最后创建杆部的开槽部分。

图 7-124　顶杆帽

操作步骤　视频文件：动画演示\第 7 章\顶杆帽.mp4

1．创建新文件

选择"文件"→"新建"命令或单击"主页"功能区"标准"组中的"新建"按钮⬜，打开"新建"对话框。在模板列表中选择"模型"，在"名称"文本框中输入"dingganmao"，单击"确定"按钮，进入建模环境。

2．绘制草图

（1）选择"菜单"→"插入"→"在任务环境中绘制草图"命令，或单击"曲线"功能区中的"任务环境中的草图"按钮🔳，选择 XC-YC 平面作为草图绘制平面，单击"确定"按钮，进入草图绘制界面。

（2）绘制如图 7-125 所示的草图。

3．创建旋转体

（1）选择"菜单"→"插入"→"设计特征"→"旋转"命令或单击"主页"功能区"特征"组中的"旋转"按钮🌀，打开如图 7-126 所示的"旋转"对话框。

图 7-125　绘制草图

图 7-126　"旋转"对话框

（2）选择上步绘制的草图为旋转截面。

（3）在对话框中的"指定矢量"下拉列表中选择"YC 轴"按钮⭥，在视图区选择原点为基准点或单击"点"对话框按钮⬛，打开"点"对话框，输入坐标点为（0,0,0），单击"确定"按钮，返回到"旋转"对话框。

（4）在"旋转"对话框中，设置"限制"的"开始"选项为"值"，在其文本框中输入 0。同样设置"结束"选项为"值"，在其文本框中输入 360，结果如图 7-127 所示。

4．绘制草图

（1）选择"菜单"→"插入"→"草图"命令或单击"主页"功能区"直接草图"组中的"草图"按钮，打开"创建草图"对话框，选择旋转体的底面为草图绘制平面，单击"确定"按钮，进入草图绘制界面。

（2）绘制如图 7-128 所示的草图。

图 7-127　创建回转体

图 7-128　绘制草图

5．创建拉伸

（1）选择"菜单"→"插入"→"设计特征"→"拉伸"命令或单击"主页"功能区"特征"组中的"拉伸"按钮 ⑪，打开如图 7-129 所示的"拉伸"对话框。选择如图 7-128 所示的草图作为拉伸截面，在"指定矢量"下拉列表中选择"YC 轴" ↗ 为拉伸方向。

（2）在"限制"栏中"开始距离"和"结束距离"文本框中分别输入"0"和"30"，在"布尔"下拉列表中选择"减去"，系统将自动选择视图中的实体。

（3）在对话框中单击"确定"按钮，创建拉伸特征，如图 7-130 所示。

图 7-129　"拉伸"对话框

图 7-130　模型

6.　创建凸台

（1）选择"菜单"→"插入"→"设计特征"→"凸台（原有）"命令，打开如图 7-131 所示的"支管"对话框。

图 7-131　"支管"对话框

（2）选择旋转体的底面为凸台放置面，在直径、高度和锥角选项里分别输入 19、80 和 0，单击"确定"按钮。打开"定位"对话框，如图 7-132 所示，在对话框中单击"点落在点上"按钮，打开"点落在点上"对话框，如图 7-133 所示。

图 7-132　"定位"对话框

图 7-133　"点落在点上"对话框

（3）选择旋转体的圆弧边为目标对象，打开"设置圆弧的位置"对话框，如图 7-134 所示。单击"圆弧中心"按钮，生成的凸台定位于圆柱体顶面圆弧中心，如图 7-135 所示。

图 7-134　"设置圆弧的位置"对话框

图 7-135　创建凸台

7.　创建简单孔

（1）选择"菜单"→"插入"→"设计特征"→"孔"命令或单击"主页"功能区"特征"组中的"孔"按钮，打开如图 7-136 所示的"孔"对话框。

（2）在"孔"对话框中的"类型"下拉列表中选择"常规孔"类型，在"形状和尺寸"

选项组的"成形"下拉列表中选择"简单孔"。

（3）单击"点"按钮 $^{+}_{+}$ ，拾取凸台的边线，捕捉圆心为孔位置。

（4）在"孔"对话框中输入孔的直径、深度和顶锥角为10、77和120，单击"确定"按钮，完成简单孔的创建，如图7-137所示。

图 7-136　"孔"对话框

图 7-137　创建孔 1

8. 创建基准平面

（1）选择"菜单"→"插入"→"基准/点"→"基准平面"命令或单击"主页"功能区"特征"组中的"基准平面"按钮，打开"基准平面"对话框。

（2）在类型下拉列表中选择"YC-ZC"类型，单击"应用"按钮创建基准平面1；

（3）在类型下拉列表中选择"XC-YC"类型，单击"应用"按钮创建基准平面2；

（4）在类型下拉列表中选择"XC-ZC"类型，单击"应用"按钮创建基准平面3；

（5）在类型下拉列表中选择"YC-ZC"类型，输入距离为 9.5，单击"确定"按钮创建基准平面4，如图7-138所示。

9. 创建简单孔

（1）选择"菜单"→"插入"→"设计特征"→"孔"命令或单击"主页"功能区"特征"组中的"孔"按钮，打开"孔"对话框。

（2）在"孔"对话框中的"类型"下拉列表中选择"常规孔"类型，在"形状和尺寸"选项组的"成形"下拉列表中选择"简单孔"。

（3）单击"绘制截面"按钮，选择上步创建的基准平面4为草图绘制面，绘制基准点，如图7-139所示。单击"完成"按钮，草图绘制完毕。

（4）在"孔"对话框中输入孔的直径、深度和顶锥角为4、20和0，单击"确定"按钮，完成简单孔的创建，如图7-140所示。

图7-138 创建基准平面

图7-139 绘制草图

图7-140 创建孔2

10．创建键槽

（1）选择"菜单"→"插入"→"设计特征"→"键槽（原有）"命令，打开"槽"对话框。

（2）在槽"对话框中，选中"矩形槽"单选按钮，不勾选"通槽"，打开放置面选择对话框。

（3）选择基本平面4为键槽放置面，同时打开矩形键槽深度方向选择对话框。

（4）选择单击"接受默认边"按钮或直接单击"确定"按钮，打开"水平参考"对话框。

（5）在实体中选择圆柱面为水平参考，打开如图7-141所示的"矩形槽"参数输入对话框。在"长度""宽度"和"深度"文本框中分别输入14、5.5和20。

（6）在如图7-132所示对话框中单击"确定"按钮，打开"定位"对话框。

（7）选择"垂直" 定位方式，选择"XC-YC"基准平面和矩形键槽长中心线距离为0。选择"XC-ZC"基准平面和矩形键槽短中心线距离为-28。

（8）单击"确定"按钮，完成垂直定位并完成矩形键槽1的创建，如图7-142所示。

（9）同上步骤参数相同，创建矩形键槽短中心线距离"XC-ZC"基准平面为-54的键槽2。

图7-141 "矩形槽"参数对话框

图7-142 创建键槽

11．创建槽1

（1）选择"菜单"→"插入"→"设计特征"→"槽"命令或单击"主页"功能区"特征"组中的"槽"按钮 ，打开"槽"对话框，如图7-143所示。

（2）在"槽"对话框中，选中"矩形"按钮，打开"矩形槽"放置面选择对话框。

（3）在视图区选择圆柱面为槽的放置面，打开"矩形槽"参数输入对话框。

（4）在"矩形槽"对话框中，在"槽直径"和"宽度"文本框中分别输入18和2，如图7-144所示。

图 7-143 "槽"对话框

图 7-144 参数输入对话框

（5）在"矩形槽"对话框中，单击"确定"按钮，打开"定位槽"对话框。

（6）在视图区依次选择弧1和弧2为定位边缘，如图7-145所示。打开"创建表达式"对话框。

（7）在"创建表达式"对话框中的文本框中输入 0，单击"确定"按钮，创建矩形槽，如图7-146所示。

图 7-145 选择弧 1 和弧 2

图 7-146 创建槽 1

12. 创建槽 2

（1）选择"菜单"→"插入"→"设计特征"→"槽"命令或单击"主页"功能区"特征"组中的"槽"按钮，打开"槽"类型对话框。

（2）在"槽"对话框中，选中"矩形"按钮，打开"矩形槽"放置面选择对话框。

（3）在视图区选择第一孔表面为槽的放置面，打开"矩形槽"参数输入对话框。

（4）在"矩形槽"对话框中，在"槽直径"和"宽度"文本框中分别输入11和2，如图7-147所示。

（5）在"矩形槽"对话框中，单击"确定"按钮，打开"定位槽"对话框。

（6）在视图区依次选择弧1和弧2为定位边缘，如图7-148所示。

（7）打开"创建表达式"对话框。在"创建表达式"对话框中的文本框中输入62，单击"确定"按钮，创建矩形槽，如图7-149所示。

图 7-147 参数输入对话框

图 7-148 选择弧 1 和弧 2

图 7-149 创建槽 2

练一练——绘制轴

绘制如图 7-150 所示的轴。

图 7-150 轴

✍ **思路点拨：**

源文件：yuanwenjian\7\zhou.prt
（1）利用"草图"工具绘制阶梯轴草图。
（2）利用"旋转"工具绘制阶梯轴主体。
（3）利用"键槽"工具绘制阶梯轴的细部键槽。

扫一扫，看视频

7.1.7 三角形加强筋

选择"菜单"→"插入"→"设计特征"→"三角形加强筋（原有）"命令，打开如图 7-151 所示"三角形加强筋"对话框。用于沿着两个相交面的交线创建一个三角形加强筋特征，如图 7-152 所示。

图 7-151 "三角形加强筋"对话框

图 7-152 三角形加强筋示意图

对话框中的选项功能介绍如下。

（1）第一组👆：单击该按钮，在视图区选择三角形加强筋的第一组放置面。

（2）第二组👆：单击该按钮，在视图区选择三角形加强筋的第二组放置面。

（3）位置曲线：在第二组放置面的选择超过两个曲面时，该按钮被激活，用于选择两组面多条交线中的一条交线作为三角形加强筋的位置曲线。

（4）位置平面：单击该按钮，用于指定与工作坐标系或绝对坐标系相关的平行平面或在视图区指定一个已存在的平面位置来定位三角形加强筋。

（5）方向平面：单击该按钮，用于指定三角形加强筋的倾斜方向的平面。方向平面可以是已存在平面或基准平面，默认的方向平面是已选两组平面的法向平面。

（6）修剪选项：用于设置三角加强筋的裁剪方式。

（7）方法：用于设置三角加强筋的定位方法，包括"沿曲线"和"位置"定位两种方法。

①沿曲线：用于通过两组面交线的位置来定位。可通过指定"圆弧长"或"%圆弧长"值来定位。

②位置：选择该选项，对话框的变化如图 7-153 所示。此时可单击图标来选择定位方式。

图 7-153　位置选项

7.1.8　螺纹

选择"菜单"→"插入"→"设计特征"→"螺纹"命令，或者单击"主页"功能区"特征"组中的"螺纹刀"按钮，打开如图 7-154 所示"螺纹切削"对话框。该选项能在具有圆柱面的特征上生成符号螺纹或详细螺纹。这些特征包括孔、圆柱、凸台以及圆周曲线扫掠产生的减去或增添部分。

图 7-154　"螺纹切削"对话框

282

1．螺纹类型

（1）符号：该类型螺纹以虚线圆的形式显示在要攻螺纹的一个或几个面上。符号螺纹使用外部螺纹表文件（可以根据特殊螺纹要求来定制这些文件），以确定默认参数。符号螺纹一旦生成就不能复制或阵列，但在生成时可以生成多个复制和可阵列复制，如图 7-155 所示。

（2）详细：该类型螺纹看起来更实际，如图 7-156 所示，但由于其几何形状及显示的复杂性，生成和更新都需要长得多的时间。详细螺纹使用内嵌的默认参数表，可以在生成后复制或引用。详细螺纹是完全关联的，如果特征被修改，螺纹也相应更新。

图 7-155　"符号螺纹"示意图

图 7-156　"详细螺纹"示意图

2．大径：为螺纹的最大直径。对于符号螺纹，提供默认值的是查找表。对于符号螺纹，这个直径必须大于圆柱面直径。只有当"手工输入"选项打开时，才能在这个字段中为符号螺纹输入值。

3．小径：螺纹的最小直径。

4．螺距：从螺纹上某一点到下一螺纹的相应点之间的距离，平行于轴测量。

5．角度：螺纹的两个面之间的夹角，在通过螺纹轴的平面内测量。

6．标注：引用为符号螺纹提供默认值的螺纹表条目。当"螺纹类型"是"详细"，或者对于符号螺纹而言"手工输入"选项可选时，该选项不出现。

7．螺纹钻尺寸：轴尺寸出现于外部符号螺纹；丝锥尺寸出现于内部符号螺纹。

8．方法：该选项用于定义螺纹加工方法，如切削、轧制、研磨和铣削。可以由用户在用户默认值中定义，也可以不同于这些例子。该选项只出现于"符号"螺纹类型。

9．螺纹头数：该选项用于指定是要生成单头螺纹还是多头螺纹。

10．锥形：勾选此复选框，则符号螺纹带锥度。

11．完整螺纹：勾选此复选框，则当圆柱面的长度改变时符号螺纹将更新。

12．长度：从选中的起始面到螺纹终端的距离，平行于轴测量。对于符号螺纹，提供默认值的是查找表。

13．手工输入：该选项为某些选项输入值，否则这些值要由查找表提供。勾选此复选框，"从表格中选择"选项不能用。

14．从表中选择：对于符号螺纹，该选项可以从查找表中选择标准螺纹表条目。

15．旋转：用于指定螺纹应该是"右旋"的（顺时针）还是"左旋"的（反时针），示意图如图 7-157 所示。

右旋　　　　　　　　　左旋

图 7-157　"旋转"示意图

16. 选择起始：该选项通过选择实体上的一个平面或基准面来为符号螺纹或详细螺纹指定新的起始位置，示意图如图 7-158 所示。单击此按钮，打开如图 7-159 所示"螺纹切削"选择对话框，在视图中选择起始面，打开如图 7-160 所示的"螺纹切削"对话框。

图 7-158　选择起始面

图 7-159　"螺纹切削"选择对话框

图 7-160　"螺纹切削"对话框

（1）螺纹轴反向：能指定相对于起始面攻螺纹的方向。

（2）延伸通过起点：使系统生成详细螺纹直至起始面以外。

（3）不延伸：使系统从起始面起生成螺纹。

★重点　动手学——阀盖 2

源文件：yuanwenjian\7\fagai2.prt

扫一扫，看视频

在 7.1.5 节的基础上加上螺纹，完成阀盖的创建，如图 7-161 所示。

图 7-161　阀盖

操作步骤　视频文件：动画演示\第 7 章\阀盖 2.mp4

（1）打开文件。选择"文件"→"打开"命令或单击"主页"功能区"标准"组中的"打开"按钮，打开"打开"对话框，打开 7.1.5 节绘制的阀盖文件。

（2）绘制外螺纹。选择"菜单"→"插入"→"设计特征"→"螺纹"命令，或者单击"主页"功能区"特征"组中的"螺纹刀"按钮，打开"螺纹切削"对话框，如图 7-162 所示。选择"详细"类型，选择小凸台的外表面，更改外螺纹的尺寸参数：大径为 30，小径为 28，长度为 12，螺距 2，角度 60。单击"选择起始"按钮，"螺纹切削"对话框选择如图 7-163 所示的面为起始面，打开如图 7-164 所示的"螺纹切削"对话框。单击"确定"按钮，完成外螺纹的绘制，结果如图 7-165 所示。

图 7-162　"螺纹切削"对话框

图 7-163　"螺纹切削"对话框

图 7-164　选择起始面

图 7-165　"螺纹切削"对话框

练一练——绘制灯泡

绘制如图 7-166 所示的灯泡。

图 7-166   灯泡

✍ 思路点拨：

源文件：yuanwenjian\7\dengpao.prt

（1）利用"球"命令创建球。

（2）利用"圆柱"命令创建圆柱体。

（3）利用"螺纹"命令创建螺旋接口。

扫一扫，看视频

7.2   综合实例——阀体

源文件：yuanwenjian\7\fati.prt

阀体类似三叉导管，由一个主管和侧面垂直两个连接管构成，如图 7-167 所示。对阀体的绘制将分为以下三步讲解：第一步绘制阀体的三叉外轮廓，第二步分别绘制三叉实体上的孔系，第三步绘制两个连接外螺纹。因此本小节主要用到圆柱体、凸台、孔以及螺纹等操作命令。

图 7-167   阀体

操作步骤   视频文件：动画演示\第 7 章\阀体.mp4

（1）新建文件。选择"文件"→"新建"命令或单击"主页"功能区"标准"组中的"新建"按钮，打开"新建"对话框，在模型选项卡中选择适当的模板，在"名称"文本框中输入"fati"，单击"确定"按钮，进入建模环境。

（2）绘制圆柱体。选择"菜单"→"插入"→"设计特征"→"圆柱体"命令或单击"主页"功能区"特征"组中的"圆柱"按钮🛢️，打开"圆柱"对话框，如图 7-168 所示。选择"轴、直径和高度"类型，输入直径为 36，高度为 40。单击"确定"按钮，完成圆柱体的绘制，结果如图 7-169 所示。

图 7-168　"圆柱"对话框

图 7-169　绘制圆柱体

（3）建立基准平面。选择"菜单"→"插入"→"基准/点"→"基准平面"命令或单击"主页"功能区"特征"组中的"基准平面"按钮▱，打开"基准平面"对话框，如图 7-170 所示。选择"XC-YC 平面"类型，设置偏置距离为 0、WCS 方式，绘制 XOY 基准平面，同理创建 YOZ、XOZ 基准平面，结果如图 7-171 所示。

图 7-170　"基准平面"对话框

图 7-171　创建基准平面

（4）绘制凸台。选择"菜单"→"插入"→"设计特征"→"凸台（原有）"命令，打开"支管"对话框，如图 7-172 所示。选择圆柱体上表面为凸台安装平面，设定凸台尺寸参数：直径为 30，高度为 30，锥角为 0。打开"定位"对话框，选择"点落在点上"⟋模式，选择圆柱体圆弧边，打开"设置圆弧的位置"对话框，单击"圆弧中心"按钮，使凸台和圆柱的中心轴重合，绘制结果如图 7-173 所示。

（5）绘制凸台。选择"菜单"→"插入"→"设计特征"→"凸台（原有）"命令，打开"支管"对话框，凸台的安装平面为大凸台的上表面，小凸台的尺寸参数设置为：直径为 20，高度为 20，锥角为 0；利用"定位"对话框"点落在点上" 模式，使小凸台与大凸台同轴线，绘制结果如图 7-174 所示。

图 7-172　"支管"对话框

图 7-173　绘制凸台

图 7-174　绘制凸台

（6）绘制 YOZ 基准面上的凸台。选择"菜单"→"插入"→"设计特征"→"凸台（原有）"命令，打开"支管"对话框，选择 YOZ 基准面为凸台安装平面，设定凸台尺寸参数：直径为 20，高度为 40，锥角为 0。利用"定位"对话框中"垂直" 定位模式，使凸台中心轴线与 XOZ 基准面距离为 0，与 XOY 基准面的距离为 24，绘制结果如图 7-175 所示。

（7）绘制 XOZ 基准面上的凸台。选择"菜单"→"插入"→"设计特征"→"凸台（原有）"命令，打开"支管"对话框，选择 XOZ 基准面为凸台放置面，设定凸台尺寸参数：直径为 24，高度为 24，锥角为 0。利用"定位"对话框中"垂直" 定位模式，使凸台中心轴线与 YOZ 基准面距离为 0，与 XOY 基准面的距离为 45，绘制结果如图 7-176 所示。

（8）绘制大小两个凸台。选择"菜单"→"插入"→"设计特征"→"凸台（原有）"命令，打开"支管"对话框，以 XOZ 基准面上的凸台表面为新凸台放置面，设定凸台尺寸参数：大凸台直径为 30，高度为 3，锥角为 0；小凸台直径为 20，高度为 20，锥角为 0。利用"定位"对话框中"点落在点上" ，使大小凸台中心轴线都与 XOZ 基准面上的凸台中心轴线相重合，绘制结果如图 7-177 所示。

图 7-175　绘制 YOZ 基准面凸台

图 7-176　绘制 XOZ 基准面凸台

图 7-177　创建凸台

（9）绘制阀体下方沉头孔。选择"菜单"→"插入"→"设计特征"→"孔"命令或单击"主页"功能区"特征"组中的"孔"按钮 ，打开"孔"对话框，如图 7-178 所示。选择"沉头"形式，尺寸设置为：沉头直径为 28，沉头深度为 35；孔直径为 18，孔深度为 65，顶锥角为 0。捕捉如图 7-179 所示的圆心为孔放置位置，绘制结果如图 7-180 所示。

图 7-178　"孔"对话框　　　　图 7-179　捕捉圆心　　　　图 7-180　绘制沉头孔

（10）绘制阀体上方通孔。选择"菜单"→"插入"→"设计特征"→"孔"命令或单击"主页"功能区"特征"组中的"孔"按钮，打开"孔"对话框，采用"简单孔"形式，尺寸设置为：直径为 12，深度为 30，顶锥角为 0，如图 7-181 所示。捕捉如图 7-182 所示的圆弧圆心为孔放置位置，绘制结果如图 7-183 所示。

图 7-181　设定孔的尺寸　　　　图 7-182　捕捉圆心　　　　图 7-183　绘制简单孔

（11）绘制阀体侧面凸台的通孔。选择"菜单"→"插入"→"设计特征"→"孔"命令或单击"主页"功能区"特征"组中的"孔"按钮 ，打开"孔"对话框，采用"简单孔"形式，尺寸设置为：直径为 12，深度为 50，顶锥角为 0，如图 7-184 所示。分别捕捉如图 7-185 所示的圆弧圆心为孔放置位置，绘制结果如图 7-186 所示。

图 7-184　设定孔的尺寸　　　　图 7-185　捕捉圆心　　　　图 7-186　绘制简单孔

（12）绘制内螺纹。选择"菜单"→"插入"→"设计特征"→"螺纹"命令，或者单击"主页"功能区"特征"组中的"螺纹刀"按钮 ，打开"螺纹切削"对话框，如图 7-187 所示。选择"详细"类型，单击阀体下方沉头孔的内壁，如图 7-188 所示，系统会自动匹配内螺纹的尺寸参数：大径为 30，长度为 15，螺距 2，角度 60。单击"确定"按钮，完成内螺纹的绘制，结果如图 7-189 所示。

图 7-187　"螺纹切削"对话框　　　图 7-188　选择螺纹放置面　　　图 7-189　绘制螺纹

（13）绘制沟槽。选择"菜单"→"插入"→"设计特征"→"槽"命令或单击"主页"功能区"特征"组中的"槽"按钮🗄，打开"槽"对话框，如图 7-190 所示。单击"矩形"按钮，打开"矩形槽"对话框，如图 7-191 所示。选择阀体左侧面凸台的外环面为槽安装面。打开"矩形槽"对话框设定沟槽尺寸参数：槽直径为 18，宽度为 2，如图 7-192 所示。选择左侧面凸台的端面，再选择槽的左侧端面，打开"创建表达式"对话框，设定定位距离为 18，如图 7-193 所示。完成槽的绘制，结果如图 7-194 所示。

图 7-190 "槽"对话框

图 7-191 "矩形槽"对话框

图 7-192 设定槽尺寸

图 7-193 设定定位距离

（14）绘制阀体右侧面凸台的沟槽。选择"菜单"→"插入"→"设计特征"→"槽"命令或单击"主页"功能区"特征"组中的"槽"按钮🗄，打开"槽"对话框，采用"矩形"模式，选择阀体右侧面凸台的外表面为槽安装面，槽尺寸参数：槽直径为 18，宽度为 2。选择右侧面凸台的端面，再选择槽的右侧端面，打开"创建表达式"对话框，设定定位距离为 18。完成右侧槽的绘制，结果如图 7-195 所示。

图 7-194 绘制沟槽

图 7-195 绘制槽

（15）绘制外螺纹 1。选择"菜单"→"插入"→"设计特征"→"螺纹"命令，或者单击"主页"功能区"特征"组中的"螺纹刀"按钮🗄，打开"螺纹切削"对话框，如图 7-196 所示。选择"详细"选项，选择如图 7-197 所示的阀体左侧面凸台的外壁为螺纹放置面，系统会自动匹配外螺纹的尺寸参数：小径为 17.5，长度为 18，螺距 2.5，角度 60。单击"确定"按钮，完成外螺纹的绘制，结果如图 7-198 所示。

图 7-196　"螺纹切削"对话框　　　图 7-197　选择螺纹放置面　　　图 7-198　绘制外螺纹

（16）绘制外螺纹 2。选择"菜单"→"插入"→"设计特征"→"螺纹"命令，或者单击"主页"功能区"特征"组中的"螺纹刀"按钮，打开如图 7-199 所示的"螺纹切削"对话框，选择如图 7-200 所示的右侧面凸台外圆面为螺纹放置面，尺寸参数：小径为 17.5，长度为 18，螺距 2.5，角度 60，如图 7-200 所示。单击"确定"按钮，完成外螺纹的绘制，结果如图 7-167 所示。

图 7-199　"螺纹切削"对话框　　　　　　图 7-200　选择螺纹放置面

练一练——绘制轴承座

综合利用各种设计特征命令绘制如图 7-201 所示的轴承座。

图 7-201　轴承座

✍ 思路点拨：

源文件：yuanwenjian\7\zhouchengzuo.prt
（1）利用"圆柱"命令创建圆柱体。
（2）利用"凸台"命令创建凸台。
（3）利用"拉伸"命令创建拉伸实体。
（4）利用"孔"命令创建孔，最终完成轴承座的创建。

第8章 复制特征

内容简介

特征操作是在特征建模的基础上增加一些细节的表现，也就是在毛坯的基础上进行详细设计操作。

内容要点

➥ 关联复制特征
➥ 偏置/缩放特征

8.1 关联复制特征

本节主要介绍关联复制特征子菜单中的特征，这些特征主要是对特征进行复制。

8.1.1 阵列几何特征

扫一扫，看视频

选择"菜单"→"插入"→"关联复制"→"阵列几何特征"命令或单击"主页"功能区"特征"组"更多"库下的"阵列几何特征"按钮，打开如图8-1所示"阵列几何特征"对话框。该选项从已有特征生成阵列。

对话框部分选项功能介绍如下。

（1）线性：该选项从一个或多个选定特征生成图样的线性阵列。线性阵列既可以是二维的（在 XC 和 YC 方向上，即多行特征），也可以是一维的（在 XC 或 YC 方向上，即一行特征）。其操作后示意图如图8-2所示。

（2）圆形：该选项从一个或多个选定特征生成圆形图样的阵列，示意图如图 8-3 所示。

（3）多边形：该选项从一个或多个选定特征按照绘制好的多边形生成图样的阵列。

（4）螺旋：该选项从一个或多个选定特征按照绘制好的螺旋线生成图样的阵列。示意图如图8-4所示。

（5）沿：该选项从一个或多个选定特征按照绘制好的曲线生成图样的阵列，示意图如图8-5所示。

（6）常规：该选项从一个或多个选定特征在指定点处生成图样，示意图如图8-6所示。

图 8-1 "阵列几何特征"对话框

图 8-2 "线性阵列"示意图

图 8-3 "圆形"示意图

图 8-4 "螺旋"示意图　　　　图 8-5 "沿"示意图　　　　图 8-6 "常规"示意图

★重点　动手学——瓶盖

源文件：yuanwenjian\8\pinggai.prt

本例采用实体建模和孔操作创建瓶盖轮廓，采用螺纹操作创建瓶盖的内螺纹，然后对瓶盖外表面进行变换编辑操作等生成防滑条，模型如图 8-7 所示。

扫一扫，看视频

图 8-7 瓶盖

操作步骤 视频文件：动画演示\第 8 章\瓶盖.mp4

（1）新建文件。选择"文件"→"新建"命令或单击"主页"功能区"标准"组中的"新建"按钮 ，打开"新建"对话框，在模型选项卡中选择适当的模板，在"名称"文本框中输入"pinggai"，单击"确定"按钮，进入建模环境。

（2）创建圆柱体。选择"菜单"→"插入"→"设计特征"→"圆柱"命令或单击"主页"功能区"特征"组中的"圆柱"按钮 ，打开如图 8-8 所示"圆柱"对话框。选择"轴、直径和高度"类型，在"指定矢量"下拉列表中选择"ZC 轴"，单击"点"对话框按钮，在打开的"点"对话框中输入坐标点为（0,0,0），在"直径"和"高度"文本框中分别输入 20 和 12，单击"确定"按钮，以原点为中心生成圆柱体，如图 8-9 所示。

图 8-8 "圆柱"对话框 图 8-9 圆柱体

（3）创建孔。选择"菜单"→"插入"→"设计特征"→"孔"命令或单击"主页"功能区"特征"组中的"孔"按钮 ，打开如图 8-10 所示"孔"对话框，在"成形"下拉列表中选择"简单孔"，在直径、深度和顶锥角文本框中分别输入 17、8 和 0。捕捉如图 8-11 所示的一端圆柱面圆心为孔放置位置，单击"确定"按钮，创建孔，如图 8-12 所示。

（4）创建螺纹。选择"菜单"→"插入"→"设计特征"→"螺纹"命令，或者单击"主页"功能区"特征"组中的"螺纹刀"按钮 ，打开"螺纹切削"对话框，如图 8-13 所示。选择"详细"类型，选择如图 8-14 所示的圆柱体内孔表面为螺纹放置面，设置"长度"为 7，"螺距"为 1.5，"大径"为 18.5，其他采用默认设置，单击"确定"按钮生成螺纹，如图 8-15 所示。

图 8-10 "孔"对话框　　　图 8-11 捕捉圆心　　　图 8-12 创建孔

图 8-13 "螺纹切削"对话框　　图 8-14 螺纹放置面　　　图 8-15 创建螺纹

（5）生成长方体。选择"菜单"→"插入"→"设计特征"→"长方体"命令或单击"主页"功能区"特征"组中的"长方体"按钮⬚，打开如图 8-16 所示"长方体"对话框，单击"点"对话框按钮⬚，打开"点"对话框，输入（9.5，0，2）为长方体生成原点，单击"确定"按钮，返回长方体对话框在长度、宽度和高度分别设置为 1、0.5 和 10，单击"确定"按钮，完成长方体的创建，如图 8-17 所示。

图 8-16 "长方体"对话框

图 8-17 创建长方体

（6）创建变换操作。选择"菜单"→"插入"→"关联复制"→"阵列几何特征"命令或单击"主页"功能区"特征"组"更多"库下的"阵列几何特征"按钮 ，打开如图 8-18 所示"阵列几何特征"对话框。选择长方体为要形成图样的特征，在"布局"下拉列表中选择"圆形"，指定旋转轴为"ZC 轴"，捕捉圆弧圆心为阵列中心，输入数量和节距角为 72 和 5，单击"确定"按钮，完成瓶盖外表面防滑纹的操作，如图 8-19 所示。

图 8-18 "阵列几何特征"工具条

图 8-19 阵列长方体

（7）合并操作。选择"菜单"→"插入"→"组合"→"合并"命令或单击"主页"功能区"特征"组中的"合并"按钮，打开如图 8-20 所示"合并"对话框。选择圆柱体为目标体，框选 72 个长方体为工具体，单击"确定"按钮，将所有实体合并成一个实体。结果如图 8-21 所示。

图 8-20 "合并"对话框

图 8-21 合并实体

（8）边倒圆。选择"菜单"→"插入"→"细节特征"→"边倒圆"命令或单击"主页"功能区"特征"组中的"边倒圆"按钮，打开"边倒圆"对话框如图 8-22 所示。在"半径 1"文本框中输入"0.5"，选择如图 8-23 所示的瓶盖顶端圆弧边为圆角边，单击"确定"按钮，生成如图 8-7 所示瓶盖。

图 8-22 "边倒圆"对话框

图 8-23 选择圆角边

8.1.2 阵列特征

选择"菜单"→"插入"→"关联复制"→"阵列特征"命令，或者单击"主页"功能区"特征"组中的"阵列特征"按钮，打开如图 8-24 所示"阵列特征"对话框。该选项从已有特征生成阵列。

对话框部分选项功能介绍如下。

（1）线性：该选项从一个或多个选定特征生成图样的线性阵列。线性阵列既可以是二维的（在 XC 和 YC 方向上，即几行特征），也可以是一维的（在 XC 或 YC 方向上，即一行特征）。其操作后示意图如图 8-25 所示。

（2）圆形：该选项从一个或多个选定特征生成圆形图样的阵列，示意图如图 8-26 所示。

（3）多边形：该选项从一个或多个选定特征按照绘制好的多边形生成图样的阵列。

图 8-24　"阵列特征"对话框

图 8-25　"线性阵列"示意图

图 8-26　"圆形"示意图

（4）螺旋：该选项从一个或多个选定特征按照绘制好的螺旋线生成图样的阵列，示意图如图 8-27 所示。

（5）沿：该选项从一个或多个选定特征按照绘制好的曲线生成图样的阵列，示意图如图 8-28 所示。

（6）常规：该选项从一个或多个选定特征在指定点处生成图样，示意图如图 8-29 所示。

图 8-27　"螺旋式"示意图　　　图 8-28　"沿"示意图　　　图 8-29　"常规"示意图

扫一扫，看视频

★重点 动手学——挡板

源文件：yuanwenjian\8\dangban.prt

本节绘制如图 8-30 所示挡板。

图 8-30 挡板

操作步骤 视频文件：动画演示\第 8 章\挡板.mp4

（1）选择"文件"→"新建"命令或单击"主页"功能区"标准"组中的"新建"按钮，打开"新建"对话框。在模板列表中选择"模型"，在"名称"文本框中输入"dangban"，单击"确定"按钮，进入建模环境。

（2）选择"菜单"→"插入"→"设计特征"→"圆柱"命令或单击"主页"功能区"特征"组中的"圆柱"按钮，打开如图 8-31 所示的"圆柱"对话框。选择"轴、直径和高度"类型。选择"ZC 轴"为圆柱体方向。单击"点"对话框按钮，打开"点"对话框，输入原点坐标为（0,0,0），单击"确定"按钮，返回到"圆柱"对话框。在"直径"和"高度"文本框中分别输入 200 和 25，单击"确定"按钮，生成模型如图 8-32 所示。

图 8-31 "圆柱"对话框

图 8-32 圆柱体

（3）选择"菜单"→"插入"→"设计特征"→"孔"命令或单击"主页"功能区"特征"组中的"孔"按钮，打开如图 8-33 所示的"孔"对话框。选择"常规孔"类型，在"形状和尺寸"选项组的"成形"下拉列表中选择"简单孔"。捕捉圆柱体的上表面圆心为孔放置位置，如图 8-34 所示。输入孔的直径为 56.3，贯通体，单击"确定"按钮，完成简单孔的创建，如图 8-35 所示。

图 8-33 "孔"对话框

图 8-34 捕捉圆心位置

图 8-35 创建孔

（4）选择"菜单"→"插入"→"设计特征"→"孔"命令或单击"主页"功能区"特征"组中的"孔"按钮，打开如图 8-33 所示的"孔"对话框。选择"常规孔"类型，在"形状和尺寸"选项组的"成形"下拉列表中选择"简单孔"。单击"绘制截面"按钮，选择圆柱体的上表面为草图放置面，绘制如图 8-36 所示的草图。输入孔的"直径"为 20.3，深度限制为"贯通体"，单击"确定"按钮，完成简单孔的创建，如图 8-37 所示。

图 8-36 绘制草图

图 8-37 绘制孔

（5）选择"菜单"→"插入"→"关联复制"→"阵列特征"命令，或者单击"主页"功能区"特征"组中的"阵列特征"按钮，打开如图 8-38 所示的"阵列特征"对话框。在"布局"下拉列表中选择"圆形"类型。选择"ZC 轴"为旋转轴，指定坐标原点为基点。在"数量"文本框中输入"3"，在"节距角"文本框中输入"120"，单击"确定"按钮，如图 8-39 所示。

图 8-38　"阵列特征"对话框　　　　　图 8-39　阵列孔

8.1.3　镜像特征

选择"菜单"→"插入"→"关联复制"→"镜像特征"命令或单击"主页"功能区"特征"组中"更多"库下"镜像特征"按钮。打开如图 8-40 所示的"镜像特征"对话框，通过基准平面或平面镜像选定特征的方法来生成对称的模型，镜像特征可以在体内镜像特征，示意图如图 8-41 所示。

图 8-40　"镜像特征"对话框　　　　图 8-41　"镜像特征"示意图

部分选项功能介绍如下。

（1）选择特征：该选项用于选择想要进行镜像的部件中的特征。要指定需要镜像的特征，它在列表中高亮显示。

（2）镜像平面：该选项用于指定镜像选定特征所用的平面或基准平面。

★重点　动手学——轴承盖

源文件：yuanwenjian\8\ zhouchenggai.prt

首先创建圆柱体作为主体，然后在主体利用拉伸、孔命令添加其他主要特征，最后对其进行倒斜角和圆角操作，如图 8-42 所示。

图 8-42　轴承盖

操作步骤　视频文件：动画演示\第 8 章\轴承盖.mp4

1．创建新文件

选择"文件"→"新建"命令或单击"主页"功能区"标准"组中的"新建"按钮 ，打开"新建"对话框。在"模板"选项组中选择"模型"，在"名称"文本框中输入"zhouchenggai"，单击"确定"按钮，进入建模环境。

2．创建圆柱体

（1）选择"菜单"→"插入"→"设计特征"→"圆柱"命令或单击"主页"功能区"特征"组中的"圆柱"按钮 ，打开"圆柱"对话框。

（2）在"类型"下拉列表框中选择"轴、直径和高度"，在"指定矢量"下拉列表中选择 ，如图 8-43 所示。

（3）单击"点"对话框按钮 ，打开"点"对话框，将原点坐标设置为（0,0,0），单击"确定"按钮。

（4）返回"圆柱"对话框后，在"直径"和"高度"数值框中分别输入"80""65"，最后单击"确定"按钮，生成圆柱体 1。

（5）同上步骤，在坐标点（0,0,5）处创建直径和高度为 110 和 55 的圆柱体 2，并与圆柱体 1 进行求和操作。如图 8-44 所示。

图 8-43 "圆柱"对话框

图 8-44 创建圆柱体

3. 绘制草图

（1）选择"菜单"→"插入"→"草图"命令或单击"主页"功能区"直接草图"组中的"草图"按钮，在打开的"创建草图"对话框中设置 XC-ZC 平面为草图绘制平面，单击"确定"按钮，进入草图绘制界面。

（2）利用草图命令绘制如图 8-45 所示的草图。

图 8-45 绘制草图

4. 拉伸操作

（1）选择"菜单"→"插入"→"设计特征"→"拉伸"命令或单击"主页"功能区"特征"组中的"拉伸"按钮，打开如图 8-46 所示的"拉伸"对话框。

（2）选择步骤 2 创建的曲线为拉伸截面，然后在"指定矢量"下拉列表中选择 （YC轴），在"限制"选项组中将"开始"和"结束"均设置为"值"，将其"距离"分别设置为 0 和 46，在"布尔"下拉列表中选择"合并"选项，系统自动选择实体。最后单击"确定"按钮，完成拉伸操作，结果如图 8-47 所示。

图 8-46　"拉伸"对话框　　　　　图 8-47　拉伸操作

5. 创建埋头孔

（1）选择"菜单"→"插入"→"设计特征"→"孔"命令或单击"主页"功能区"特征"组中的"孔"按钮，打开如图 8-48 所示的"孔"对话框。

（2）在"类型"下拉列表框中选择"常规孔"，在"形状和尺寸"选项组的"成形"下拉列表框中选择"简单孔"。

（3）捕捉上步绘制的拉伸体的圆弧圆心为孔放置位置，如图 8-49 所示。

（4）在"孔"对话框中，将"直径""深度"和"顶锥角"分别设置为 13、46 和 0，单击"确定"按钮，完成孔的创建，如图 8-50 所示。

图 8-48　"孔"对话框　　　　　图 8-49　捕捉圆心　　　　　图 8-50　完成孔的创建

6. 创建镜像特征

（1）选择"菜单"→"插入"→"关联复制"→"镜像特征"命令或单击"主页"功能区"特征"组中"更多"库下"镜像特征"按钮，打开如图 8-51 所示的"镜像特征"对话框。

（2）在视图或部件导航器中选择步骤 5 和 10 创建的特征，选 YC-ZC 基准平面为镜像平面，单击"确定"按钮，创建镜像特征，如图 8-52 所示。

图 8-51 "镜像特征"对话框

图 8-52 创建镜像特征

7. 创建简单孔

（1）选择"菜单"→"插入"→"设计特征"→"孔"命令或单击"主页"功能区"特征"组中的"孔"按钮，打开如图 8-53 所示的"孔"对话框。

（2）在"类型"下拉列表框中选择"常规孔"，在"形状和尺寸"选项组的"成形"下拉列表框中选择"简单孔"。

（3）捕捉如图 8-54 所示的拉伸体圆弧圆心为孔放置位置。

（4）在"孔"对话框中，将"直径""深度"和"顶锥角"分别设置为 60、65 和 0，单击"确定"按钮，完成孔的创建，如图 8-55 所示。

图 8-53 "孔"对话框

图 8-54 捕捉圆心

图 8-55 完成孔的创建

8．绘制草图

（1）选择"菜单"→"插入"→"草图"命令或单击"主页"功能区"直接草图"组中的"草图"按钮，在打开的"创建草图"对话框中设置 XC-YC 平面为草图绘制平面，单击"确定"按钮，进入草图绘制界面。

（2）利用草图命令绘制如图 8-56 所示的草图。

9．拉伸操作

（1）选择"菜单"→"插入"→"设计特征"→"拉伸"命令或单击"主页"功能区"特征"组中的"拉伸"按钮，打开如图 8-57 所示的"拉伸"对话框。

图 8-56　绘制草图

（2）选择步骤 2 创建的曲线为拉伸截面，然后在"指定矢量"下拉列表中选择 ZC（ZC 轴），在"限制"选项组中将"开始"和"结束"均设置为"值"，将其"距离"分别设置为 0 和 65，在"布尔"下拉列表中选择"减去"选项，系统自动选择实体。最后单击"确定"按钮，完成拉伸操作，隐藏草图后如图 8-58 所示。

图 8-57　"拉伸"对话框

图 8-58　拉伸操作

10．创建基准平面

（1）选择"菜单"→"插入"→"基准/点"→"基准平面"命令或单击"主页"功能区"特征"组中的"基准平面"按钮，打开"基准平面"对话框，如图 8-59 所示。

（2）在"类型"下拉列表框中选择 XC-ZC 平面，设置距离为 58，单击"确定"按钮，生成基准平面 1，如图 8-60 所示。

图 8-59　"基准平面"对话框

图 8-60　创建基准平面 1

11．创建凸台

（1）选择"菜单"→"插入"→"设计特征"→"凸台（原有）"命令，打开如图 8-61 所示的"支管"对话框。

（2）选择上步创建的基准平面 1 为凸台放置面，在"直径""高度"和"锥角"数值框中分别输入"25""10"和"0"，单击"反侧"按钮，单击"确定"按钮。

（3）打开"定位"对话框，如图 8-62 所示。在其中单击"垂直"按钮，选择 XC-YC 基准平面，输入表达式为 32.5，单击"应用"按钮。

图 8-61　"支管"对话框

图 8-62　"定位"对话框

（4）选择 YC-ZC 基准平面，输入表达式为 0，单击"确定"按钮，结果如图 8-63 所示。

图 8-63　创建凸台

12．创建沉头孔

（1）选择"菜单"→"插入"→"设计特征"→"孔"命令或单击"主页"功能区"特征"组中的"孔"按钮，打开如图 8-64 所示的"孔"对话框。

（2）在"类型"下拉列表框中选择"常规孔"，在"形状和尺寸"选项组的"成形"下拉列表框中选择"沉头"。

（3）捕捉上步创建的凸台的上端圆弧圆心为孔放置位置，如图 8-65 所示。

图 8-64 "孔"对话框

图 8-65 捕捉圆心

（4）在"孔"对话框中，将"沉头直径""沉头深度""直径""深度"和"顶锥角"分别设置为 14、17、10、32 和 0，单击"确定"按钮，完成孔的创建，如图 8-66 所示。

图 8-66 完成孔的创建

13．创建圆柱体

（1）选择"菜单"→"插入"→"设计特征"→"圆柱"命令或单击"主页"功能区"特征"组中的"圆柱"按钮，打开"圆柱"对话框。

（2）在"类型"下拉列表框中选择"轴、直径和高度"，在"指定矢量"下拉列表中选择^{ZC}，如图 8-67 所示。

（3）单击"点"对话框按钮，打开"点"对话框，将原点坐标设置为（0,0,17），单击"确定"按钮。

（4）返回"圆柱"对话框后，在"直径"和"高度"数值框中分别输入"65"和"31"，在"布尔"下拉列表中选择"减去"选项，单击"确定"按钮，生成槽，如图 8-68 所示。

图 8-67　"圆柱"对话框

图 8-68　创建圆柱体

14．边倒圆

（1）选择"菜单"→"插入"→"细节特征"→"边倒圆"命令或单击"主页"功能区"特征"组中的"边倒圆"按钮，打开"边倒圆"对话框，如图 8-69 所示。

（2）在"形状"下拉列表中选择"圆形"；在视图中选择如图 8-70 所示的边，并在"半径 1"文本框中输入"2"。

图 8-69　"边倒圆"对话框

图 8-70　选择边

（3）在"边倒圆"对话框中单击"确定"按钮，完成倒圆角处理，结果如图 8-71 所示。

15．创建倒斜角

（1）选择"菜单"→"插入"→"细节特征"→"倒斜角"命令或单击"主页"功能区"特征"组中的"倒斜角"按钮 ，打开如图 8-72 所示的"倒斜角"对话框。

（2）在"横截面"下拉列表中选择"对称"，在"距离"文本框中输入"2.5"，如图 8-72 所示。

（3）在视图中选择如图 8-73 所示的边。

图 8-71　倒圆角结果

图 8-72　"倒斜角"对话框

图 8-73　选择倒角边

（4）在"倒斜角"对话框中单击"应用"按钮。

（5）在视图中选择如图 8-74 所示的边，输入距离为 5，单击"确定"按钮，结果如图 8-75 所示。

图 8-74　选择倒角边

图 8-75　倒斜角

16．创建倒斜角 2

（1）选择"菜单"→"插入"→"细节特征"→"倒斜角"命令或单击"主页"功能区"特征"组中的"倒斜角"按钮 ，打开"倒斜角"对话框。

（2）在"横截面"下拉列表中选择"偏置和角度"，在"距离"和"角度"文本框中分别输入"2"和"30",如图 8-76 所示。

（3）在视图中选择如图 8-77 所示的边进行倒角操作。

（4）在"倒斜角"对话框中单击"确定"按钮,隐藏基准平面,结果如图 8-42 所示。

图 8-76 "倒斜角"对话框

图 8-77 选择边

练一练——绘制哑铃

绘制如图 8-78 所示的哑铃。

图 8-78 哑铃

✏ **思路点拨:**

源文件: yuanwenjian\8\yaling.prt

（1）利用"球"命令创建上部球体。

（2）利用"圆柱"命令创建中间圆柱体。

（3）利用"镜像特征"命令镜像球体完成哑铃的创建。

8.1.4 镜像几何体

扫一扫,看视频

选择"菜单"→"插入"→"关联复制"→"镜像几何体"命令或单击"主页"功能区"特征"组中的"镜像几何体"按钮 ⚑,打开如图 8-79 所示的"镜像几何体"对话框。用于以基准平面来镜像所选的实体,镜像后的实体或片体和原实体或片体相关联,但本身没有可编辑的特征参数,示意图如图 8-80 所示。

图 8-79　"镜像几何体"对话框　　　　　图 8-80　"镜像几何体"示意图

扫一扫，看视频

★**重点　动手学——花键轴**

源文件：yuanwenjian\8\huajianzhou.prt

例分三步创建，首先创建花键轴实体，然后通过基本曲线创建花键截面线并进行拉伸操作生成花键，最后使用键槽操作在花键轴上创建普通平键，生成模型如图 8-81 所示。

图 8-81　花键轴

操作步骤　视频文件：动画演示\第 8 章\花键轴.mp4

（1）新建文件。选择"文件"→"新建"命令或单击"主页"功能区"标准"组中的"新建"按钮，打开"新建"对话框，在模型选项卡中选择适当的模板，在"名称"文本框中输入"huajianzhou"，单击"确定"按钮，进入建模环境。

（2）创建圆柱体。选择"菜单"→"插入"→"设计特征"→"圆柱"命令或单击"主页"功能区"特征"组中的"圆柱"按钮，打开如图 8-82 所示的"圆柱"对话框。选择"轴、直径和高度"类型，指定 ZC 轴为圆柱体的创建方向，在直径和高度选项中分别输入 50 和 13，单击"点"对话框按钮，在对话框中输入坐标点为（0,0,0），以原点为中心生成圆柱体 1。

同上步骤创建圆柱体 2、3、4 和 5。直径和高度参数分别是（48，2），（53，110），（60，20）和（62.4，50），圆柱体生成原点分别是上个圆柱体的上端面中心并分别完成求和操作，生成模型如图 8-83 所示。

图 8-82 "圆柱"对话框

图 8-83 创建圆柱体

（3）创建基准面。选择"菜单"→"插入"→"基准/点"→"基准平面"命令或单击"主页"功能区"特征"组中的"基准平面"按钮□，打开如图 8-84 所示"基准平面"对话框。在"类型"下拉列表中选择"XC-YC 平面"，单击"应用"按钮，完成基本基准面 1 的创建。同上选择"YC-ZC 平面"类型，单击"应用"按钮，完成基准平面 2 的创建。选择"XC-ZC 平面"类型，单击"应用"按钮，完成基准平面 3 的创建。选择"XC-ZC 平面"类型，在对话框中输入距离为 18.74，单击"应用"按钮，完成基准平面 4 的创建。选择"XC-YC 平面"类型，在对话框中输入距离为 75，单击"应用"按钮，完成基准平面 5 的创建。选择"XC-YC 平面"类型，在对话框中输入距离为 195，单击"应用"按钮，完成基准平面 6 的创建。结果如图 8-85 所示。

图 8-84 "基准平面"对话框

图 8-85 基准平面

（4）创建矩形槽。选择"菜单"→"插入"→"设计特征"→"键槽（原有）"命令，打开"槽"类型对话框，如图 8-86 所示，选择"矩形槽"选项，单击"确定"按钮，打开"矩形槽"放置面对话框，选择基准平面 4 为键槽放置面，并选择 YC 轴正方向为键槽创建方向，单击"确定"按钮，打开水平参考对话框，按系统提示选择"YC-ZC"基准平面为水平参考，打开"矩形槽"参数对话框，如图 8-87 所示，在长度、宽度和深度选项中分别输入 50、16 和 10，单击"确定"按钮，打开"定位"对话框，选择"垂直"定位，按系统提示选择"XC-YC"基准平面为目标边，选择矩形腔体短中心线为工具边，打开"创建表达式"对话框，输入 45，单击"确定"按钮，完成垂直定位，单击"确定"按钮，完成矩形键槽的创建，生成如图 8-88 所示实体。

图 8-86 "槽"对话框

图 8-87 "矩形槽"对话框

图 8-88 槽模型

（5）镜像操作。选择"菜单"→"插入"→"关联复制"→"镜像几何体"命令或单击"主页"功能区"特征"组中的"镜像几何体"按钮，打开如图 8-89 所示的"镜像几何体"对话框，选择屏幕中的实体，选择基准平面 6 的镜像平面，单击"确定"按钮，完成轴主体创建，结果如图 8-90 所示。

图 8-89 "镜像几何体"对话框

图 8-90 镜像几何体

（6）创建草图。选择"菜单"→"插入"→"在任务环境中绘制草图"命令，或单击"曲线"功能区中的"任务环境中的草图"按钮，打开"创建草图"对话框，选择基准平面 5 为草图绘制面，单击"确定"按钮，进入草图绘制环境，绘制如图 8-91 所示的草图。单击"完成"按钮，返回建模模块。

（7）创建拉伸。选择"菜单"→"插入"→"设计特征"→"拉伸"命令或单击"主页"功能区"特征"组中的"拉伸"按钮，打开如图 8-92 所示的"拉伸"对话框。选择草图为拉伸曲线，指定拉伸矢量为 ZC 轴，输入拉伸距离为 60，在"布尔"下拉列表中选择"无"，单击"确定"按钮，完成拉伸操作，生成如图 8-93 所示实体模型。

图 8-91 草图模型　　　　图 8-92 "拉伸"对话框　　　　图 8-93 创建拉伸体

（8）创建拔模。选择"菜单"→"插入"→"细节特征"→"拔模"命令或者单击"主页"功能区"特征"组中的"拔模"按钮 ，打开"拔模"对话框，如图 8-94 所示，指定拉伸矢量为"YC 轴"，选择图 8-93 所示点为固定面，然后选择如图 8-93 所示的平面为拔模面，在"角度 1"文本框中输入"60"，单击"确定"按钮，完成拔模操作。

（9）边倒角。选择"菜单"→"插入"→"细节特征"→"倒斜角"命令或单击"主页"功能区"特征"组中的"倒斜角"按钮 ，打开"倒斜角"对话框，如图 8-95 所示。选择"非对称"选项，选择图 8-96 所示边为倒角边，在距离 1 和距离 2 中输入 8 和 4，单击"确定"按钮，完成倒斜角操作，结果如图 8-97 所示。

图 8-94 "拔模"对话框　　　　　　图 8-95 "倒斜角"对话框

图 8-96　选择倒角边　　　　　　　　　　图 8-97　倒斜角操作

（10）复制花键。选择"菜单"→"编辑"→"移动对象"命令或单击"工具"功能区"实用工具"组中的"移动对象"按钮，打开如图 8-98 所示的"移动对象"对话框。选择矩形花键为移动对象，选择运动类型为角度，选择 ZC 轴为矢量，指定坐标原点为轴点，在角度选项中输入 45，选择"复制原先的"选项，在"非关联副本数"中输入 7，单击"确定"按钮，生成如图 8-99 所示花键轴。

图 8-98　"移动对象"对话框　　　　　　　图 8-99　复制花键

（11）合并操作。选择"菜单"→"插入"→"组合"→"合并"命令或单击"主页"功能区"特征"组中的"合并"按钮，打开"合并"对话框。选择视图中所有特征进行求和操作，生成如图 8-81 所示花键轴。

8.1.5　抽取体

扫一扫，看视频

选择"菜单"→"插入"→"关联复制"→"抽取几何特征"命令或单击"曲面"功能区"曲面操作"组中的"抽取几何特征"按钮，打开如图 8-100 所示"抽取几何特征"对话框。

图 8-100 "抽取几何特征"对话框

使用该选项可以通过从另一个体中抽取对象来生成一个体。用户可以在 4 种类型的对象之间选择来进行抽取操作：如果抽取一个面或一个区域，则生成一个片体。如果抽取一个体，则新体的类型将与原先的体相同（实体或片体）。如果抽取一条曲线，则结果将是 EXTRACTED_CURVE （抽取曲线）特征。

对话框部分选项功能介绍如下。

（1）面：该选项可用于将片体类型转换为 B 曲面类型，以便将它们的数据传递到 ICAD 或 PATRAN 等其他集成系统中和 IGES 等交换标准中。

①单个面：即只有选中的面才会被抽取，如图 8-101 所示。

抽取前   抽取后

图 8-101 抽取单个面

②面与相邻面：即只有与选中的面直接相邻的面才会被抽取，如图 8-102 所示。

图 8-102　抽取相邻面

③体的面：即与选中的面位于同一体的所有面都会被抽取，如图 8-103 所示。

图 8-103　抽取体的面

（2）面区域：该选项让用户生成一个片体，该片体是一组和种子面相关的且被边界面限制的面。在已经确定了种子面和边界面以后，系统从种子面上开始，在行进过程中收集面，直到它和任意的边界面相遇。一个片体（称为"抽取区域"特征）从这组面上生成。选择该选项后，对话框中的可变窗口区域如图 8-104 所示，示意图如图 8-105 所示。

①种子面：特征中所有其他的面都和种子面有关。

②边界面：确定"抽取区域"特征的边界。

图 8-104　"面区域"类型

图 8-105　"抽取区域"示意图

③使用相切边角度：该选项在加工中应用。

④遍历内部边：选中该选项后，则系统对于遇到的每一个面，收集其边构成其任何内部环的部分或全部。

（3）体：该选项生成整个体的关联副本。可以将各种特征添加到抽取体特征上，而不在原先的体上出现。当更改原先的体时，用户还可以决定"抽取体"特征要不要更新。

"抽取体"特征的一个用途是在用户想同时能用一个原先的实体和一个简化形式的时候（例如，放置在不同的参考集里），选择该类型时，对话框如图 8-106 所示。

①固定于当前时间戳记：该选项可更改编辑操作过程中特性放置的时间标记，允许用户控制更新过程中对原先的几何体所作的更改是否反映在抽取的特征中。默认是将抽取的特征放置在所有的已有特征之后。

②隐藏原先的：该选项在生成抽取的特征时，如果原先的几何体是整个对象，或者如果生成"抽取区域"特征，则将隐藏原先的几何体。

图 8-106　"体"类型

8.2　偏置/缩放特征

本节主要介绍偏置/缩放特征子菜单中的特征。

8.2.1　抽壳

选择"菜单"→"插入"→"偏置/缩放"→"抽壳"命令，或者单击"主页"功能区"特征"组中的"抽壳"按钮，系统打开"抽壳"对话框，如图 8-107 所示。利用该对话框可以进行抽壳来挖空实体或在实体周围建立薄壳。

对话框选项说明介绍如下。

（1）移除面，然后抽壳：选择该方法后，所选目标面在抽壳操作后将被移除。

如果进行等厚度的抽壳，则在选好要抽壳的面和设置好默认厚度后，直接单击"确定"或"应用"按钮完成抽壳。

如果进行变厚度的抽壳，则在选好要抽壳的面

图 8-107　"抽壳"对话框

后，在备选厚度栏中单击选择面，选择要设定的变厚度抽壳的表面并在"厚度 0"文本框中输

入可变厚度值，则该表面抽壳后的厚度为新设定的可变厚度。示意图如图 8-108 所示。

图 8-108 "移除面，然后抽壳"示意图

（2）对所有面抽壳：选择该方法后，需要选择一个实体，系统将按照设置的厚度进行抽壳，抽壳后原实体变成一个空心实体。

如果厚度为正数，则空心实体的外表面为原实体的表面；如果厚度为负数，则空心实体的内表面为原实体的表面。

在备选厚度栏中单击"选择面"也可以设置变厚度，设置方法与面抽壳类型相同，如图 8-109 所示。

图 8-109 "对所有面抽壳"示意图

扫一扫，看视频

★重点　动手学——瓶体

源文件：yuanwenjian\8\pingti.prt

本例首先采用实体特征建立瓶体外轮廓，通过抽壳操作建立瓶体的内表面，然后进行螺纹操作建立瓶口等，创建如图 8-110 所示瓶体。

图 8-110 瓶体

操作步骤 视频文件：动画演示\第 8 章\瓶体.mp4

（1）新建文件。选择"文件"→"新建"命令或单击"主页"功能区"标准"组中的"新建"按钮 ⬜，打开"新建"对话框，在模型选项卡中选择适当的模板，在"名称"文本框中输入"pingti"，单击"确定"按钮，进入建模环境。

（2）创建圆柱体。选择"菜单"→"插入"→"设计特征"→"圆柱"命令或单击"主页"功能区"特征"组中的"圆柱"按钮 🛢，打开如图 8-111 所示"圆柱"对话框。选择"轴、直径和高度"类型，在指定矢量下拉列表中选择 ZC 轴为圆柱生成方向，在"直径"和"高度"文本框中分别输入"30"和"20"，在"点"对话框中输入坐标点为（0,0,0），连续单击"确定"按钮，在原点上创建圆柱体，如图 8-112 所示。

图 8-111 "圆柱"对话框   图 8-112 圆柱体

（3）创建凸台。选择"菜单"→"插入"→"设计特征"→"凸台（原有）"命令，打开如图 8-113 所示"支管"对话框。在"直径""高度"和"锥角"文本框中输入"20""3"和"0"，选择上步创建的圆柱体上表面为放置面，单击"确定"按钮，生成凸台并打开"定位"对话框，在对话框中单击"点落在点上"定位，打开"点落在点上"对话框，选择圆柱体的圆弧边，打开如图 8-114 所示的"设置圆弧的位置"对话框，单击"圆弧中心"按钮，完成凸台的创建，如图 8-115 所示。

图 8-113 "支管"对话框   图 8-114 "设置圆弧的位置"对话框

同上步骤，在凸台上创建直径、高度和锥角为 18、8 和 0 的凸台 3，结果如图 8-116 所示。

图 8-115　创建凸台

图 8-116　创建凸台 3

（4）抽壳操作。选择"菜单"→"插入"→"偏置/缩放"→"抽壳"命令，或者单击"主页"功能区"特征"组中的"抽壳"按钮🗔，打开"抽壳"对话框，如图 8-117 所示。选择"移除面，然后抽壳"类型，选择最上面凸台的顶端面为要穿透的面，输入厚度为 2，单击"确定"按钮，完成抽壳操作，如图 8-118 所示。

图 8-117　"抽壳"对话框

图 8-118　抽壳处理

（5）创建瓶口外螺纹。选择"菜单"→"插入"→"设计特征"→"螺纹"命令，或者单击"主页"功能区"特征"组中的"螺纹刀"按钮🗔，打开"螺纹切削"对话框，如图 8-119 所示。选择"详细"螺纹类型，选择如图 8-120 所示的最上面凸台的外表面，接受系统默认的各值，单击"确定"按钮，完成螺纹的创建，如图 8-121 所示。

图 8-119　"螺纹切削"对话框

图 8-120　选择螺纹放置面

图 8-121　创建螺纹

（6）边倒圆。选择"菜单"→"插入"→"细节特征"→"边倒圆"命令或单击"主页"功能区"特征"组中的"边倒圆"按钮，打开"边倒圆"对话框，如图 8-122 所示。选择如图 8-123 所示的瓶体底端和中间圆弧边为圆角边，并在设置半径 1 选项中输入 2，单击"确定"按钮，生成如图 8-110 所示瓶体。

图 8-122 "边倒圆"对话框

图 8-123 选择圆角边

练一练——绘制油杯

绘制如图 8-124 所示的油杯。

图 8-124 油杯

✍ **思路点拨：**

源文件：yuanwenjian\8\youbei.prt
（1）利用"旋转"命令创建旋转实体创建油杯外轮廓。
（2）利用"抽壳"命令创建油杯内表面。
（3）利用"倒圆角"和"倒斜角"命令创建倒角和圆角。

8.2.2 偏置面

选择"菜单"→"插入"→"偏置/缩放"→"偏置面"命令或单击"主页"功能区"特

扫一扫，看视频

征"组中的"偏置面"按钮，系统打开如图 8-125 所示"偏置面"对话框。可以使用此选项沿面的法向偏置一个或多个面、体的特征或体。其操作后示意图如图 8-126 所示。

图 8-125 "偏置面"对话框

偏置前

距离为正

距离为负

图 8-126 "偏置面"示意图

其偏置距离可以为正或为负，而体的拓扑不改变。正的偏置距离沿垂直于面而指向远离实体方向的矢量测量。

扫一扫，看视频

8.2.3 缩放体

选择"菜单"→"插入"→"偏置/缩放"→"缩放体"命令或单击"主页"功能区"特征"组中的"缩放体"按钮，打开如图 8-127 所示的"缩放体"对话框。该选项按比例缩放实体和片体。可以使用均匀、轴对称或通用的比例方式，此操作完全关联。需要注意的是，比例操作应用于几何体而不用于组成该体的独立特征。其操作后示意图如图 8-128 所示。

对话框部分选项功能介绍如下。

（1）均匀：在所有方向上均匀地按比例缩放。

①要缩放的体：该选项为比例操作选择一个或多个实体或片体。所有的三个"类型"方法都要求此步骤。

②缩放点：该选项指定一个参考点，比例操作

图 8-127 "缩放体"对话框

以它为中心。默认的参考点是当前工作坐标系的原点，可以通过使用"点方式"子功能指定另一个参考点。该选项只在"均匀"和"轴对称"类型中可用。

③比例因子：让用户指定比例因子（乘数），通过它来改变当前的大小。

缩放前

缩放 1.5 倍

图 8-128 均匀缩放示意图

（2）轴对称：以指定的比例因子（或乘数）沿指定的轴对称缩放。这包括沿指定的轴指定一个比例因子并指定另一个比例因子用在另外两个轴方向，对话框如图 8-129 所示。

缩放轴：该选项为比例操作指定一个参考轴。只可用在"轴对称"方法中。默认值是工作坐标系的 Z 轴。可以通过使用"矢量方法"子功能来改变它。

轴对称示意图如图 8-130 所示。

缩放前

沿 Y 轴缩放 0.5，其他不变

图 8-129 "轴对称"类型

图 8-130 轴对称缩放示意图

（3）不均匀缩放示意图：在所有的 X、Y、Z 三个方向上以不同的比例因子缩放，对话框如图 8-131 所示。示意图如图 8-132 所示。

缩放坐标系：让用户指定一个参考坐标系。选择该步骤会启用"坐标系对话框"按钮。

可以点击此按钮来打开"坐标系"，可以用它来指定一个参考坐标系。

图 8-131　"缩放体"对话框

缩放前　　　　　　　　沿 X、Y 向缩放 0.8，Z 向不变

图 8-132　不均匀缩放示意图

扫一扫，看视频

8.3　综合实例——轴承座

源文件：yuanwenjian\8\ zhouchengzuo.prt

本例基本思路是：首先创建一个圆柱体作为主体，然后在主体利用圆柱命令创建孔等操作，如图 8-133 所示。

图 8-133　轴承座

操作步骤　视频文件：动画演示\第8章\轴承座.mp4

操作步骤如下：

1. 创建新文件

选择"文件"→"新建"命令或单击"主页"功能区"标准"组中的"新建"按钮 ，打开"新建"对话框。在"模板"选项组中选择"模型"，在"名称"文本框中输入"zhouchengzuo"，单击"确定"按钮，进入建模环境。

2. 创建圆柱体

（1）选择"菜单"→"插入"→"设计特征"→"圆柱"命令或单击"主页"功能区"特

征"组中的"圆柱"按钮▯，打开"圆柱"对话框。

（2）在"类型"下拉列表中选择"轴、直径和高度"，在"指定矢量"下拉列表中选择ᶻᶜ↑，如图 8-134 所示。

（3）单击"点"对话框按钮⊞，打开"点"对话框，将原点坐标设置为（0,0,0），单击"确定"按钮。

（4）返回"圆柱"对话框后，在"直径"和"高度"文本框中分别输入"80"和"65"，最后单击"确定"按钮，生成圆柱体 1。

（5）同上步骤，在坐标点（0,0,5）处创建直径和高度为 110 和 55 的圆柱体 2，并与圆柱体 1 进行求和操作，如图 8-135 所示。

图 8-134 "圆柱"对话框

图 8-135 创建圆柱体

3. 绘制草图

（1）选择"菜单"→"插入"→"草图"命令或单击"主页"功能区"直接草图"组中的"草图"按钮▯，在打开的"创建草图"对话框中设置 XC-YC 平面为草图绘制平面，单击"确定"按钮，进入草图绘制界面。

（2）利用草图命令绘制如图 8-136 所示的草图。

图 8-136 绘制草图

4．拉伸操作

（1）选择"菜单"→"插入"→"设计特征"→"拉伸"命令或单击"主页"功能区"特征"组中的"拉伸"按钮📖，打开如图 8-137 所示的"拉伸"对话框。

（2）选择步骤 2 创建的曲线为拉伸截面，然后在"指定矢量"下拉列表中选择 $^{ZC}\uparrow$（ZC 轴），在"限制"选项组中将"开始"和"结束"均设置为"值"，将其"距离"分别设置为 5 和 60，在"布尔"下拉列表中选择"合并"选项，系统自动选择实体。最后单击"确定"按钮，完成拉伸操作，如图 8-138 所示。

图 8-137　"拉伸"对话框　　　　　　　　　图 8-138　拉伸操作

5．绘制草图

（1）选择"菜单"→"插入"→"草图"命令或单击"主页"功能区"直接草图"组中的"草图"按钮📇，在打开的"创建草图"对话框中设置如图 8-138 所示面 1 为草图绘制平面，单击"确定"按钮，进入草图绘制界面。

（2）利用草图命令绘制如图 8-139 所示的草图。

图 8-139　绘制草图

6. 拉伸操作

（1）选择"菜单"→"插入"→"设计特征"→"拉伸"命令或单击"主页"功能区"特征"组中的"拉伸"按钮📖，打开如图 8-140 所示的"拉伸"对话框。

（2）选择步骤 2 创建的曲线为拉伸截面，然后在"指定矢量"下拉列表中选择↗（YC轴），在"限制"选项组中将"开始"和"结束"均设置为"值"，将其"距离"分别设置为 0 和 5，在"布尔"下拉列表中选择"合并"选项，系统自动选择实体。最后单击"确定"按钮，完成拉伸操作，如图 8-141 所示。

图 8-140 "拉伸"对话框

图 8-141 拉伸操作

7. 绘制草图

（1）选择"菜单"→"插入"→"草图"命令或单击"主页"功能区"直接草图"组中的"草图"按钮🖼，在打开的"创建草图"对话框中设置如图 8-138 所示面 1 为草图绘制平面，单击"确定"按钮，进入草图绘制界面。

（2）利用草图命令绘制如图 8-142 所示的草图。

图 8-142 绘制草图

8. 拉伸操作

（1）选择"菜单"→"插入"→"设计特征"→"拉伸"命令或单击"主页"功能区"特征"组中的"拉伸"按钮 📖，打开如图 8-143 所示的"拉伸"对话框。

（2）选择步骤 2 创建的曲线为拉伸截面，然后在"指定矢量"下拉列表中选择 ⟍ᵞᶜ（YC 轴），在"限制"选项组中将"开始"和"结束"均设置为"值"，将其"距离"分别设置为 0 和 80，在"布尔"下拉列表中选择"合并"选项，系统自动选择实体。最后单击"确定"按钮，完成拉伸操作，如图 8-144 所示。

图 8-143　"拉伸"对话框

图 8-144　拉伸操作

9. 创建简单孔

（1）选择"菜单"→"插入"→"设计特征"→"孔"命令或单击"主页"功能区"特征"组中的"孔"按钮 🔲，打开如图 8-145 所示的"孔"对话框。

（2）在"类型"下拉列表框中选择"常规孔"，在"形状和尺寸"选项组的"成形"下拉列表中选择"简单孔"。

（3）捕捉上步绘制的拉伸体的两端圆弧圆心为孔放置位置，如图 8-146 所示。

（4）在"孔"对话框中，将"直径"和"深度限制"分别设置为 13、贯通体，单击"确定"按钮，完成孔的创建，如图 8-147 所示。

（5）同上步骤，捕捉如图 8-148 所示的圆柱体圆心为孔放置位置，创建直径为 60 的通孔，结果如图 8-149 所示。

图 8-145　"孔"对话框

图 8-146　捕捉圆心

图 8-147　完成孔的创建

图 8-148　捕捉圆心

图 8-149　创建孔

10．绘制草图

（1）选择"菜单"→"插入"→"草图"命令或单击"主页"功能区"直接草图"组中的"草图"按钮，在打开的"创建草图"对话框中设置 XC-YC 基准平面为草图绘制平面，单击"确定"按钮，进入草图绘制界面。

（2）利用草图命令绘制如图 8-150 所示的草图。

图 8-150　绘制草图

11．拉伸操作

（1）选择"菜单"→"插入"→"设计特征"→"拉伸"命令或单击"主页"功能区"特征"组中的"拉伸"按钮，打开如图 8-151 所示的"拉伸"对话框。

（2）选择步骤 2 创建的曲线为拉伸截面，然后在"指定矢量"下拉列表中选择（YC 轴），在"限制"选项组中将"开始"和"结束"均设置为"值"，将其"距离"分别设置为 0 和 65，在"布尔"下拉列表中选择"减去"选项，系统自动选择实体。最后单击"确定"按钮，完成拉伸操作，如图 8-152 所示。

图 8-151　"拉伸"对话框

图 8-152　拉伸操作

12. 绘制草图

（1）选择"菜单"→"插入"→"草图"命令或单击"主页"功能区"直接草图"组中的"草图"按钮，在打开的"创建草图"对话框中设置如图 8-152 所示面 2 为草图绘制平面，单击"确定"按钮，进入草图绘制界面。

（2）利用草图命令绘制如图 8-153 所示的草图。

图 8-153　绘制草图

13. 拉伸操作

（1）选择"菜单"→"插入"→"设计特征"→"拉伸"命令或单击"主页"功能区"特征"组中的"拉伸"按钮，打开如图 8-154 所示的"拉伸"对话框。

（2）选择步骤 2 创建的曲线为拉伸截面，然后在"指定矢量"下拉列表中选择 （-YC 轴），在"限制"选项组中将"结束"设置为"贯通"，在"布尔"下拉列表中选择"减去"选项，系统自动选择实体。最后单击"确定"按钮，完成拉伸操作，如图 8-155 所示。

图 8-154　"拉伸"对话框　　　　图 8-155　拉伸操作

14．绘制草图

（1）选择"菜单"→"插入"→"草图"命令或单击"主页"功能区"直接草图"组中的"草图"按钮 ，在打开的"创建草图"对话框中设置如图 8-155 所示的面 3 为草图绘制平面，单击"确定"按钮，进入草图绘制界面。

（2）利用草图命令绘制如图 8-156 所示的草图。

图 8-156　绘制草图

15．拉伸操作

（1）选择"菜单"→"插入"→"设计特征"→"拉伸"命令或单击"主页"功能区"特征"组中的"拉伸"按钮 ，打开如图 8-157 所示的"拉伸"对话框。

（2）选择步骤 2 创建的曲线为拉伸截面，然后在"指定矢量"下拉列表中选择 （YC 轴），在"限制"选项组中将"开始"和"结束"均设置为"值"，将其"距离"分别设置为 0 和 20，在"布尔"下拉列表中选择"减去"选项，系统自动选择实体。最后单击"确定"按钮，完成拉伸操作，如图 8-158 所示。

图 8-157 "拉伸"对话框

图 8-158 拉伸操作

16. 创建圆柱体

（1）选择"菜单"→"插入"→"设计特征"→"圆柱"命令或单击"主页"功能区"特征"组中的"圆柱"按钮，打开"圆柱"对话框。

（2）在"类型"下拉列表中选择"轴、直径和高度"，在"指定矢量"下拉列表中选择，如图 8-159 所示。

（3）单击"点"对话框按钮，打开"点"对话框，将原点坐标设置为（0,0,17），单击"确定"按钮。

（4）返回"圆柱"对话框后，在"直径"和"高度"文本框中分别输入"65"和"31"，在"布尔"下拉列表中选择"减去"选项，单击"确定"按钮，生成槽，如图 8-160 所示。

图 8-159 "圆柱"对话框

图 8-160 创建圆柱体

17. 创建倒斜角

（1）选择"菜单"→"插入"→"细节特征"→"倒斜角"命令或单击"主页"功能区"特征"组中的"倒斜角"按钮，打开"倒斜角"对话框。

（2）在"横截面"下拉列表中选择"对称"，在"距离"文本框中输入"2.5"，如图 8-161所示。

（3）在视图中选择如图 8-162 所示的边。

图 8-161　"倒斜角"对话框

图 8-162　选择倒角边

（4）在"倒斜角"对话框中单击"应用"按钮。

（5）在视图中选择如图 8-163 所示的边，输入距离为 5，单击"确定"按钮，结果如图 8-164 所示。

图 8-163　选择倒角边

图 8-164　倒斜角

18. 边倒圆

（1）选择"菜单"→"插入"→"细节特征"→"边倒圆"命令或单击"主页"功能区"特征"组中的"边倒圆"按钮，打开"边倒圆"对话框，如图 8-165 所示。

（2）在"形状"下拉列表中选择"圆形"；在视图中选择如图 8-166 所示的边，并在"半径 1"文本框中输入"5"。

（3）在"边倒圆"对话框中单击"确定"按钮，完成倒圆角处理，结果如图 8-133 所示。

图 8-165 "边倒圆"对话框

图 8-166 选择边

第9章　特征操作

内容简介

特征操作是在特征建模基础上的进一步细化。其中大部分命令也可以在菜单栏中找到，只是 UG NX 12.0 中已将其分散在很多子菜单命令中，例如"插入"→"关联复制"和"插入"→"修剪"以及"插入"→"细节特征"等子菜单下。

内容要点

> ↳ 细节特征
> ↳ 修剪

9.1　细节特征

本节主要介绍细节特征子菜单中的特征。

扫一扫，看视频

9.1.1　边倒圆

选择"菜单"→"插入"→"细节特征"→"边倒圆"命令或单击"主页"功能区"特征"组中的"边倒圆"按钮，打开如图 9-1 所示的"边倒圆"对话框。该选项能通过对选定的边进行倒圆来修改一个实体，示意图如图 9-2 所示。

图 9-1　"边倒圆"对话框　　　　　　图 9-2　"边倒圆"示意图

加工圆角时，用一个圆球沿着要倒圆角的边（圆角半径）滚动，并保持紧贴相交于该边的两个面。球将圆角层除去。球将在两个面的内部或外部滚动，这取决于是要生成圆角还是要生成倒过圆角的边。各种倒角方式。

对话框各选项圆角示意图，对话框各选项功能说明如下。

（1）边：选择要倒圆角的边，在打开的浮动对话栏中输入想要的半径值（它必须是正值）即可。圆角沿着选定的边生成。

（2）变半径：通过沿着选中的边缘指定多个点并输入每一个点上的半径，可以生成一个可变半径圆角，对话框如图 9-3 所示；如图 9-4 所示为生成了一个半径沿着其边缘变化的圆角。

选择倒角的边，可以通过弧长取点，如图 9-5 所示。每一处边倒角系统都设置了对应的表达式，用户可以通过它进行倒角半径的调整。当在可变窗口区选取某点进行编辑时（右击即可通过"移除"来删除点），在工作绘图区系统显示对应点，可以动态调整。

图 9-3 "变半径"对话框

图 9-4 "变半径"示意图

（3）拐角倒角：该选项可以生成一个拐角圆角，也称为球状圆角。该选项用于指定所有圆角的偏置值（这些圆角一起形成拐角），从而能控制拐角的形状。拐角的用意是作为非类型表面钣金冲压的一种辅助，并不意味着要用于生成曲率连续的面。

（4）拐角突然停止：该选项通过添加中止倒角点，来限制边上的倒角范围，示意图如图 9-6 所示。

图 9-5 "调整点"示意图

图 9-6 "拐角突然停止"示意图

（5）溢出：在生成边缘圆角时控制溢出的处理方法。

①跨光顺边滚边：该选项允许用户倒角遇到另一表面时，实现光滑倒角过渡，如图 9-7 所示。

不勾选"跨光顺边滚边"复选框　　　　　　　　勾选"跨光顺边滚边"复选框

图 9-7　跨光顺边滚边

②沿边滚动：该选项即以前版本中的允许陡峭边缘溢出，在溢出区域保留尖锐的边缘，如图 9-8 所示。

不勾选"沿边滚动"复选框　　　　　　　　　勾选"沿边滚动"复选框

图 9-8　沿边滚动

③修剪圆角：该选项允许用户在倒角过程中与定义倒角边的面保持相切，并移除阻碍的边。

④设置

a. 修补混合凸度拐角：该选项即以前版本中的柔化圆角顶点选项，允许 Y 形圆角。当相对凸面的邻近边上的两个圆角相交三次或更多次时，边缘顶点和圆角的默认外形将从一个圆角滚动到另一个圆角上，Y 形顶点圆角提供在顶点处可选的圆角形状。

b. 移除自相交：由于圆角的创建精度等原因从而导致了自相交面，该选项允许系统自动利用多边形曲面来替换自相交曲面。

★重点　动手学——滚轮

源文件：yuanwenjian\9\gunlun.prt

扫一扫，看视频

滚轮端面是由草图曲线拉伸生成，然后在拉伸实体上创建凸台和球体，生成模型如图 9-9 所示。

操作步骤　视频文件：动画演示\第 9 章\滚轮.mp4

（1）新建文件。选择"文件"→"新建"命令或单击"主页"功能区"标准"组中的"新建"按钮 ，打开"新建"对话框，在模型选项卡中选择适当的模板，在"名称"文本框中输入"gunlun"，单击"确定"按钮，进入建模环境。

（2）创建草图曲线。选择"菜单"→"插入"→"在任务环境中绘制草图"命令或单击"曲线"功能区中的"任务环境中的草图"按钮，打开"创建草图"对话框，选择 XC-YC 平面为草图绘制面，接受默认选项，单击"确定"按钮，绘制如图9-10所示的草图。单击"完成"按钮，完成草图的绘制。

图 9-9　滚轮

图 9-10　绘制草图

（3）创建拉伸。选择"菜单"→"插入"→"设计特征"→"拉伸"命令或单击"主页"功能区"特征"组中的"拉伸"按钮，打开如图9-11所示的"拉伸"对话框。选择上步绘制的草图为拉伸截面，在"开始距离"中输入0，"结束距离"中输入2，在"指定矢量"下拉列表中选择 ZC 轴为拉伸方向。单击"确定"按钮，完成拉伸操作。生成如图9-12所示模型。

图 9-11　"拉伸"对话框

图 9-12　拉伸体

（4）创建圆柱体。选择"菜单"→"插入"→"设计特征"→"圆柱"命令或单击"主页"功能区"特征"组中的"圆柱"按钮，打开如图 9-13 所示"圆柱"对话框。选择"轴，直径和高度"类型，在"指定矢量"下拉列表中选择 ZC 轴为圆柱创建方向，捕捉拉伸体的圆孔下端圆心为圆柱中心，在直径和高度选项中分别输入 44 和 19，在"布尔"下拉列表中选择"合并"，单击"确定"按钮，完成圆柱体的创建，生成圆柱体如图 9-14 所示。

图 9-13　"圆柱"对话框

图 9-14　创建圆柱体

（5）创建凸台。选择"菜单"→"插入"→"设计特征"→"凸台（原有）"命令，打开"支管"对话框。在直径、高度和锥角选项里分别输入 28、6 和 0，如图 9-15 所示。选择圆柱顶面为放置面，单击"确定"按钮，生成凸台并打开"定位"对话框，单击"点落在点上"按钮 ，打开"点落在点上"对话框。选择圆柱顶面圆弧边，打开设置弧的位置对话框。单击"圆心"按钮，生成的凸台定位于圆柱体顶面圆弧中心。创建模型如图 9-16 所示。

图 9-15　"支管"对话框

图 9-16　创建凸台

（6）边倒圆。选择"菜单"→"插入"→"细节特征"→"边倒圆"命令或单击"主页"功能区"特征"组中的"边倒圆"按钮，打开"边倒圆"对话框，分别为图 9-17 所示圆弧边，单击"应用"按钮，选择其他圆角边，半径值如图 9-18 所示。结果如图 9-19 所示。

图 9-17　选择边　　　　　　　　　图 9-18　选择圆角边

图 9-19　圆角处理

（7）创建球体。选择"菜单"→"插入"→"设计特征"→"球"命令或单击"主页"功能区"特征"组中的"球"按钮 ，打开如图 9-20 所示"球"对话框。选择"中心点和直径"类型，输入直径为 26，单击"点对话框"按钮 ，在打开的对话框中输入（0，0，20），单击"确定"按钮，在"布尔"下拉列表中的选择"合并"，单击"确定"按钮，完成球的创建，生成模型如图 9-21 所示。

图 9-20　"球"对话框

图 9-21　创建球体

（8）创建简单孔。选择"菜单"→"插入"→"设计特征"→"孔"命令或单击"主页"功能区"特征"组中的"孔"按钮 ，打开"孔"对话框，打开如图 9-22 所示的"孔"对话框，选择"简单孔"成形，在直径、深度和顶锥角中输入 5、2 和 0。捕捉如图 9-23 所示的圆弧中心为孔放置位置，单击"确定"按钮，完成简单孔的创建。

图 9-22 "孔"对话框

图 9-23 捕捉圆弧圆心

练一练——绘制填料压盖

绘制如图 9-24 所示的填料压盖。

图 9-24 填料压盖

✎ 思路点拨：

源文件：yuanwenjian\9\tianliaoyagai.prt

（1）利用"圆柱"和"边倒圆"命令创建填料压盖的安装板。

（2）利用"凸台"和"孔"命令在安装板上创建凸台和通孔。

（3）利用"孔"命令创建安装螺栓的通孔。

9.1.2　面倒圆

选择"菜单"→"插入"→"细节特征"→"面倒圆"命令或单击"主页"功能区"特征"组中的"面倒圆"按钮，打开如图 9-25 所示的"面倒圆"对话框。此选项让用户通过可选的圆角面的修剪生成一个相切于指定面组的圆角。

图 9-25　"面倒圆"对话框

对话框部分选项功能说明如下。

1．类型

（1）双面：选择两个面链和半径来创建圆角，示意图如图 9-26 所示。

（2）三面：选择两个面链和中间面来完全倒圆角，示意图如图 9-27 所示。

图 9-26　"双面"倒圆角　　　　　　图 9-27　"三面"倒圆角

2．面

（1）选择面 1：用于选择面倒圆的第一个面。

（2）选择面 2：用于选择面倒圆的第二个面。

3．方位

（1）滚球：它的横截面位于垂直于选定的两组面的平面上。

（2）扫掠圆盘：和滚动球不同的是在倒圆横截面中多了脊曲线。

4．形状

（1）圆形：用定义好的圆盘于倒角面相切来进行倒角。

（2）对称相切：二次曲线面圆角具有二次曲线横截面。

（3）非对称相切：用两个偏置和一个 rho 来控制横截面。还必须定义一个脊线线串来定义二次曲线截面的平面。

5．半径方法

（1）恒定：对于恒定半径的圆角，只允许使用正值。

（2）可变：根据规律类型和规律值，基于脊线上两个或多个个体点改变圆角半径。

（3）限制曲线：半径由限制曲线定义，且该限制曲线始终与倒圆保持接触，并且始终与选定曲线或边相切。该曲线必须位于一个定义面链内。

9.1.3　倒斜角

选择"菜单"→"插入"→"细节特征"→"倒斜角"命令或单击"主页"功能区"特征"组中的"倒斜角"按钮，打开如图 9-28 所示"倒斜角"对话框。该选项通过定义所需的倒角尺寸来在实体的边上形成斜角。倒角功能的操作与圆角功能非常相似。

对话框各选项功能说明如下。

（1）对称：该选项让用户生成一个简单的倒角，它沿着两个面的偏置是相同的。必须输入一个正的偏置值，示意图如图9-29所示。

图9-28　"倒斜角"对话框

图9-29　"对称"示意图

（2）非对称：用于与倒角边邻接的两个面分别采用不同偏置值来创建倒角，必须输入"距离1"值和"距离2"值。这些偏置是从选择的边沿着面测量的。这两个值都必须是正值，如图9-30所示。在生成倒角以后，如果倒角的偏置和想要的方向相反，可以选择"反向"。

（3）偏置和角度：该选项可以用一个角度来定义简单的倒角。需要输入"距离"值和"角度"值（如图9-31所示）。

图9-30　"非对称"示意图

图9-31　"偏置和角度"示意图

扫一扫，看视频

★重点　动手学——绘制下阀瓣

源文件：yuanwenjian\9\xiafaban.prt

下阀瓣如同上阀瓣一样，是一种轴对称实体，既可以使用平面曲线通过旋转操作生成，也可以利用圆柱、凸台以及倒角等实体操作来生成。在这一小节中，由于下阀瓣形体简单，采用后一种方法，使用圆柱、凸台以及倒角等命令完成绘制，如图 9-32 所示。

图 9-32 下阀瓣

操作步骤 视频文件：动画演示\第 9 章\下阀瓣.mp4

（1）新建文件。选择"文件"→"新建"命令或单击"主页"功能区"标准"组中的"新建"按钮 ，打开"新建"对话框，在模型选项卡中选择适当的模板，文件名为 xiafaban，单击"确定"按钮，进入建模环境。

（2）绘制圆柱体。选择"菜单"→"插入"→"设计特征"→"圆柱"命令或单击"主页"功能区"特征"组中的"圆柱"按钮 ，打开"圆柱"对话框，采用"轴，直径和高度"类型，指定失量方向为 ZC 轴，输入参数为：直径为 10，高度为 18，如图 9-33 所示。单击"确定"按钮，完成圆柱体的绘制，结果如图 9-34 所示。

图 9-33 "圆柱"对话框　　　　图 9-34 创建圆柱

（3）绘制凸台。选择"菜单"→"插入"→"设计特征"→"凸台（原有）"命令，打开"支管"对话框，如图 9-35 所示。选择圆柱体上表面为凸台安装平面，设定凸台尺寸参数：直径为 17，高度为 4，锥角为 0。利用"定位"对话框使凸台中心轴线与圆柱体中心轴线相重合，绘制结果如图 9-36 所示。

图 9-35 "支管"对话框

图 9-36 绘制凸台

（4）绘制凸台。选择"菜单"→"插入"→"设计特征"→"凸台（原有）"命令，打开"支管"对话框，凸台的安装平面为大凸台的上表面，小凸台的尺寸参数设置为：直径为 7，高度为 18，锥角为 0，如图 9-37 所示；利用"定位"对话框使小凸台中心轴线与大凸台中心线相重合，绘制结果如图 9-38 所示。

图 9-37 "支管"对话框

图 9-38 绘制另一凸台

（5）端面倒直角。选择"菜单"→"插入"→"细节特征"→"倒斜角"命令或单击"主页"功能区"特征"组中的"倒斜角"按钮，打开"倒斜角"对话框，在"横截面"下拉列表中选择"对称"选项，设置距离为 1，如图 9-39 所示，单击"确定"按钮，完成端面倒直角，结果如图 9-40 所示。

图 9-39 "倒斜角"对话框

图 9-40 选择倒斜角边

9.1.4 球形拐角

选择"菜单"→"插入"→"细节特征"→"球形拐角"命令，打开如图 9-41 所示的"球形拐角"对话框。该对话框用于通过选择三个面创建一个球形角落相切曲面。三个面可以是曲面，也可不需要相互接触，生成的曲面分别与三个曲面相切，示意图如图 9-42 所示。

图 9-41　"球形拐角"对话框　　　　图 9-42　"球形拐角"示意图

1. 选择步骤

（1）选择面作为壁 1：用于设置球形拐角的第一个相切曲面。

（2）选择面作为壁 2：用于设置球形拐角的第二个相切曲面。

（3）选择面作为壁 3：用于设置球形拐角的第三个相切曲面。

2. 半径：用于设置球形拐角的半径值。

3. 反向：则使球形拐角曲面的法向反向。

9.1.5 拔模角

选择"菜单"→"插入"→"细节特征"→"拔模"命令或者单击"主页"功能区"特征"组中的"拔模"按钮，打开如图 9-43 所示"拔模"对话框。该选项让用户相对于指定矢量和可选的参考点将拔模应用于面或边。

对话框部分选项功能说明如下。

（1）面：该选项能将选中的面倾斜，示意图如图 9-44 所示。

①脱模方向：定义拔模方向矢量。

②固定面：定义拔模时不改变的平面。

③要拔模的面：选择拔模操作所涉及的各个面。

④角度：定义拔模的角度。

图 9-43　"拔模"对话框　　　　　　　　　　图 9-44　"面"示意图

⑤距离公差：更改拔模操作的"距离公差"。默认值从建模预设置中取得。

⑥角度公差：更改拔模操作的"角度公差"。默认值从建模预设置中取得。

需要注意的是：用同样的固定面和方向矢量来拔模内部面和外部面，则内部面拔模和外部面拔模是相反的。

（2）边：能沿一组选中的边，按指定的角度拔模。该选项能沿选中的一组边按指定的角度和参考点拔模，对话框如图 9-45 所示，示意图如图 9-46 所示。

图 9-45　"边"对话框　　　　　　　　　　图 9-46　"边"示意图

如果选择的边是平滑的，则将被拔模的面是在拔模方向矢量所指一侧的面。

（3）与面相切：能以给定的拔模角拔模，开模方向与所选面相切。该选项按指定的拔模角进行拔模，拔模与选中的面相切，对话框如图 9-47 所示。用此角度来决定用作参考对象的等斜度曲线。然后就在离开方向矢量的一侧生成拔模面，示意图如图 9-48 所示。

该拔模类型对于模铸件和浇铸件特别有用，可以弥补任何可能的拔模不足。

图 9-47　"与面相切"对话框

图 9-48　"与面相切"示意图

（4）分型边：能沿一组选中的边，用指定的多个角度和一个参考点拔模，对话框如图 9-49 所示。该选项能沿选中的一组边用指定的角度和一个固定面生成拔模。分隔线拔模生成垂直于参考方向和边的扫掠面，如图 9-50 所示。在这种类型的拔模中，改变了面但不改变分隔线。当处理模铸塑料部件时这是一个常用的操作。

图 9-49　"分型边"对话框

图 9-50　"分型边"示意图

★重点　动手学——耳机插头

源文件：yuanwenjian\9\erjichatou.prt

耳机插头形状较为复杂，各部分都是由不规则的形体组成的，本例综合应用各曲线并进行拉伸，然后对拉伸实体进行拔模和创建圆台等操作，如图 9-51 所示。

图 9-51　耳机插头

操作步骤　视频文件：动画演示\第 9 章\耳机插头.mp4

（1）新建文件。选择"文件"→"新建"命令或单击"主页"功能区"标准"组中的"新建"按钮，打开"新建"对话框，在模型选项卡中选择适当的模板，在"名称"文本框中输入"erjichatou"，单击"确定"按钮，进入建模环境。

（2）创建六边形曲线。选择"菜单"→"插入"→"曲线"→"多边形（原有）"命令，打开如图 9-52 所示"多边形"对话框，在"边数"文本框中输入 6，单击"确定"按钮，打开"多边形"创建方式对话框，如图 9-53 所示，单击"内切圆半径"按钮，打开多边形参数对话框，如图 9-54 所示，在对话框中"内切圆半径"和"方位角"文本框中分别输入 4.25 和 0，单击"确定"按钮，打开"点"对话框确定六边形的中心，以坐标原点为六边形中心，单击"确定"按钮，完成六边形的创建，如图 9-55 所示。

图 9-52　"多边形"对话框

图 9-53　"多边形"创建方式对话框

图 9-54　"多边形参数"对话框

图 9-55　六边形

（3）创建拉伸。选择"菜单"→"插入"→"设计特征"→"拉伸"命令或单击"主页"

功能区"特征"组中的"拉伸"按钮，打开如图9-56所示的"拉伸"对话框。在"指定矢量"下拉列表中选择"ZC轴"为拉伸方向，在"限制"选项中"开始距离"中输入0，"结束距离"中输入13.5，选择屏幕中的六边形曲线，注意拉伸方向，目标方向ZC轴向，单击"确定"按钮，完成拉伸操作。生成模型如图9-57所示。

图9-56 "拉伸"对话框

图9-57 拉伸模型

（4）创建基准平面。选择"菜单"→"插入"→"基准/点"→"基准平面"命令或单击"主页"功能区"特征"组中的"基准平面"按钮，打开如图9-58所示"基准平面"对话框。选择"曲线和点"类型，在"子类型"下拉列表中选择"三点"，分别选择图9-59所示三点，单击"确定"按钮，完成基准平面的创建，如图9-60所示。

图9-58 "基准平面"对话框

图9-59 选择点

图9-60 创建基准平面

（5）创建垫块。选择"菜单"→"插入"→"设计特征"→"垫块（原有）"命令，打开如图 9-61 所示"垫块"对话框，单击"矩形"按钮，打开如图 9-62 所示矩形垫块放置面选择对话框，选择步骤 4 创建的基准面，打开如图 9-63 所示选择特征边对话框，单击"接受默认边"按钮，完成特征边选择后进入如图 9-64 所示水平参考对话框，选择任意一条与基准片面成 30 度夹角的边，打开垫块参数对话框如图 9-65 所示，在长度、宽度和高度中分别输入7.36、8.5 和 6，单击"确定"按钮，打开"定位"对话框，选择垂直定位图标，采用垂直定位方式定位，垫块两侧面分别与六边形实体两侧面距离 0，单击"确定"按钮，完成垫块的创建。生成如图 9-66 所示垫块。

图 9-61　"垫块"对话框

图 9-62　"矩形垫块"放置面对话框

图 9-63　选择特征边对话框

图 9-64　"水平参考"对话框

图 9-65　"矩形垫块"参数对话框

图 9-66　垫块

（6）创建拔模。选择"菜单"→"插入"→"细节特征"→"拔模"命令或者单击"主页"功能区"特征"组中的"拔模"按钮，打开"拔模"对话框，如图9-67所示，依次选择如图9-68所示的拔模面、拔模方向和固定面，在角度选项中输入30，单击"确定"按钮，完成拔模操作，如图9-69所示。

图9-67 "拔模"对话框

图9-68 拔模示意图

图9-69 拔模操作

（7）创建凸台1。选择"菜单"→"插入"→"设计特征"→"凸台（原有）"命令，打开如图9-70所示"支管"对话框。在直径、高度和锥角选项里分别输入7.3、1和10，选择六边形实体底面为放置面，单击"确定"按钮，生成凸台并打开如图9-71所示的"定位"对话框，在对话框中单击"垂直"定位按钮，打开垂直定位对话框。按系统提示选择六边形实体底面任意一边，在对话框中输入4.25，单击"应用"按钮，选择六边形实体底面与上一边相邻边，在对话框中输入4.25，单击"确定"按钮，完成凸台1的创建，结果如图9-72所示。

图9-70 "支管"对话框

图9-71 "定位"对话框

图9-72 创建凸台

（8）创建凸台。同步骤 2，在凸台 1 的上端面创建直径、高度和锥角分别为 6.8、1 和 0，且中心位于凸台 1 的上端面中心凸台 2，在凸台 2 的上端面创建直径、高度和锥角分别为 4.5、10 和 0 的凸台 3，在凸台 3 的上端面创建直径、高度和锥角分别为 3、4 和 -3 的凸台 4。生成模型如图 9-73 所示（注意该步骤创建的圆柱体与凸台 1 不做布尔求和操作）。

图 9-73　凸台 2

（9）创建槽。选择"菜单"→"插入"→"设计特征"→"槽"命令或单击"主页"功能区"特征"组中的"槽"按钮🗄，打开"槽"对话框如图 9-74 所示，单击"矩形"按钮，打开"矩形槽"放置面对话框，如图 9-75 所示，选择凸台 3 的侧面，打开"矩形参数"对话框如图 9-76 所示，在"槽直径"和"宽度"文本框中分别输入 4.35 和 0.8，单击"确定"按钮，打开"定位槽"对话框，选择凸台 3 的上端面边缘为基准，选择槽上端面边缘为刀具边，打开如图 9-77 所示的"创建表达式"对话框，在对话框中输入 1，单击"确定"按钮，完成槽 1 的创建。同上步骤创建参数相同，定位距离为 3 的槽 2，生成模型如图 9-78 所示。

图 9-74　"槽"对话框

图 9-75　"矩形槽"对话框

图 9-76　"矩形槽"参数对话框

图 9-77　"创建表达式"对话框

图 9-78　模型

（10）边倒角。选择"菜单"→"插入"→"细节特征"→"倒斜角"命令或单击"主页"功能区"特征"组中的"倒斜角"按钮📦，打开"倒斜角"对话框，如图 9-79 所示，选择凸台 3 的边，设置倒角距离为 0.75，如图 9-80 所示。同理，选择凸台 4 的边，设置倒角距离为 1，如图 9-81 所示，结果如图 9-82 所示。

图 9-79 "倒斜角"对话框

图 9-80 选择倒角边

图 9-81 选择倒角边

图 9-82 倒角处理

（11）创建草图曲线。选择"菜单"→"插入"→"在任务环境中绘制草图"命令，或单击"曲线"功能区中的"任务环境中的草图"按钮⬚，打开"创建草图"对话框，选择如图 9-83 所示的面 2 作为基准面，进入草图绘制过程。绘制如图 9-84 所示的椭圆，长半轴、短半轴和角度为 3.5、2.5 和 0，单击"完成草图"按钮🏁，完成草图绘制。

图 9-83 "创建草图"对话框

图 9-84 选择平面

（12）创建拉伸。选择"菜单"→"插入"→"设计特征"→"拉伸"命令或单击"主页"功能区"特征"组中的"拉伸"按钮⬛，打开如图 9-85 所示的"拉伸"对话框。在"开始距离"中输入 0，"结束距离"中输入 12，选择屏幕中的椭圆曲线，在"指定矢量"下拉列表中选择"XC"轴为拉伸方向，在"拔模"下拉列表中选择"从起始限制"，输入角度为 5 度，单击"确定"按钮，完成拉伸操作。生成模型如图 9-86 所示。

图 9-85 "拉伸"对话框

图 9-86 拉伸操作

练一练——绘制锅盖

绘制如图 9-87 所示的锅盖。

图 9-87 锅盖

思路点拨：

源文件：yuanwenjian\9\guogai.prt

（1）利用"圆柱"命令创建圆柱体。

（2）利用"拔模"命令创建拔模特征。

（3）利用"抽壳"命令完成锅盖的创建。

360

9.2　修剪

本节主要介绍修剪特征子菜单中的特征。这些特征主要对实体或面进行修剪、拆分和分割。

9.2.1　修剪体

选择"菜单"→"插入"→"修剪"→"修剪体"命令或单击"主页"功能区"特征"组中的"修剪体"按钮 ，打开如图 9-88 所示"修剪体"对话框。使用该选项可以使用一个面、基准平面或其他几何体修剪一个或多个目标体。选择要保留的体部分，并且修剪体将采用修剪几何体的形状。示意图如图 9-89 所示。

由法向矢量的方向确定目标体要保留的部分。矢量指向远离将保留的目标体部分。如图 9-89 显示了矢量方向将如何影响目标体要保留的部分。

图 9-88　"修剪体"对话框

图 9-89　"修剪体"示意图

★重点　动手学——茶杯

源文件：yuanwenjian\9\chabei.prt

本例首先创建圆柱体，然后对圆柱体进行抽壳操作，生成杯体；然后创建椭圆曲线，并通过沿曲线扫描操作创作杯手柄，生成模型如图 9-90 所示。

图 9-90　茶杯

操作步骤　视频文件：动画演示\第 9 章\茶杯.mp4

（1）新建文件。选择"文件"→"新建"命令或单击"主页"功能区"标准"组中的"新建"按钮，打开"新建"对话框，在模型选项卡中选择适当的模板，在"名称"文本框中输入"chabei"，单击"确定"按钮，进入建模环境。

（2）创建圆柱体。选择"菜单"→"插入"→"设计特征"→"圆柱"命令或单击"主页"功能区"特征"组中的"圆柱"按钮，打开如图 9-91 所示的"圆柱"对话框，在对话框中选择"轴、直径和高度"类型，选择"ZC 轴"为生成圆柱体矢量方向，单击"点对话框"按钮，在"点"对话框中输入（0，0，0）为圆柱体原点，在直径和高度中输入 80 和 75，单击"确定"按钮完成圆柱 1 的创建。

同上创建一个直径和高度分别是 60 和 5，位于（0，0，-5）的圆柱 2，如图 9-92 所示。

图 9-91　"圆柱"对话框

图 9-92　圆柱体

（3）抽壳操作。选择"菜单"→"插入"→"偏置/缩放"→"抽壳"命令或单击"主页"功能区"特征"组中的"抽壳"按钮，打开"抽壳"对话框，如图 9-93 所示。选择"移除面，然后抽壳"类型，在"厚度"文本框中输入 5，选择如图 9-94 所示的最上面圆柱体的顶端面为移除面，单击"确定"按钮，完成抽壳操作，如图 9-95 所示。

图 9-93 "抽壳"对话框   图 9-94 选择移除面   图 9-95 抽壳处理

（4）创建孔。选择"菜单"→"插入"→"设计特征"→"孔"命令或单击"主页"功能区"特征"组中的"孔"按钮，打开如图 9-96 所示"孔"对话框。在"直径""深度"和"顶锥角"文本框中分别输入 50、5 和 0，捕捉如图 9-97 所示的圆柱体底面圆弧圆心为孔放置位置，单击"确定"按钮，生成如图 9-98 所示模型。

图 9-96 "孔"对话框   图 9-97 捕捉圆心   图 9-98 创建孔

（5）设置工作坐标系。选择"菜单"→"格式"→"WCS"→"旋转"命令，打开如图9-99所示的"旋转WCS绕"对话框，选择"+XC轴：YC→ZC"选项，单击"确定"按钮，坐标绕XC轴旋转90度，如图9-100所示。

图9-99　"旋转WCS绕"对话框　　　　　　　图9-100　杯身模型

（6）创建样条曲线。选择"菜单"→"插入"→"曲线"→"样条（即将时效）"命令，打开"样条"对话框。单击"通过点"按钮，打开"通过点生成样条"对话框，如图9-101所示。在"曲线类型"中选择"多段"，在"曲线次数"文本框中输入3，单击"确定"按钮，打开"样条"对话框，如图9-102所示，单击"点构造器"按钮，打开"点"对话框，在屏幕中点击大致5个位置点，连续单击"确定"按钮，生成如图9-103所示样条曲线。

图9-101　"通过点生成样条"对话框　　图9-102　"样条"对话框　　图9-103　样条曲线

（7）设置工作坐标系。选择"菜单"→"格式"→"WCS"→"原点"命令，选择样条曲线上端点；选择"菜单"→"格式"→"WCS"→"旋转"命令，调整坐标系绕YC轴旋转90度。

（8）创建椭圆。选择"菜单"→插入"→"曲线"→"椭圆（原有）"命令，打开"点"对话框，输入（0,0,0）为椭圆原点，单击"确定"按钮，打开"椭圆"对话框，如图9-104所示，在"长半轴"和"短半轴"文本框中分别输入9和4.5，单击"确定"按钮，生成椭圆如图9-105所示。

图 9-104　"椭圆"对话框

图 9-105　椭圆

（9）沿导引线扫掠。选择"菜单"→"插入"→"扫掠"→"沿引导线扫掠"命令或单击"曲面"功能区"曲面"组中的"沿引导线扫掠"按钮 ，打开如图 9-106 所示"沿引导线扫掠"对话框，选择椭圆为截面，选择样条曲线为引导线，单击"确定"按钮，生成如图 9-107 所示杯把。

图 9-106　"沿引导线扫掠"对话框

图 9-107　创建杯把

（10）修剪手柄。选择"菜单"→"插入"→"修剪"→"修剪体"命令或单击"主页"功能区"特征"组中的"修剪体"按钮 ，打开如图 9-108 所示的"修剪体"对话框，选择杯体内的手柄部分，选择杯体的外表面为修剪工具，并单击"反向"按钮，调整修剪方向，单击"确定"按钮，修剪如图 9-109 所示杯把。

（11）边倒圆。选择"菜单"→"插入"→"细节特征"→"边倒圆"命令或单击"主页"功能区"特征"组中的"边倒圆"按钮 ，打开如图 9-110 所示的"边倒圆"对话框，为杯口边、杯底边、柄和杯身接触处倒圆，倒圆半径 1.0，结果如图 9-111 所示。

图 9-108　"修剪体"对话框

图 9-109　杯把

图 9-110　"边倒圆"对话框

图 9-111　杯

扫一扫，看视频

9.2.2　拆分体

选择"菜单"→"插入"→"修剪"→"拆分体"命令或单击"主页"功能区"特征"组中的"拆分体"按钮，打开如图 9-112 所示的"拆分体"对话框。此选项使用面、基准平面或其他几何体分割一个或多个目标体。操作过程类似于"修剪体"。其操作后示意图如图 9-113 所示。

该操作从通过分割生成的体上删除所有参数。

图 9-112　"拆分体"对话框　　　　　图 9-113　"拆分体"示意图

9.2.3　分割面

　　选择"菜单"→"插入"→"修剪"→"分割面"命令或单击"曲面"功能区"曲面操作"组中的"分割面"按钮，打开如图 9-114 所示的"分割面"对话框。此选项使用面、基准平面或其他几何体分割一个或多个面。其操作示意图如图 9-115 所示。

　　该操作从通过分割生成的体上删除所有参数。

图 9-114　"分割面"对话框

图 9-115　"分割面"示意图

9.3　综合实例——泵体

源文件：yuanwenjian\9\bengti.prt

泵体是柱塞泵中最主要的零件，也是构型相对复杂的一个零件，因此将泵体再次分解，分为安装板、腔体、底座和肋板、孔系以及内螺纹等 5 个子部分来分别绘制，每一部分的绘制都用到一些特定的 UG 实体建模与编辑的命令，以及一些特殊的绘制技巧和注意事项。如图 9-116 所示。

图 9-116　泵体

操作步骤　视频文件：动画演示\第 9 章\泵体.mp4

（1）新建文件。选择"文件"→"新建"命令或单击"主页"功能区"标准"组中的"新建"按钮🗋，打开"新建"对话框，如图 9-117 所示，在模型选项卡中选择适当的模板，在"名称"文本框中输入"bengti"，单击"确定"按钮，进入建模环境。

图 9-117　"新建"对话框

（2）绘制长方体。选择"菜单"→"插入"→"设计特征"→"长方体"命令或单击"主页"功能区"特征"组中的"长方体"按钮，打开"长方体"对话框，如图 9-118 所示。选择"原点和边长"类型，输入长度为 68，宽度为 68，高度为 12，单击"确定"按钮，生成的长方体如图 9-119 所示。

图 9-118 "长方体"对话框 　　　　图 9-119 绘制长方体

（3）旋转长方体。选择"菜单"→"编辑"→"移动对象"命令或单击"工具"功能区"实用工具"组中的"移动对象"按钮，打开如图 9-120 所示的"移动对象"对话框，选择长方体，选择坐标原点为旋转点，选择 ZC 轴为旋转轴，输入变换角度为-135，选择"移动原先的"选项，单击"确定"按钮。旋转后的长方体如图 9-121 所示。

图 9-120 "移动对象"对话框 　　　　图 9-121 旋转长方体

（4）裁剪长方体。选择"菜单"→"插入"→"修剪"→"修剪体"命令或单击"主页"功能区"特征"组中的"修剪体"按钮⬛，打开"修剪体"对话框，如图 9-122 所示。选择长方体，在对话框中的工具选项中选择新平面，在"指定平面"下拉列表中选择"曲线和点"按钮⬛，依次选择图 9-123 中的 1、2、3 点。单击"反向"按钮⬛，单击"确定"按钮，裁剪后的长方体如图 9-124 所示。

图 9-122　"修剪体"对话框

图 9-123　选择点

（5）绘制圆柱体。选择"菜单"→"插入"→"设计特征"→"圆柱"命令或单击"主页"功能区"特征"组中的"圆柱"按钮⬛，打开"圆柱"对话框，如图 9-125 所示。选择"轴、直径和高度"类型，输入直径为 120，高度为 12，指定失量方向为"ZC"轴，单击"点"对话框按钮⬛，打开"点"对话框，输入点坐标为（0，-34，0）。连续单击"确定"按钮，结果如图 9-126 所示。

图 9-124　修剪后的长方体

图 9-125　"圆柱"对话框

图 9-126　创建圆柱

（6）绘制圆柱体。选择"菜单"→"插入"→"设计特征"→"圆柱"命令或单击"主页"功能区"特征"组中的"圆柱"按钮🛢，打开"圆柱"对话框。选择"轴、直经和高度"类型，输入直径为 120，高度为 12，指定失量方向为"ZC"轴，单击"点"对话框按钮🔧，打开"点"对话框，输入点坐标为（0,34,0）。在"布尔"下拉列表中选择"相交"选项，在绘图窗口中再选择第一个圆柱体，使两个圆柱体相交，绘制结果如图 9-127 所示。

（7）布尔运算合并。选择"菜单"→"插入"→"组合"→"合并"命令或单击"主页"功能区"特征"组中的"合并"按钮🔩，打开"合并"对话框，如图 9-128 所示，分别选择相交圆柱体和长方体，单击确定按钮完成两个实体的并集运算，结果如图 9-129 所示。

图 9-127 创建另一个圆柱 　　　图 9-128 "合并"对话框 　　　图 9-129 布尔运算求和

（8）实体边圆角。选择"菜单"→"插入"→"细节特征"→"边倒圆"命令或单击"主页"功能区"特征"组中的"边倒圆"按钮🧊，打开"边倒圆"对话框，如图 9-130 所示，输入半径为 12，选择如图 9-131 所示的相交圆柱的尖角棱边，单击"确定"按钮。

图 9-130 "边倒圆"对话框 　　　　　图 9-131 选择边圆角

（9）实体边圆角。选择"菜单"→"插入"→"细节特征"→"边倒圆"命令或单击"主页"功能区"特征"组中的"边倒圆"按钮🔲，选择如图 9-132 所示的三棱柱体与圆柱体的相交棱边为圆角边，圆角半径为 10，单击"确定"按钮，结果如图 9-133 所示。

图 9-132　选择圆角边

图 9-133　圆角处理

（10）建立基准平面。选择"菜单"→"插入"→"基准/点"→"基准平面"命令或单击"主页"功能区"特征"组中的"基准平面"按钮🔲，打开"基准平面"对话框，如图 9-134 所示。选择"YC-ZC 平面"类型，设置偏置为零、WCS 方式，如图 9-134 所示，单击"应用"按钮，绘制 YOZ 基准平面，结果如图 9-135 所示。同理，绘制 XOY、XOZ 基准平面。

图 9-134　"基准平面"对话框

图 9-135　建立基准平面

（11）绘制垫块。选择"菜单"→"插入"→"设计特征"→"垫块（原有）"命令，打开"垫块"对话框，如图 9-136 所示。选择"矩形"选项，打开"矩形垫块"放置面对话框，单击安装板的上表面为放置面，打开"水平参考"对话框，单击 YOZ 基准面。打开"矩形垫块"参数对话框，如图 9-137 所示，输入长度 17，宽度 85，高度 3，单击"确定"按钮。打开如图 9-138 所示的"定位"对话框，采用"垂直" 模式，选择 XOZ 基准平面，再选择垫块水平中心线，设定距离值为 0，垫块竖直中心线与 YOZ 基准平面的距离为 0。结果如图 9-139 所示。

图 9-136 "垫块"对话框

图 9-137 "矩形"垫块参数对话框

图 9-138 "定位"对话框

图 9-139 创建垫块

（12）实体边圆角。选择"菜单"→"插入"→"细节特征"→"边倒圆"命令或单击"主页"功能区"特征"组中的"边倒圆"按钮⬚，打开"边倒圆"对话框，输入半径为 8.5，选择如图 9-140 所示上步创建垫块的四条棱边，单击"确定"按钮，结果如图 9-141 所示。

图 9-140 选择圆角边

图 9-141 创建圆角

（13）绘制大凸台。选择"菜单"→"插入"→"设计特征"→"凸台（原有）"命令，打开"支管"对话框，如图 9-142 所示。选择安装板的上表面为凸台放置面，输入直径为 48，高度为 60，锥角为 0，单击"确定"按钮。打开"定位"对话框，选择"垂直" 模式，选择 XOZ 基准平面，在表达式中输入距离值为 0，选择 YOZ 基准平面，在表达式中输入距离值为 0，单击"确定"按钮，绘制结果如图 9-143 所示。

图 9-142 "支管"对话框

图 9-143 创建大凸台

（14）绘制另外三个凸台。重复上面绘制凸台的方法，在大凸台上表面上依次绘制两个与大凸台同轴的小凸台，尺寸依次为 Ø36×10 和 Ø30×6，锥角均为 0。在安装板背面同样绘制一个凸台，凸台底面圆心位于（0,0,0），也即与大凸台同轴，尺寸为 Ø48×3，锥角为 0。结果如图 9-144 所示。

（15）绘制底座。选择"菜单"→"插入"→"设计特征"→"垫块（原有）"命令，打开"垫块"对话框，选择"矩形"按钮，打开"垫块"放置面对话框，选择安装板底面为放置面。打开水平参考对话框，选择 YOZ 基准平面。打开如图 9-145 所示的"矩形垫块"参数对话框，输入尺寸：长度 60，宽度 96，高度 8，如图 9-145 所示，单击"确定"按钮。打开"定位"对话框，单击"垂直"定位，设定垫块左侧宽度上的边与 XOY 基准平面的距离为 13，设定垫块长度上任一条边 YOZ 基准平面的距离为 48，完成垫块的定位，绘制结果如图 9-146 所示。

图 9-144 绘制凸台

图 9-145 "矩形垫块"对话框

图 9-146 创建垫块

（16）绘制长方体。选择"菜单"→"插入"→"设计特征"→"长方体"命令或单击"主页"功能区"特征"组中的"长方体"按钮▥，打开"长方体"对话框，如图 9-147 所示。输入长方体的长度为 12，宽度为 30，高度为 85。单击"点"对话框按钮，打开"点"对话框，确定长方体的角点坐标(-6,-50,-13)，完成长方体的绘制，结果如图 9-148 所示。

图 9-147　"长方体"对话框

图 9-148　绘制长方体

（17）裁剪长方体。选择"菜单"→"插入"→"修剪"→"修剪体"命令或单击"主页"功能区"特征"组中的"修剪体"按钮▥，打开"修剪体"对话框，如图 9-149 所示，选择"新建平面"选项，单击"平面"对话框按钮，打开如图 9-150 所示"平面"对话框，依次选择长方体左表面底边两点，单击"点"对话框按钮，打开"点"对话框，第 3 点坐标为（0，-24，-3），确定第一个裁剪平面，如图 9-151 所示，连续单击"确定"按钮，裁剪长方体如图 9-152 所示。

图 9-149　"修剪体"对话框

图 9-150　"平面"对话框

图 9-151　确定第一裁剪平面

图 9-152　裁剪长方体

　　同理选择长方体右表面底边上的两点，第 3 点坐标为（0, -24, 72），确定第二个裁剪平面，如图 9-153 所示。裁剪平面确定后，系统会提示裁剪平面的哪一侧会被裁剪掉，接受默认方向，完成长方体的裁剪操作，结果如图 9-154 所示。

图 9-153　确定第二裁剪平面

图 9-154　裁剪长方体

　　（18）布尔运算求并集。选择"菜单"→"插入"→"组合"→"合并"命令或单击"主页"功能区"特征"组中的"合并"按钮，打开"合并"对话框，如图 9-155 所示，选择所有实体，单击"确定"按钮完成布尔运算合并操作，使窗口中几个实体合并为一个实体，结果如图 9-156 所示。

图 9-155　"合并"对话框

图 9-156　合并

　　（19）绘制左侧膛孔。选择"菜单"→"插入"→"设计特征"→"孔"命令或单击"主页"功能区"特征"组中的"孔"按钮，打开"孔"对话框，如图 9-157 所示。选择"沉头"成形形式，尺寸设置为：沉头直径为 44，沉头深度为 10；直径为 36，孔深度为 65；顶锥角为 0。捕捉如图 9-158 所示的圆弧圆心为孔放置位置，结果如图 9-159 所示。

图 9-157 "孔"对话框

图 9-158 捕捉圆弧圆心

图 9-159 绘制左侧沉头孔

（20）绘制右侧膛孔。选择"菜单"→"插入"→"设计特征"→"孔"命令或单击"主页"功能区"特征"组中的"孔"按钮，打开"孔"对话框，采用"简单孔"成形形式，尺寸设置为：直径为 18，深度为 50，顶锥角为 0，如图 9-160 所示。捕捉如图 9-161 所示的凸台圆弧圆心为孔放置位置，结果如图 9-162 所示。

图 9-160 "孔"对话框

图 9-161 捕捉圆心位置

图 9-162　绘制右侧简单孔

（21）绘制安装板上的安装孔。选择"菜单"→"插入"→"设计特征"→"孔"命令或单击"主页"功能区"特征"组中的"孔"按钮，打开"孔"对话框，采用"简单孔"成形形式，尺寸设置为：直径为 9，深度为 20，顶锥角为 0。分别捕捉如图 9-163 所示的安装板圆弧圆心，绘制结果如图 9-164 所示。

图 9-163　捕捉圆心

图 9-164　创建孔

（22）绘制底板上的安装孔。选择"菜单"→"插入"→"设计特征"→"孔"命令或单击"主页"功能区"特征"组中的"孔"按钮，打开"孔"对话框。选择"沉头"成形形式，尺寸设置为：沉头直径为 18，沉头深度为 2；孔直径为 11，孔深度为 10；顶锥角为 0。单击"绘制截面"按钮，选择底板为放置面，绘制草图如图 9-165 所示。完成草图后退回到"孔"对话框，单击"确定"按钮，绘制结果如图 9-166 所示。

图 9-165　绘制草图

图 9-166　绘制底板上的安装孔

（23）底板倒圆角。选择"菜单"→"插入"→"细节特征"→"边倒圆"命令或单击"主页"功能区"特征"组中的"边倒圆"按钮，打开"边倒圆"对话框，选择如图 9-167所示底座的四条棱边为圆角边，设置圆角半径 1 为 5，结果如图 9-168 所示。

图 9-167　选择圆角边　　　　　　　　　　图 9-168　底板倒圆角

（24）阶梯轴倒圆角。选择"菜单"→"插入"→"细节特征"→"边倒圆"命令或单击"主页"功能区"特征"组中的"边倒圆"按钮，打开"边倒圆"对话框，选择如图 9-169所示的阶梯轴过渡面为圆角边，圆角半径 1 为 2，结果如图 9-170 所示。

图 9-169　选择圆角边　　　　　　　　　　图 9-170　阶梯轴倒圆角

（25）绘制底板凹槽。选择"菜单"→"插入"→"设计特征"→"腔（原有）"命令，打开"腔"对话框，如图 9-171 所示。单击"矩形"按钮，打开"矩形腔"放置面对话框，如图 9-172 所示，选择底板的下表面为放置面。打开水平参考对话框，如图 9-173 所示。单击YOZ 基准面，打开"矩形腔"对话框，输入腔体尺寸：长度 80，宽度 30，高度 3，底面半径为 2，如图 9-174 所示，单击"确定"按钮。打开定位对话框，采用"垂直"模式，腔体长中心线与 XOZ 基准平面的距离为 0，腔体短中心线与底座长边的距离为 30，绘制结果如图 9-175所示。

图 9-171 "腔"对话框

图 9-172 "矩形腔"放置面对话框

图 9-173 "水平参考"对话框

图 9-174 "矩形腔"参数对话框

图 9-175 绘制凹槽

（26）创建螺纹。选择"菜单"→"插入"→"设计特征"→"螺纹"命令，或者单击"主页"功能区"特征"组中的"螺纹刀"按钮，打开"螺纹"对话框，如图 9-176 所示。选择"详细"选项，选择如图 9-177 所示的右侧通孔的螺纹放置面，系统会自动匹配内螺纹的尺寸参数：主直径为 20，长度为 26，螺距 1.5，角度 60。单击"确定"按钮，完成内螺纹的绘制，结果如图 9-116 所示。

图 9-176 "螺纹"对话框

图 9-177 选择螺纹放置面

第 10 章　曲面功能

内容简介

UG 中不仅提供了基本的特征建模模块，同时提供了强大的自由曲面特征建模模块及相应的编辑和操作功能。有 20 多种自由曲面造型的创建方式，用户可以利用它们完成各种复杂曲面及非规则实体的创建，以及相关的编辑工作。强大的自由曲面功能是 UG 众多模块功能中的亮点之一。

内容要点

↘ 自由曲面创建
↘ 网格曲面
↘ 弯曲曲面
↘ 自由曲面编辑

10.1　自由曲面创建

本节中主要介绍最基本的曲面命令，即通过点和曲线构建曲面。再进一步介绍由曲面创建曲面的命令功能，掌握最基本的曲面造型方法。

10.1.1　通过点生成曲面

由点生成的曲面是非参数化的，即生成的曲面与原始构造点不关联，当构造点编辑后，曲面不会发生更新变化，但绝大多数命令所构造的曲面都具有参数化的特征。通过点构建的曲面通过全部用来构建曲面的点。

选择"菜单"→"插入"→"曲面"→"通过点"命令或者单击"曲面"功能区"曲面"组中的"通过点"按钮，系统打开如图 10-1 所示的"通过点"对话框。对话框各选项功能说明如下。

图 10-1　"通过点"对话框

1. 补片类型

样条曲线可以由单段或者多段曲线构成，片体也可以由单个补片或者多个补片构成。

（1）单个：所建立的片体只包含单一的补片。单个补片的片体是由一个曲面参数方程来表达的。

（2）多个：所建立的片体是一系列单补片的阵列。多个补片的片体是由两个以上的曲面参数方程来表达的。一般构建较精密片体采用多个补片的方法。

2．沿以下方向封闭

设置一个多个补片片体是否封闭及封闭方式，包含如下 4 个选项。

（1）两者皆否：片体以指定的点开始和结束，列方向与行方向都不封闭。

（2）行：点的第一列变成最后一列。

（3）列：点的第一行变成最后一行。

（4）两者皆是：指的是在行方向和列方向上都封闭。如果选择在两个方向上都封闭，生成的将是实体。

3．行次数和列次数

（1）行次数：定义片体 U 方向阶数。

（2）列次数：大致垂直于片体行的纵向曲线方向 V 方向的阶数。

4．文件中的点

可以通过选择包含点的文件来定义这些点。

完成"通过点"对话设置后，系统会打开选取点信息的对话框，如图 10-2 所示的"过点"对话框，用户可利用该对话框选取定义点。

对话框各选项功能说明如下。

1．全部成链

全部成链用于链接窗口中已存在的定义点，单击后会打开如图 10-3 所示的对话框，用来定义起点和终点，自动快速获取起点与终点之间链接的点。

图 10-2　"过点"对话框

图 10-3　"指定点"对话框

2．在矩形内的对象成链

通过拖动鼠标形成矩形方框来选取所要定义的点，矩形方框内所包含的所有点将被链接。

3．在多边形内的对象成链

通过鼠标定义多边形框来选取定义点，多边形框内的所有点将被链接。

4．点构造器

通过点构造器来选取定义点的位置会打开如图 10-4 所示的对话框，需要用户一点一点地选取，所要选取的点都要点击到。每指定一列点后，系统都会打开如图 10-5 所示的对话框，提示是否确定当前所定义的点。

图 10-4　"点"对话框

图 10-5　"指定点"对话框

如想创建包括如图 10-6 中的定义点，通过"通过点"对话框设置为默认值，选取"全部成链"的选点方式。选点只需选取起点和终点，选好的第一行如图 10-7 所示。

图 10-6　点　　　　　　　　　　　图 10-7　选择第一行的点

当第四行选好时如图 10-8 所示，系统会打开"过点"对话框，点选"指定另一行"，然后确定第五行的起点和终点，如图 10-9 所示，再次打开"过点"对话框，这时选取"所有指定的点"，多补片片体如图 10-10 所示。

图 10-8　选择第四行点　　　　图 10-9　选取第五行点　　　　图 10-10　多补片片体

扫一扫，看视频

10.1.2　拟合曲面

选择"菜单"→"插入"→"曲面"→"拟合曲面"命令或者单击"曲面"功能区"曲面"组中的"拟合曲面"按钮 ，系统会打开如图 10-11 所示"拟合曲面"对话框。

首先需要创建一些数据点，接着选取点，再按鼠标右键将这些数据点组成一个组才能进行对象的选取（注意组的名称只支持英文），如图 10-12 所示，然后调节各个参数，最后生成所需要的曲面或平面。

对话框相关选项功能说明如下。

1．类型

用户可根据需求选择拟合自由曲面、拟合平面、拟合球、拟合圆柱和拟合圆锥共 5 种类型。

图 10-11　"拟合曲面"对话框　　　　图 10-12　"新建组"示意图

2. 目标

是指创建曲面的点。

（1）对象：当此图标激活时，让用户选择对象 ⊕。

（2）颜色编码区域：当此图标激活时，让用户选择颜色编码区域，可以选择所有同色对象。

3. 拟合方向

拟合方向指定投影方向与方位，有 4 种用于指定拟合方向的方法。

（1）最适合：如果目标基本上是矩形，具有可识别的长度和宽度方向以及或多或少的平面性，请选择此项。拟合方向和 U/Y 方位会自动确定。

（2）矢量：如果目标基本上是矩形，具有可识别的长度和宽度方向，但曲率很大，请选择此项。

（3）方位：如果目标具有复杂的形状或为旋转对称，请选择此选项。使用方位操控器和矢量对话框指定拟合方向和大致的 U/V 方位。

（4）坐标系：如果目标具有复杂的形状或为旋转对称，并且需要使方位与现有几何体关联，请选择此选项。使用坐标系选项和坐标系对话框指定拟合方向和大致的 U/V 方位。

4. 边界

通过指定四个新边界点来延长或限制拟合曲面的边界。

5. 参数化

改变 U/V 向的次数和补片数从而调节曲面。

（1）次数：指定拟合曲面在 U 向和 V 向的次数。

（2）补片数：指定 U 及 V 向的曲面补片数。

6. 光顺因子

拖动滑块可直接影响曲面的平滑度。曲面越平滑，与目标的偏差越大。

7. 结果

UG 根据用户所生成的曲面计算最大误差和平均误差。

10.2　网格曲面

本节主要介绍网格曲面子菜单中的命令。

10.2.1 直纹

选择"菜单"→"插入"→"网格曲面"→"直纹"命令或单击"曲面"功能区"曲面"组中的"直纹"按钮，系统打开如图 10-13 所示"直纹"对话框，示意图如图 10-14 所示。

图 10-13　"直纹"对话框　　　　图 10-14　"直纹"示意图

截面线串可以由单个或多个对象组成。每个对象可以是曲线、实边或实面。也可以选择曲线的点或端点作为两个截面线串中的第一个。

1．截面线串 1：单击选择第一组截面曲线。

2．截面线串 2：单击选择第二组截面曲线。

要注意的是，在选取截面线串 1 和截面线串 2 时，两组的方向要一致，如果两组截面线串的方向相反，生成的曲面是扭曲的。

3．对齐

通过直纹面来构建片体需要在两组截面线上确定对应点后用直线将对应点连接起来，这样一个曲面就形成了。因此调整方式选取的不同会改变截面线串上对应点分布的情况，从而调整构建的片体。在选取线串后，可以进行调整方式的设置，调整方式包括参数和根据点两种方式。

（1）参数：在构建曲面特征时，两条截面曲线上所对应的点是根据截面曲线的参数方程进行计算的，所以两组截面曲线对应的直线部分是根据等距离来划分连接点的；两组截面曲线对应的曲线部分是根据等角度来划分连接点的。

选用"参数"方式并选取图 10-15 中所显示的截面曲线来构建曲面，首先设置栅格线，栅格线主要用于曲面的显示，栅格线也称为等参数曲线，执行菜单栏中的"首选项"→"建模"命令，系统打开"建模首选项"对话框，把栅格线中的"U 向计数"和"V 向计数"设置为6，这样构建的曲面将会显示出网格线。选取线串后，调整方式设置为"参数"，单击"确定"或"应用"按钮，生成的片体如图 10-16 所示，直线部分是根据等弧长来划分连接点的，而曲线部分是根据等角度来划分连接点的。

图 10-15　截面线串　　　　　　　　　图 10-16　"参数"调整方式构建曲面

如果选取的截面对象都为封闭曲线，生成的结果是实体，如图 10-17 所示。

图 10-17　"参数"调整方式构建曲面

（2）根据点：在两组截面线串上选取对应的点（同一点允许重复选取）作为强制的对应点，选取的顺序决定着片体的路径走向。一般在截面线串中含有角点时选择应用"根据点"方式。

4. 设置

"G0（位置）"选项指距离公差，可用来设置选取的截面曲线与生成的片体之间的误差值。设置值为零时，将会完全沿着所选取的截面曲线构建片体。

★重点　动手学——风扇

源文件：yuanwenjian\10\fengshan.prt

本例绘制的风扇如图 10-18 所示。首先绘制曲线，根据曲线创建叶片，然后对叶片进行加厚和倒圆角，最后创建圆柱体完成风扇。

扫一扫，看视频

图 10-18   风扇

操作步骤   视频文件：动画演示\第 10 章\风扇.mp4

（1）新建文件。选择"文件"→"新建"命令或单击"主页"功能区"标准"组中的"新建"按钮，打开"新建"对话框，在模型选项卡中选择适当的模板，在"名称"文本框中输入"fengshan"，单击"确定"按钮，进入建模环境。

（2）创建圆柱体。选择"菜单"→"插入"→"设计特征"→"圆柱"命令或单击"主页"功能区"特征"组中的"圆柱"按钮，系统打开如图 10-19 所示的"圆柱"对话框。选择"轴、直径和高度"类型，在"指定矢量"下拉列表中选择 ZC 轴，单击"点对话框"按钮，打开"点"对话框，保持默认的点坐标（0,0,0）作为圆柱体的圆心坐标，单击"确定"按钮。设置直径、高度为 400 和 120。单击"确定"按钮生成圆柱体，如图 10-20 所示。

图 10-19   "圆柱"对话框   图 10-20   生成的圆柱体

（3）创建孔。选择"菜单"→"插入"→"设计特征"→"孔"命令或单击"主页"功能区"特征"组中的"孔"按钮，系统打开如图 10-21 所示的"孔"对话框。选择"简单孔"成形，捕捉如图 10-22 所示的圆柱体上表面圆弧中心为孔放置位置，直径输入 120，深度为 120，单击"确定"按钮，生成的模型如图 10-23 所示。

图 10-21　"孔"对话框

图 10-22　捕捉圆心

图 10-23　创建孔

（4）创建直线。选择"菜单"→"插入"→"曲线"→"基本曲线（原有）"命令，打开如图 10-24 所示的"基本曲线"对话框。选择"直线"按钮，从"点方法"选取象限点按钮，选取圆柱体上表面边缘曲线和圆柱体下表面边缘曲线，生成如图 10-25 所示直线。

图 10-24　"基本曲线"对话框

图 10-25　绘制直线

（5）投影曲线。选择"菜单"→"插入"→"派生曲线"→"投影曲线"命令或单击"曲线"功能区"曲线"组中的"投影曲线"按钮，系统打开如图 10-26 所示的"投影曲线"对话框。选择上步绘制的直线为要投影的曲线，选择圆柱实体表面作为第一个要投影的对象，选取圆柱孔的表面作为第二个要投影的对象，单击"确定"按钮，生成如图 10-27 所示的两条投影曲线。

图 10-26　"投影曲线"对话框　　　　　图 10-27　生成的投影曲线

（6）隐藏实体和直线。选择"菜单"→"编辑"→"显示和隐藏"→"隐藏"命令，系统打开如图 10-28 所示的"类选择"对话框。选取圆柱体和步骤 4 绘制的直线作为要隐藏的对象，单击"确定"按钮，结果如图 10-29 所示。

图 10-28　"类选择"对话框　　　　　图 10-29　曲线

（7）创建直纹面。选择"菜单"→"插入"→"网格曲面"→"直纹"命令或单击"曲面"功能区"曲面"组中的"直纹"按钮，系统打开如图 10-30 所示的"直纹"对话框。选择截面线串 1 和截面线串 2，每条线串选取结束单击鼠标中键，在"对齐"选项设置为"参数"，单击"确定"按钮生成如图 10-31 所示曲面。

图 10-30　"直纹"对话框

图 10-31　生成的直纹面

（8）加厚曲面。选择"菜单"→"插入"→"偏置/缩放"→"加厚"命令或单击"曲面"功能区"曲面操作"组中的"加厚"按钮，系统打开如图 10-32 所示的"加厚"对话框。偏置 1 和偏置 2 分别为 2 和 -2，单击"确定"按钮，生成如图 10-33 所示的模型。

图 10-32　"加厚"对话框

图 10-33　生成的加厚体

（9）边倒圆。选择"菜单"→"插入"→"细节特征"→"边倒圆"命令或单击"主页"功能区"特征"组中的"边倒圆"按钮，系统打开如图 10-34 所示的"边倒圆"对话框，选择倒圆角边 1 和倒圆角边 2，如图 10-35 所示，倒圆角半径设置为 60，单击"确定"按钮，生成如图 10-36 所示的模型。

图 10-34　"边倒圆"对话框　　　图 10-35　圆角边的选取　　　图 10-36　创建倒角

（10）创建圆柱体。选择"菜单"→"插入"→"设计特征"→"圆柱"命令或单击"主页"功能区"特征"组中的"圆柱"按钮，系统打开如图 10-37 所示的"圆柱"对话框。选择"轴、直径和高度"类型，在指定矢量下拉列表选取"ZC 轴"，单击"点"对话框图标，打开"点"对话框，设置点坐标（0,0,-3），单击"确定"按钮。设置直径、高度为 132和 132。单击"确定"按钮生成圆柱体，如图 10-38 所示。

图 10-37　"圆柱"对话框　　　　　图 10-38　创建圆柱体

（11）创建其余叶片。选择"菜单"→"编辑"→"移动对象"命令或单击"工具"功能区"实用工具"组中的"移动对象"按钮，系统打开"移动对象"对话框，如图 10-39 所示。选择扇叶为移动对象，在"运动"下拉列表中选择"角度"选项，指定矢量为 ZC 轴，单击"点对话框"按钮，系统打开"点"对话框，保持默认的点坐标（0,0,0）。在"角度"中输入 120。点选"复制原先的"选项，输入非关联副本数为 2。单击"确定"按钮，生成模型如图 10-40 所示。

图 10-39　"移动对象"对话框

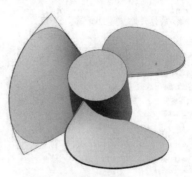

图 10-40　模型

（12）创建组合体。选择"菜单"→"插入"→"组合"→"合并"命令或单击"主页"功能区"特征"组中的"合并"按钮，系统打开"合并"对话框，如图 10-41 所示。选择圆柱体为目标，选择 3 个叶片为刀具，单击"确定"按钮生成组合体。

（13）隐藏曲面和曲线。选择"菜单"→"编辑"→"显示和隐藏"→"隐藏"命令，系统打开"类选择"对话框。单击"类型过滤器"按钮，系统打开"按类型选择"对话框，如图 10-42 所示，选择"片体"和"曲线"选项，单击"确定"按钮，返回到"类选择"对话框，单击"全选"按钮。单击"确定"按钮，最终模型如图 10-18 所示。

图 10-41　"合并"对话框

图 10-42　"按类型选择"对话框

10.2.2　通过曲线组

选择"菜单"→"插入"→"网格曲面"→"通过曲线组"命令或单击"曲面"功能区"曲面"组中的"通过曲线组"按钮，系统打开如图 10-43 所示"通过曲线组"对话框。

该选项让用户通过同一方向上的一组曲线轮廓线生成一个体，如图 10-44 所示。这些曲线轮廓称为截面线串。用户选择的截面线串定义体的行。截面线串可以由单个对象或多个对象组成。每个对象可以是曲线、实边或实面。

图 10-43　"通过曲线组"对话框　　　图 10-44　"通过曲线组"构造实体示意图

对话框相关选项功能说明如下。

1. 截面

选取曲线或点：选取截面线串时，一定要注意选取次序，而且每选取一条截面线，都要单击鼠标中键一次，直到所选取线串出现在"截面线串列表框"中为止，也可对该列表框中的所选截面线串进行删除、上移、下移等操作，以改变选取次序。

2. 连续性

（1）第一个截面：约束该实体使得它和一个或多个选定的面或片体在第一个截面线串处相切或曲率连续。

（2）最后一个截面：约束该实体使得它和一个或多个选定的面或片体在最后一个截面线串处相切或曲率连续。

3．对齐

让用户控制选定的截面线串之间的对准。

（1）参数：沿定义曲线将等参数曲线要通过的点以相等的参数间隔隔开。使用每条曲线的整个长度。

（2）弧长：沿定义曲线将等参数曲线将要通过的点以相等的弧长间隔隔开。使用每条曲线的整个长度。

（3）根据点：将不同外形的截面线串间的点对齐。

（4）距离：在指定方向上将点沿每条曲线以相等的距离隔开。

（5）角度：在指定轴线周围将点沿每条曲线以相等的角度隔开。

（6）脊线：将点放置在选定曲线与垂直于输入曲线的平面的相交处。得到的体的宽度取决于这条脊线曲线的限制。

4．补片类型

让用户生成一个包含单个面片或多个面片的体。面片是片体的一部分。使用越多的面片来生成片体则用户可以对片体的曲率进行越多的局部控制。当生成片体时，最好是将用于定义片体的面片的数目降到最小。限制面片的数目可改善后续程序的性能并产生一个更光滑的片体。

5．V 向封闭

对于多个片体来说，封闭沿行（U 方向）的体状态取决于选定截面线串的封闭状态。如果所选的线串全部封闭，则产生的体将在 U 方向上封闭。勾选此复选框，片体沿列（V 方向）封闭。

6．公差

输入几何体和得到的片体之间的最大距离。默认值为距离公差建模设置。

扫一扫，看视频

10.2.3 通过曲线网格

选择"菜单"→"插入"→"网格曲面"→"通过曲线网格"命令或单击"曲面"功能区"曲面"组中的"通过曲线网格"按钮，系统会打开如图 10-45 所示"通过曲线网格"对话框。

该选项让用户从沿着两个不同方向的一组现有的曲线轮廓（称为线串）上生成体，如图10-46 所示。生成的曲线网格体是双三次多项式的。这意味着它在 U 向和 V 向的次数都是三次的（次数为 3）。该选项只在主线串对和交叉线串对不相交时才有意义。如果线串不相交，生成的体会通过主线串或交叉线串，或两者均分。

对话框相关选项功能说明如下。

（1）第一主线串：让用户约束该实体使得它和一个或多个选定的面或片体在第一主线串处相切或曲率连续。

（2）最后主线串：让用户约束该实体使得它和一个或多个选定的面或片体在最后一条主线串处相切或曲率连续。

（3）第一交叉线串：让用户约束该实体使得它和一个或多个选定的面或片体在第一交叉线串处相切或曲率连续。

（4）最后交叉线串：让用户约束该实体使得它和一个或多个选定的面或片体在最后一条交叉线串处相切或曲率连续。

图 10-45 "通过曲线网格"对话框

图 10-46 "通过曲线网格"构造曲面示意图

（5）着重：让用户决定哪一组控制线串对曲线网格体的形状最有影响。

①两个皆是：主线串和交叉线串（即横向线串）有同样效果。

②主线串：主线串更有影响。

③交叉线串：交叉线串更有影响。

（6）构造

①法向：使用标准过程建立曲线网格曲面。

②样条点：让用户通过为输入曲线使用点和这些点处的斜率值来生成体。对于此选项，选择的曲线必须是有相同数目定义点的单根 B 曲线。

这些曲线通过它们的定义点临时地重新参数化（保留所有用户定义的斜率值）。然后这些临时的曲线用于生成体。这样有助于用更少的补片生成更简单的体。

③简单：建立尽可能简单的曲线网格曲面。

（7）重新构建：该选项可以通过重新定义主曲线或交叉曲线的次数和节点数来帮助用户构建光滑曲面。仅当"构造"选项为"法向"时，该选项可用。

①无：不需要重构主曲线或交叉曲线。

②次数和公差：该选项通过手动选取主曲线或交叉曲线来替换原来曲线，并为生成的曲面指定 U/V 向次数。节点数会依据 G0、G1、G2 的公差值按需求插入。

③自动拟合：该选项通过指定最小次数和分段数来重构曲面，系统会自动尝试是利用最小次数来重构曲面，如果还达不到要求，则会再利用分段数来重构曲面。

（8）G0/G1/G2：该数值用来限制生成的曲面与初始曲线间的公差。G0 默认值为位置公差；G1 默认值为相切公差；G2 默认值为曲率公差。

扫一扫，看视频

10.2.4　截面曲面

选择"菜单"→"插入"→"扫掠"→"截面"命令或单击"曲面"功能区"曲面"组中的"截面曲面"按钮，系统会打开如图 10-47 所示"截面曲面"对话框。

该选项通过使用二次构造技巧定义的截面来构造体。截面自由形式特征作为位于预先描述平面内的截面曲线的无限族，开始和终止并且通过某些选定控制曲线。

为符合工业标准并且便于数据传递，"截面"选项产生带有 B 曲面的体作为输出。

"截面曲面"命令说明如下。

图 10-47　"截面曲面"对话框

- ➥ 二次-肩线-按顶线：可以使用这个选项生成起始于第一条选定曲线、通过一条称为肩曲线的内部曲线并且终止于第 3 条选定曲线的截面自由形式特征。每个端点的斜率由选定顶线定义。

- ➥ 二次-肩线-按曲线：该选项可以生成起始于第一条选定曲线、通过一条内部曲线（称为肩曲线）并且终止于第 3 条曲线的截面自由形式特征。斜率在起始点和终止点由两个不相关的切矢控制曲线定义。

- ➥ 二次-肩线-按面：创建的曲面可以分别在位于两个体的两条曲线之间形成光顺圆角。该曲面开始于第一条引导曲线，并与第一个体相切。它终止于第二条引导曲线，与第二个体相切，并穿过肩曲线。

- ➥ 圆形-三点：该选项可以通过选择起始边曲线、内部曲线、终止边曲线和脊线曲线来生成截面自由形式特征。片体的截面是圆弧。

- ➥ 二次-Rho-按顶线：可以使用这个选项来生成起始于第一条选定曲线并且终止于第二条曲线的截面自由形式特征。每个端点的切矢由选定的顶线定义。每个二次截面的完整性由相应的 Rho 值控制。

❧ 二次-Rho-按曲线：该选项可以生成起始于第一条选定边曲线并且终止于第二条边曲线的截面自由形式特征。切矢在起始点和终止点由两个不相关的切矢控制曲线定义。每个二次截面的完整性由相应的 Rho 值控制。

❧ 二次-Rho-按面：可以使用这个选项生成截面自由形式特征，该特征在分别位于两个体上的两条曲线间形成光顺的圆角。每个二次截面的完整性由相应的 Rho 值控制。

❧ 圆形-两点-半径：该选项生成带有指定半径圆弧截面的体。对于脊线方向，从第一条选定曲线到第二条选定曲线以逆时针方向生成体。半径必须至少是每个截面的起始边与终止边之间距离的一半。

❧ 二次-高亮显示-按顶线：该选项可以生成带有起始于第一条选定曲线并终止于第二条曲线而且与指定直线相切的二次截面的体。每个端点的切矢由选定顶线定义。

❧ 二次-高亮显示-按曲线：该选项可以生成带有起始于第一条选定边曲线并终止于第二条边曲线而且与指定直线相切的二次截面的体。切矢在起始点和终止点由两个不相关的切矢控制曲线定义。

❧ 二次-高亮显示-按面：可以使用这个选项生成带有在分别位于两个体上的两条曲线之间构成光顺圆角并与指定直线相切的二次截面的体。

❧ 圆形-两点-斜率：该选项可以生成起始于第一条选定边曲线并且终止于第二条边曲线的截面自由形式特征。斜率在起始处由选定的控制曲线决定。片体的截面是圆弧。

❧ 二次-四点-斜率：该选项可以生成起始于第一条选定曲线、通过两条内部曲线并且终止于第四条曲线的截面自由形式特征。也需选择定义起始切矢的切矢控制曲线。

❧ 三次-两个斜率：该选项生成带有截面的 S 形的体，该截面在两条选定边曲线之间构成光顺的三次圆角。切矢在起始点和终止点由两个不相关的切矢控制曲线定义。

❧ 三次-圆角-桥接：该选项生成一个体，该体带有在位于两组面上的两条曲线之间构成桥接的截面。

❧ 圆形-半径-角度-圆弧：该选项可以通过在选定边、相切面、体的曲率半径和体的张角上定义起始点来生成带有圆弧截面的体。角度可以从 -170°～0° 或从 0°～170° 变化，但是禁止通过 0。半径必须大于 0。曲面的默认位置在面法向的方向上，或者可以将曲面反向到相切面的反方向。

❧ 二次-五点：该选项可以使用 5 条已有曲线作为控制曲线来生成截面自由形式特征。体起始于第一条选定曲线，通过 3 条选定的内部控制曲线，并且终止于第 5 条选定的曲线。而且提示选择脊线曲线。5 条控制曲线必须完全不同，但是脊线曲线可以为先前选定的控制曲线。

❧ 线性-相切-相切：使用起始相切面和终止相切面来创建线性截面曲面。

❧ 圆形-相切-半径：使用开始曲线和半径值创建圆形截面曲面，开始曲线所在的面将定义起始处的斜率。

❧ 圆形-两点-半径：可以使用这个选项生成整圆截面曲面。选择引导线串、可选方向线串和脊线来生成圆截面曲面；然后定义曲面的半径。

扫一扫，看视频

10.2.5　艺术曲面

选择"菜单"→"插入"→"网格曲面"→"艺术曲面"命令或者单击"曲面"功能区"曲面"组中的"艺术曲面"按钮，系统打开如图 10-48 所示的"艺术曲面"对话框。

对话框各选项功能说明如下。

1．截面（主要）曲线

每选择一组曲线可以通过单击鼠标中键完成，如果方向相反可以单击该面板中的"反向"按钮。

2．引导（交叉）曲线

在选择交叉线串的过程中，如果选择的交叉曲线方向与已经选择的交叉线串的曲线方向相反，可以通过单击"反向"按钮将交叉曲线的方向反向。如果选择多组引导曲线，那么该面板的"列表"中能够将所有选择的曲线都通过列表方式表示出来。

3．连续性

可以设定的连续性过渡方式有以下几种。

（1）GO(位置)方式，通过点连接方式和其他部分相连接。

图 10-48　"艺术曲面"对话框

（2）G1(相切)方式，通过该曲线的艺术曲面与其相连接的曲面通过相切方式进行连接。

（3）G2(曲率)方式，通过相应曲线的艺术曲面与其相连接的曲面通过曲率方式逆行连接，在公共边上具有相同的曲率半径，且通过相切连接，从而实现曲面的光滑过渡。

4．对齐

在该列表中包括以下 3 个列表选项。

（1）参数：截面曲线在生成艺术曲面时(尤其是在通过截面曲线生成艺术曲面时)，系统将根据所设置的参数来完成各截面曲线之间的连接过渡。

（2）弧长：截面曲线将根据各曲线的圆弧长度来计算曲面的连接过渡方式。

（3）根据点：可以在连接的几组截面曲线上指定若干点，两组截面曲线之间的曲面连接关系将会根据这些点来进行计算。

5．过渡控制

在该列表框中主要包括以下选项。

（1）垂直于终止截面：连接的平移曲线在终止截面处，将垂直于此处截面。

（2）垂直于所有截面：连接的平移曲线在每个截面处，都将垂直于此处截面。

（3）三次：系统构造的这些平移曲线是三次曲线，所构造的艺术曲面即通过截面曲线组合这些平移曲线来连接和过渡。

（4）线形和圆角：系统将通过线形方式并对连接生成的曲面进行倒角。

扫一扫，看视频

10.2.6 N 边曲面

选择"菜单"→"插入"→"网格曲面"→"N 边曲面"命令或者单击"曲面"功能区"曲面"组中的"N 边曲面"按钮，系统打开如图10-49所示的"N 边曲面"对话框。

1. 类型

（1）已修剪

在封闭的边界上生成一张曲面，它覆盖被选定曲面封闭环内的整个区域。

（2）三角形

在已经选择的封闭曲线串中，构建一张由多个三角补片组成的曲面，其中的三角补片相交于一点。

2. 选择曲线

选择一个轮廓以组成曲线或边的封闭环。

3. 选择面

选择外部表面来定义相切约束。

图 10-49　"N 边曲面"对话框

10.3 弯曲曲面

本节主要介绍弯曲曲面子菜单中的命令。

扫一扫，看视频

10.3.1 延伸

选择"菜单"→"插入"→"弯曲曲面"→"延伸"命令或者单击"曲面"功能区"曲面"组中的"延伸曲面"按钮，系统打开如图10-50所示"延伸曲面"对话框。

该选项让用户从现有的基片体上生成切向延伸片体、曲面法向延伸片体、角度控制的延伸片体或圆弧控制的延伸片体。

对话框部分选项功能说明如下。

（1）边：选择要延伸的边后，选择延伸方法并输入延伸的长度或百分比延伸曲面，示意图如图 10-51 所示。

图 10-50 "延伸曲面"对话框

①相切：该选项让用户生成相切于面、边或拐角的体。切向延伸通常是相邻于现有基面的边或拐角而生成，这是一种扩展基面的方法。这两个体在相应的点处拥有公共的切面，因而，它们之间的过渡是平滑的。

②圆弧：该选项让用户从光顺曲面的边上生成一个圆弧的延伸。该延伸遵循沿着选定边的曲率半径。

要生成圆弧的边界延伸，选定的基本曲线必须是面的未裁剪的边。延伸的曲面边的长度不能大于任何由原始曲面边的曲率确定半径的区域的整圆的长度。

（2）拐角：选择要延伸的曲面，在%U 和%V 长度输入拐角长度，示意图如图 10-52 所示。

相切   圆形

图 10-51 延伸方法   图 10-52 拐角示意图

10.3.2 规律延伸

扫一扫，看视频

选择"菜单"→"插入"→"弯边曲面"→"规律延伸"命令或者单击"曲面"功能区"曲面"组中的"规律延伸"按钮 ，打开如图 10-53 所示"规律延伸"对话框。

图 10-53　"规律延伸"对话框

部分选项功能说明如下。

1. 类型

（1）面：指定使用一个或多个面来为延伸曲面组成一个参考坐标系。参考坐标系建立在"基本曲线串"的中点上，示意图如图 10-54 所示。

角度为 0　　　　　　　　　　　角度为 90

图 10-54　"面"规律延伸示意图

（2）矢量：指定在沿着基本曲线线串的每个点处计算和使用一个坐标系来定义延伸曲面。此坐标系的方向是这样确定的：使 0° 角平行于矢量方向，使 90° 轴垂直于由 0° 轴和基本轮廓切线矢量定义的平面。此参考平面的计算是在"基本轮廓"的中点上进行的，示意图如图10-55 所示。

2. 曲线

让用户选择一条基本曲线或边界线串，系统在它的基边上定义曲面轮廓。

3. 面

让用户选择一个或多个面来定义用于构造延伸曲面的参考方向。

4. 参考矢量

让用户通过使用标准的"矢量方式"或"矢量构造器"指定一个矢量，用它来定义构造延伸曲面时所用的参考方向。

图 10-55 "矢量"规律延伸示意图

5. 脊线

（可选的）指定可选的脊线线串会改变系统确定局部坐标系方向的方法，这样，垂直于脊线线串的平面决定了测量"角度"所在的平面。

6. 长度规律类型

让用户指定用于延伸长度的规律方式以及使用此方式的适当的值。

（1）恒定：使用恒定的规则（规律），当系统计算延伸曲面时，它沿着基本曲线线串移动，截面曲线的长度保持恒定的值。

（2）线性：使用线性的规则（规律），当系统计算延伸曲面时，它沿着基本曲线线串移动，截面曲线的长度从基本曲线线串起始点的起始值到基本曲线线串终点的终止值呈线性变化。

（3）三次：使用三次的规则（规律），当系统计算延伸曲面时，它沿着基本曲线线串移动，截面曲线的长度从基本曲线线串起始点的起始值到基本曲线线串终点的终止值呈非线性变化。

7. 角度规律

让用户指定用于延伸角度的规律方式以及使用此方式的适当的值。

10.4 其他曲面

本节介绍其他创建曲面的命令。

10.4.1 扫掠

选择"菜单"→"插入"→"扫掠"→"扫掠"命令或者单击"曲面"功能区"曲面"

扫一扫，看视频

组中的"扫掠"按钮，打开如图 10-56 所示"扫掠"对话框。

该选项可以用来构造扫掠体，如图 10-57 所示。用预先描述的方式沿一条空间路径移动的曲线轮廓线将扫掠体定义为扫掠外形轮廓。移动曲线轮廓线称为截面线串。该路径称为引导线串，因为它引导运动。

图 10-56 "扫掠"对话框　　　　　图 10-57 "扫掠"示意图

引导线串在扫掠方向上控制着扫掠体的方向和比例。引导线串可以由单个或多个分段组成。每个分段可以是曲线、实体边或实体面。每条引导线串的所有对象必须光顺而且连续。必须提供一条、两条或三条引导线串。截面线串不必光顺，而且每条截面线串内对象的数量可以不同。可以输入从 1 到最大数量为 150 的任何数量的截面线串。

如果所有选定的引导线串形成封闭循环，则第一条截面线串可以作为最后一条截面线串重新选定。

上述对话框部分选项功能说明如下。

1. 定位方法

（1）固定：在截面线串沿着引导线串移动时保持固定的方向，并且结果是平行的或平移的简单扫掠。

（2）面的法向：局部坐标系的第二个轴和沿引导线串的各个点处的某基面的法向矢量一致。这样来约束截面线串和基面的联系。

（3）矢量方向：局部坐标系的第二个轴和在整个引导线串上指定的矢量一致。

（4）另一曲线：通过连接引导线串上相应的点和另一条曲线来获得局部坐标系的第二个轴（就好像在它们之间建立了一个直纹的片体）。

（5）一个点：和另一条曲线相似，不同之处在于获得第二个轴的方法是通过引导线串和点之间的三面直纹片体的等价物实现。

（6）强制方向：在沿着引导线串扫掠截面线串时，让用户把截面的方向固定在一个矢量。

2. 缩放方法

（1）恒定：让用户输入一个比例因子，它沿着整个引导线串保持不变。

（2）倒圆功能：在指定的起始和终止比例因子之间允许线性的或三次的比例，那些起始和终止比例因子对应于引导线串的起点和终点。

（3）另一曲线：类似于方向控制中的"另一条曲线"，但是此处在任意给定点的比例是以引导线串和其他的曲线或实边之间的划线长度为基础的。

（4）一个点：和"另一条曲线"相同，但是，是使用点而不是曲线。选择此种形式的比例控制的同时还可以使用同一个点作方向控制（在构造三面扫掠时）。

（5）面积规律：让用户使用规律子功能控制扫掠体的交叉截面面积。

（6）周长规律：类似于"面积规律"，不同的是，用户控制扫掠体的交叉截面的周长，而不是它的面积。

★重点　动手学——节能灯泡

源文件：yuanwenjian\10\jienengdengpao.prt

本例节能灯泡如图 10-58 所示。首先绘制灯座，然后绘制灯管的截面和引导线，利用引导线扫掠命令创建灯管。

扫一扫，看视频

操作步骤　视频文件：动画演示\第 10 章\节能灯泡.mp4

（1）新建文件。选择"文件"→"新建"命令或单击"主页"
功能区"标准"组中的"新建"按钮⬜，打开"新建"对话框，在

图 10-58　节能灯泡

模型选项卡中选择适当的模板，在"名称"文本框中输入"jienengdengpao"，单击"确定"按钮，进入建模环境。

（2）创建圆柱体。选择"菜单"→"插入"→"设计特征"→"圆柱"命令或单击"主页"功能区"特征"组中的"圆柱"按钮🛢，系统打开如图 10-59 所示的"圆柱"对话框。选择"轴、直径和高度"类型，在"指定矢量"下拉列表中选择 ZC 轴，单击"点"对话框按钮🔧，打开"点"对话框，保持默认的点坐标（0,0,0）作为圆柱体的圆心坐标，单击"确定"按钮。设置直径和高度为 62 和 40。单击"确定"按钮生成圆柱体，如图 10-60 所示。

图 10-59　"圆柱"对话框　　　　　　图 10-60　生成的圆柱体

（3）圆柱体倒圆角。选择"菜单"→"插入"→"细节特征"→"边倒圆"命令或单击"主页"功能区"特征"组中的"边倒圆"按钮，系统打开如图 10-61 所示的"边倒圆"对话框，选择倒圆角边 1 和倒圆角边 2，如图 10-62 所示，倒圆角半径设置为 7，单击"确定"按钮，生成如图 10-63 所示的模型。

图 10-61　"边倒圆"对话框　　　图 10-62　圆角边的选取　　　图 10-63　倒圆角后的模型

（4）创建直线。选择"菜单"→"插入"→"曲线"→"直线"命令或单击"曲线"功能区"曲线"组中的"直线"按钮，系统打开如图 10-64 所示的"直线"对话框。单击起点"点对话框"按钮，打开"点"对话框，输入起点坐标为（13,-13,0），单击终点"点对话框"按钮，打开"点"对话框，输入终点坐标为（13,-13,-60），单击"确定"按钮生成直线，如图 10-65 所示。

按同样的方法创建另一条直线，输入起点坐标为（13,13,0），输入终点坐标为（13,13,-60），生成的直线如图 10-66 所示。

图 10-64 "直线"对话框　　　　图 10-65 生成直线　　　　图 10-66 直线

（5）创建圆弧。选择"菜单"→"插入"→"曲线"→"圆弧/圆"命令或单击"曲线"功能区"曲线"组中的"圆弧/圆"按钮 ⌒，系统打开如图 10-67 所示的"圆弧/圆"对话框。选择"三点画圆弧"类型，单击两直线的两个端点作为圆弧的起点和端点，单击"点对话框"按钮 ，系统打开"点"对话框，输入中点坐标为（0,0,-73），点参考设置为 WCS，单击"确定"按钮，在"圆弧/圆"对话框中单击"确定"按钮，生成圆弧如图 10-68 所示。

（6）创建圆。选择"菜单"→"插入"→"曲线"→"基本曲线（原有）"命令，系统打开"基本曲线"对话框。单击"圆" ○ 按钮，在"点方法"下拉列表中选择"点构造器"按钮 ，系统打开"点"对话框，输入中心点坐标为（13,-13,0），单击"确定"按钮，输入半径为 5，单击"确定"按钮。在"基本曲线"对话框中单击"确定"按钮，生成的圆如图 10-69 所示。

图 10-67 "圆弧/圆"对话框　　　图 10-68 创建圆弧　　　图 10-69 创建圆

（7）扫掠。选择"菜单"→"插入"→"扫掠"→"扫掠"命令，或者单击"曲面"功能区"曲面"组中的"扫掠"按钮🗂，系统打开如图 10-70 所示的"扫掠"对话框。选择上步创建的圆为扫掠截面，选择直线和圆弧为引导线。在"扫掠"对话框中单击"确定"按钮，生成扫掠曲面，如图 10-71 所示。

（8）隐藏。选择"菜单"→"编辑"→"显示和隐藏"→"隐藏"命令，系统打开"类选择"对话框。选取曲线直线作为要隐藏的对象，如图 10-72 所示，单击"确定"按钮，曲线被隐藏。

图 10-70　"扫掠"对话框

图 10-71　灯管

图 10-72　要隐藏的对象

（9）创建另一个灯管。选择"菜单"→"编辑"→"移动对象"命令，系统打开"移动对象"对话框，如图 10-73 所示。选择灯管为移动对象，在"运动"下拉列表中选择"点到点"，单击"指定出发点"按钮🔛，打开点构造器对话框，输入点坐标（13,-13,0）。单击"指定目标点"按钮🔛，打开"点"对话框，输入点坐标（-13,-13,0）。点选"复制原先的"选项，非关联副本数输入为 1，单击"确定"按钮，灯管复制到如图 10-74 所示的位置。

图 10-73 "移动对象"对话框   图 10-74 创建灯管

（10）创建圆柱体。选择"菜单"→"插入"→"设计特征"→"圆柱"命令或单击"主页"功能区"特征"组中的"圆柱"按钮🛢，系统打开如图 10-75 所示"圆柱"对话框。选择"轴、直径和高度"类型，在"指定矢量"下拉列表中选择 ZC 轴，单击"指定点"中的"点对话框"按钮⬛，打开点对话框，保持默认的点坐标（0,0,40）作为圆柱体的圆心坐标，单击"确定"按钮。设置直径和高度为 38 和 12，在"布尔"下拉列表中选择"合并"选项，选择视图中的实体进行合并。单击"确定"按钮生成圆柱体，如图 10-76 所示。

图 10-75 "圆柱"对话框   图 10-76 生成的圆柱体

（11）圆柱体倒圆角。选择"菜单"→"插入"→"细节特征"→"边倒圆"命令或单击"主页"功能区"特征"组中的"边倒圆"按钮🔲，系统打开"边倒圆"对话框，选择倒圆角边，如图 10-77 所示，倒圆角半径设置为 5，单击"确定"按钮，生成如图 10-78 所示的节能灯泡模型。

图 10-77　圆角边的选取

图 10-78　节能灯泡模型

10.4.2　偏置曲面

选择"菜单"→"插入"→"偏置/缩放"→"偏置曲面"命令或单击"曲面"功能区"曲面操作"组中的"偏置曲面"按钮🔳，系统打开如图 10-79 所示"偏置曲面"对话框，示意图如图 10-80 所示。

图 10-79　"偏置曲面"对话框

图 10-80　"偏置曲面"示意图

该选项可以从一个或更多已有的面生成偏置曲面。

系统用沿选定面的法向偏置点的方法来生成正确的偏置曲面。指定的距离称为偏置距离，已有面称为基面。可以选择任何类型的面作为基面。如果选择多个面进行偏置，则产生多个偏置体。

10.4.3 大致偏置

选择"菜单"→"插入"→"偏置/缩放"→"大致偏置（原有）"命令，系统打开如图 10-81 所示"大致偏置"对话框。

该选项让用户使用大的偏置距离从一系列面或片体生成一个没有自相交、尖锐边界或拐角的偏置片体。该选项让用户从一系列面或片体上生成一个大的粗略偏置，用于当"偏置面"和"偏置曲面"功能不能实现时。

对话框部分选项功能说明如下。

1. 选择步骤

（1）偏置面/片体：选择要偏置的面或片体。如果选择多个面，则不会使它们相互重叠。相邻面之间的缝隙应该在指定的建模距离公差范围内。但是，此功能不检查重叠或缝隙，如果碰到了，则会忽略缝隙；如果存在重叠，则会偏置顶面。

（2）偏置坐标系：让用户为偏置选择或建立一个坐标系，其中 Z 方向指明偏置方向，X 方向指明步进或截取方向，Y 方向指明步距方向。默认的坐标系为当前的工作坐标系。

图 10-81 "大致偏置"对话框

2. 偏置距离

让用户指定偏置的距离。此字段值和"偏置偏差"中指定的值一同起作用。如果希望偏置背离指定的偏置方向，则可以为偏置距离输入一个负值。

3. 偏置偏差

让用户指定偏置的偏差。用户输入的值表示允许的偏置距离范围。该值和"偏置距离"值一同起作用。例如，如果偏置距离是 10 且偏差是 1，则允许的偏置距离在 9~11 之间。通常偏差值应该远大于建模距离公差。

4. 步距

让用户指定步进距离。

5. 曲面生成方法

让用户指定系统建立粗略偏置曲面时使用的方法。

（1）云点：系统使用和"由点云构面"选项中相同建立曲面。选择此方法则启用"曲面控制"选项，让用户指定曲面的片数。

（2）通过曲线组：系统使用和"通过曲线"选项中相同的方法建立曲面。

（3）粗略拟合：当其他方法生成曲面无效时（例如有自相交面或者低质量），系统利用该选项创建一低精度曲面。

6. 曲面控制

让用户决定使用多少补片来建立片体。此选项只用于"云点"曲面生成方法。

（1）系统定义的：在建立新的片体时，系统自动添加计算数目的 U 向补片来给出最佳结果。

（2）用户定义：启用"U 向补片数"字段，该字段让用户指定在建立片体时，允许使用多少 U 向补片。该值至少为 1。

7. 修剪边界

（1）不修剪：片体以近似矩形图案生成，并且不修剪。
（2）修剪：片体根据偏置中使用的曲面边界修剪。
（3）边界曲线：片体不被修剪，但是片体上会生成一条曲线，它对应于在使用"修剪"选项时发生修剪的边界。

扫一扫，看视频

10.4.4 修剪片体

选择"菜单"→"插入"→"修剪"→"修剪片体"命令或单击"曲面"功能区"曲面操作"组中的"修剪片体"按钮，系统会打开如图 10-82 所示"修剪片体"对话框，该选项用于生成相关的修剪片体，示意图 10-83 所示。

图 10-82 "修剪片体"对话框

图 10-83 修剪片体示意图

选项功能说明如下。

（1）目标：选择目标曲面体。
（2）边界：选择修剪的工具对象，该对象可以是面、边、曲线和基准平面。
（3）允许目标体边作为工具对象：帮助将目标片体的边作为修剪对象过滤掉。

（4）投影方向：可以定义要作标记的曲面/边的投影方向。可以在"垂直于面""垂直于曲线平面"和"沿矢量"间选择。

（5）区域：可以定义在修剪曲面时选定的区域是保留还是舍弃。在选定目标曲面体、投影方式和修剪对象后，可以选择目前选择的区域是否"保持"或"舍弃"。

每个选择用来定义保留或舍弃区域的点在空间中固定。如果移动目标曲面体，则点不移动。为防止意外的结果，如果移动为"修剪边界"选择步骤选定的曲面或对象，则应该重新定义区域。

10.4.5　加厚

选择"菜单"→"插入"→"偏置/缩放"→"加厚"命令或单击"主页"功能区"特征"组中的"加厚"按钮，系统打开如图 10-84 所示"加厚"对话框。

该选项可以偏置或加厚片体来生成实体，在片体的面的法向应用偏置，如图 10-85 所示。各选项功能说明如下。

图 10-84　"加厚"对话框

（1）面：该选项用于选择要加厚的片体。一旦选择了片体，就会出现法向于片体的箭头矢量来指明法向方向。

（2）偏置 1/偏置 2：指定一个或两个偏置（如图 10-85 所示，偏置对实体的影响）。

（3）Check-Mate：如果出现加厚片体错误，则此按钮可用。点击此按钮，会识别可能导致加厚片体操作失败的面。

图 10-85　"加厚"示意图

10.4.6　片体到实体助理

选择"菜单"→"插入"→"偏置/缩放"→"片体到实体助理（原有）"命令，打开如图 10-86 所示的"片体到实体助理"对话框。

该选项可以从几组未缝合的片体生成实体，方法是将缝合一组片体的过程自动化（缝合），然后加厚结果（加厚）。如果指定的片体造成这个过程失败，那么将自动完成对它们的分析，以找出问题的根源。有时此过程将得出简单推导出的补救措施，但是有时必须重建曲面。

对话框各选项功能说明如下。

1. 选择步骤

（1）目标片体 ▦：选择需要被操作的目标片体。

（2）工具片体 📖：选择一个或多个要缝合到目标中的工具片体。该选项是可选的。如果用户未选择任何工具片体，那么就不会在菜单栏中选择缝合操作，而只在菜单栏中选择加厚操作。

2. 第一偏置/第二偏置：该操作与"片体加厚"中的选项相同。

3. 缝合公差：为了使缝合操作成功，设置被缝合到一起的边之间的最大距离。

4. 分析结果显示：该选项最初是关闭的。当尝试生成一个实体，但是却产生故障，这时该选项将变得敏感，其中每一个分析结果项只有在显示相应的数据时才可用。打开其中的可用选项，在图形窗口中将高亮显示相应地拓扑。

图 10-86 "片体到实体助理"对话框

（1）显示坏的几何体：如果系统在目标片体或任何工具片体上发现无效的几何体，则该选项将处于可用状态。打开此选项将高亮显示坏的几何体。

（2）显示片体边界：如果得到"无法在菜单栏中选择加厚操作"信息，且该选项处于可用状态，打开此选项，可以查看当前在图形窗口中定义的边界。造成加厚操作失败的原因之一是输入的几何体不满足指定的精度，从而造成片体的边界不符合系统的需要。

（3）显示失败的片体：阻止曲面偏置的常见问题是它面向偏置方向具有一个小面积的意外封闭曲率区域。系统将尝试一次加厚一个片体，并将高亮显示任何偏置失败的片体。另外，如果可以加厚缝合的片体，但是结果却是一个无效实体，那么将高亮显示引起无效几何体的片体。

（4）显示坏的退化：用退化构建的曲面经常会发生偏置失败（在任何方向上）。这是曲率问题造成的，即聚集在一起的参数行太接近曲面的极点。该选项可以检测这些点的位置并高亮显示它们。

5. 补救选项

（1）重新修剪边界：由于 CAD/CAM 系统之间的拓扑表示存在差异，因此通常采用以 Parasolid 不便于查找模型的形式修剪数据来转换数据。用户可以使用这种补救方法来更正其中的一些问题，而不用更改底层几何体的位置。

（2）光顺退化：在通过"显示坏的退化"选项找到的退化上，在菜单栏中选择这种补救操作，并使它们变得光顺。

（3）整修曲面：这种补救将减少用于代表曲面的数据量，而不会影响位置上的数据，从而生成更小、更快及更可靠的模型。

（4）允许拉伸边界：这种补救尝试从拉伸的实体复制工作方法，并使用"抽壳"而不是"片体加厚"作为生成薄壁实体的方法。从而避免一些由缝合片体的边界造成的问题。只有当能够确定合适的拉伸方向时，才能使用此选项。

★重点 动手学——咖啡壶

源文件：yuanwenjian\10\ kafeihu.prt

本例绘制咖啡壶，如图 10-87 所示。首先利用通过曲线网格绘制壶身，然后利用 N 边曲面命令绘制壶底，最后绘制壶把。

图 10-87 咖啡壶

操作步骤 视频文件：动画演示\第 10 章\咖啡壶.mp4

（1）打开文件。选择"文件"→"打开"命令或单击"主页"功能区"标准"组中的"打开"按钮，打开"打开"对话框，选择"kafeihu"文件，单击"OK"按钮。如图 10-88 所示。

（2）创建通过曲线网格曲面。选择"菜单"→"插入"→"网格曲面"→"通过曲线网格"命令或单击"曲面"功能区"曲面"组中的"通过曲线网格"按钮，系统打开如图 10-89 所示的"通过曲线网格"对话框。选取圆为主线串和选择样条曲线为交叉线串，设置体类型为"片体"，其余选项保持默认状态，单击"确定"按钮，生成曲面如图 10-90 所示。

图 10-88 "kafeihu"文件

图 10-89 "通过曲线网格"对话框

图 10-90 曲面模型

（3）创建 N 边曲面。选择"菜单"→"插入"→"网格曲面"→"N 边曲面"命令或者单击"曲面"功能区"曲面"组中的"N 边曲面"按钮 ，系统打开如图 10-91 所示的"N 边曲面"对话框。选取类型为"已修剪"，选择外部环为圆 4，其余选项保持默认状态，单击"确定"按钮生成底部曲面，如图 10-92 所示。

图 10-91 "N 边曲面"对话框 　　　　　 图 10-92 创建 N 边曲面

（4）修剪曲面。选择"菜单"→"插入"→"修剪"→"修剪片体"命令或单击"曲面"功能区"曲面操作"组中的"修剪片体"按钮 ，打开如图 10-93 所示的"修剪片体"对话框。选择 N 边曲面为目标体，选择网格曲面为边界对象，选择"放弃"选项，其余选项保持默认状态，单击"确定"按钮生成底部曲面，如图 10-94 所示。

图 10-93 "修剪片体"对话框 　　　　　 图 10-94 修剪曲面

（5）创建加厚曲面。选择"菜单"→"插入"→"偏置/缩放"→"加厚"命令或单击"曲面"功能区"曲面操作"组中的"加厚"按钮 ，系统打开如图 10-95 所示的"加厚"对话框。选择网格曲面和 N 边曲面为加厚面，"偏置 1"设置为 2，"偏置 2"设置为 0，如图 10-95 所示，单击"确定"按钮，生成模型。

（6）隐藏曲面。选择"菜单"→"编辑"→"显示和隐藏"→"隐藏"命令，系统打开"类选择"对话框。单击"类型过滤器"按钮 ，系统打开"按类型选择"对话框，选择"曲线"和"片体"选项，单击"确定"按钮，点击"全选"按钮。单击"确定"按钮，片体和曲线被隐藏，模型如图 10-96 所示。

图 10-95 "加厚"对话框

图 10-96 曲面模型

（7）改变 WCS。选择"菜单"→"格式"→"WCS"→"旋转"命令，打开如图 10-97 所示的"旋转 WCS 绕"对话框。选择"+XC 轴：YC→ZC"选项，输入角度为 90，单击"确定"按钮，将绕 XC 轴，旋转 YC 轴到 ZC 轴，新坐标系位置如图 10-98 所示。

图 10-97 "旋转 WCS 绕"对话框

图 10-98 旋转坐标系

（8）创建样条曲线。选择"菜单"→"插入"→"曲线"→"样条（即将失效）"命令，系统打开如图 10-99 所示的"样条"对话框。单击"通过点"按钮，系统打开如图 10-100 所示的"通过点生成样条"对话框，保持系统默认选项，单击"确定"按钮，在打开的对话框中单击"点构造器"按钮然后单击"确定"，如图 10-101 所示，打开"点"对话框，输入样条通过点，分别为（-50,-48,0）、（-98,-48,0）、（-167,-77,0）、（-211,-120,0）、（-238,-188,0），单击鼠标中键，打开如图 10-102 所示的"指定点"对话框。单击"是"按钮，打开如图 10-100 所示"通过点生成样条"对话框，保持系统默认状态，单击"确定"按钮，生成样条曲线。生成的曲线模型如图 10-103 所示。

图 10-99　"样条"对话框

图 10-100　"通过点生成样条"对话框

图 10-101　"样条"对话框

图 10-102　"指定点"对话框

图 10-103　曲线模型

（9）改变 WCS。选择"菜单"→"格式"→"WCS"→"原点"命令，打开"点"对话框，捕捉壶把手样条曲线端点，将坐标系移动到样条曲线端点。

选择"菜单"→"格式"→"WCS"→"旋转"命令，打开"旋转 WCS 绕"对话框。选择"-YC 轴：XC→ZC"选项，输入角度为 90，单击"确定"按钮，绕 YC 轴，旋转 XC 轴到

ZC 轴，新坐标系位置如图 10-104 所示。

（10）创建圆。选择"菜单"→"插入"→"曲线"→"基本曲线（原有）"命令，系统打开"基本曲线"对话框。单击〇（圆）图标，在"点方法"下拉列表中单击"点构造器"按钮，系统打开"点"对话框，输入圆中心点（0,0,0），单击"确定"按钮。系统提示选择对象以自动判断点，输入（16,0,0），单击"确定"按钮完成圆 6 的创建，如图 10-105 所示。

图 10-104　坐标模型

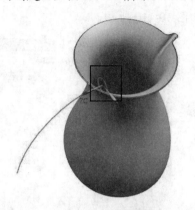

图 10-105　创建圆

（11）创建壶把手实体模型。选择"菜单"→"插入"→"扫掠"→"沿引导线扫掠"命令或单击"曲面"功能区"曲面"组中的"沿引导线扫掠"按钮，系统打开如图 10-106 所示的"沿引导线扫掠"对话框。选择圆 6 为截面线，选择壶把手样条曲线为引导线，在"第一偏置"和"第二偏置"分别输入 0，单击"确定"按钮，生成模型如图 10-107 所示。

图 10-106　"沿引导线扫掠"对话框

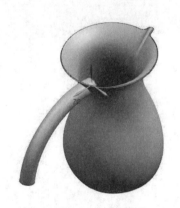

图 10-107　扫掠体

（12）隐藏曲线。选择"菜单"→"编辑"→"显示和隐藏"→"隐藏"命令，系统打开"类选择"对话框。单击"类型过滤器"按钮，系统打开"按类型选择"对话框，选择"曲线"单击"确定"，单击"全选"按钮。单击"确定"按钮，曲线被隐藏，如图 10-108 所示。

（13）修剪体。选择"菜单"→"插入"→"修剪"→"修剪体"命令或单击"主页"功能区"特征"组中的"修剪体"按钮，系统打开如图 10-109 所示的"修剪体"对话框。首先选取目标体，选择扫掠实体壶把手，单击鼠标中键，进入工具的选取，提示行中的"面规则"设置为单个面，选择咖啡壶外表面，方向指向咖啡壶内侧，单击"确定"按钮，生成的模型如图 10-110 所示。

图 10-108　显示实体　　　　图 10-109　"修剪体"对话框　　　　图 10-110　模型

（14）创建球体。选择"菜单"→"插入"→"设计特征"→"球"命令或单击"主页"功能区"特征"组中的"球"按钮，系统打开如图 10-111 所示的"球"对话框。选择"中心点和直径"类型，输入直径为 32。单击"点对话框"按钮，打开"点"对话框，输入圆心为（0,-140,188），连续单击"确定"按钮，生成的模型如图 10-112 所示。

图 10-111　"球"对话框　　　　图 10-112　模型

（15）合并操作。选择"菜单"→"插入"→"组合"→"合并"命令或单击"主页"功能区"特征"组中的"合并"按钮，系统打开如图 10-113 所示的"合并"对话框。选择目标体为壶把手实体，选择工具体为球实体和壶实体，单击"确定"按钮，生成的模型如图 10-114 所示。

图 10-113 "合并"对话框

图 10-114 最终模型

10.5 自由曲面编辑

通过对自由曲面创建的学习，在用户创建一个自由曲面特征之后，还需要对其进行相关的编辑工作，以下主要讲述部分常用自由曲面的编辑操作，这些功能是曲面造型后期修整的常用技术。

10.5.1 X 型

选择"菜单"→"编辑"→"曲面"→"X 型"命令或者单击"曲面"功能区"编辑曲面"组中的"X 型"按钮，打开如图 10-115 所示的"X 型"对话框。

（1）曲线或曲面

1）选择对象：选择单个或多个要编辑的面，或使用面查找器选择，打开或绘制任意一个曲面，如图 10-116 所示。

2）操控

①任意：移动单个极点、同一行上的所有点或同一列上的所有点。

②极点：指定要移动的单个点。

③行：移动同一行内的所有点。

3）自动取消选择极点：勾选此复选框，选择其他极点，前一次所选择的极点将被取消。

扫一扫，看视频

图 10-115 "X 型"对话框

（2）参数化：更改面的过程中，调节面的次数与补片数量。

（3）方法：控制极点的运动，可以是移动、旋转、比例缩放，以及将极点投影到某一平面。

1）移动：通过 WCS、视图、矢量、平面、法向和多边形等方法来移动极点。

2）旋转：通过 WCS、视图、矢量和平面等方法来旋转极点。

3）比例：通过 WCS、均匀、曲线所在平面、矢量和平面等方法来缩放极点。

图 10-116　曲面

4）平面化：当极点不在一个平面内时，可以通过此方法将极点控制到一个平面上。

（4）边界约束：允许在保持边缘处曲率或相切的情况下，沿切矢方向对成行或成列的极点进行交换。

（5）特征保存方法：

1）相对：在编辑父特征时保持极点相对于父特征的位置。

2）静态：在编辑父特征时保持极点的绝对位置。

（6）微定位：指定使用微调选项时动作的精细度。

这里取消勾选"比率"选项，输入步长值为 100，单击▣按钮，曲面发生变化，如图 10-117 所示。

其他选项为默认值，单击"确定"按钮，完成曲面的编辑，如图 10-118 所示。

图 10-117　变化的曲面

图 10-118　编辑后的曲面

扫一扫，看视频

10.5.2　扩大

选择"菜单"→"编辑"→"曲面"→"扩大"命令或单击"曲面"功能区"编辑曲面"组中的"扩大"按钮🔘，打开如图 10-119 所示的"扩大"对话框，该选项让用户改变未修剪片体的大小，方法是生成一个新的特征，该特征和原始的、覆盖的未修剪面相关。

用户可以根据给定的百分率改变 ENLARGE（扩大）特征的每个未修剪边。

当使用片体生成模型时，将片体生成得过大是一个良好的习惯，以消除后续实体建模的问题。如果用户没有把这些原始片体建造得足够大，则用户如果不使用"等参数修剪/分割"功能就不会增加它们的大小。然而，"等参数修剪"是不相关的，并且在使用时会打断片体的参数化。"扩大"选项让用户生成一个新片体，它既和原始的未修剪面相关，又允许用户改变各个未修剪边的尺寸。

对话框部分选项功能说明如下。

1. 全部：让用户把所有的"U/V 最小/最大"滑尺作为一个组来控制。当此开关为开时，移动任一单个的滑尺，所有的滑尺会同时移动并保持它们之间已有的百分率。若关闭"所有的"开关，用户可以拖动滑尺对各个未修剪的边进行单独控制。

2. U 向起点百分比、U 向终点百分比、V 起点百分比、V 终点百分比：使用滑尺或它们各自的数据输入字段来改变片体的未修剪边的大小。在数据输入字段中输入的值或拖动滑尺达到的值是原始尺寸的百分比。可以在数据输入字段中输入数值或表达式。

3. 重置调整大小参数：把所有的滑尺重设为初始位置。

4. 模式

（1）线性：在一个方向上线性地延伸扩大片体的边。使用"线性的类型"可以增大扩大特征的大小，但不能减小。

（2）自然：沿着边的自然曲线延伸扩大片体的边。如果用"自然的类型"来设置扩大特征的大小，则既可以增大也可以减小。

图 10-119　"扩大"对话框

扫一扫，看视频

10.5.3　更改次数

选择"菜单"→"编辑"→"曲面"→"次数"命令或单击"曲面"功能区"编辑曲面"组中的"更改次数"按钮x^{z^3}，打开"更改次数"对话框，如图 10-120 所示。

该选项可以改变体的次数。但只能增加带有底层多面片曲面的体的次数以及所生成的"封闭"体的次数。

增加体的次数不会改变它的形状，却能增加其自由度。这可增加对编辑体可用的极点数。

降低体的次数会降低试图保持体的全形和特征的次数。降低次数的公式（算法）是这样设计的：如果增加次数随后又降低，那么所生成的体将与开始时一样。这样做的结果是，降低次数有时会导致体的形状发生剧烈改变。如果对这种改变不满意，可以放弃并恢复到以前的体。何时发生这种改变是可以预知的，因此完全可以避免。

图 10-120　"更改次数"对话框

通常，除非原先体的控制多边形与更低次数体的控制多边形类似，因为低次数体的拐点（曲率的反向）少，否则都要发生剧烈改变。

扫一扫，看视频

10.5.4　更改刚度

改变刚度命令是改变曲面 U 和 V 方向参数线的次数，使曲面的形状有所变化。

选择"菜单"→"编辑"→"曲面"→"刚度"命令或单击"曲面"功能区"编辑曲面"组中的"更改刚度"按钮，打开如图 10-121 所示的"更改刚度"对话框。该对话框中选项的含义和前面的一样，不再介绍。

在视图区选择要进行操作的曲面后，打开"确认"对话框，提示用户该操作将会移除特征参数，是否继续在菜单栏中选择，单击"确定"按钮，打开"改变刚度"参数输入对话框。

使用改变刚度功能，增加曲面次数，曲面的极点不变，补片减少，曲面更接近它的控制多边形，反之则相反。封闭曲面不能改变硬度。

扫一扫，看视频

10.5.5　法向反向

法向反向命令是用于创建曲面的反法向特征。

选择"菜单"→"编辑"→"曲面"→"法向反向"命令或单击"曲面"功能区"编辑曲面"组中的"法向反向"按钮，打开如图 10-122 所示的"法向反向"对话框。

图 10-121　"更改刚度"对话框　　　　图 10-122　"法向反向"对话框

使用法向反向功能，创建曲面的反法向特征。改变曲面的法线方向，可以解决因表面法线方向不一致造成的表面着色问题，以及使用曲面修剪操作时因表面法线方向不一致而引起的更新故障。

扫一扫，看视频

10.6　综合实例——饮料瓶

源文件：yuanwenjian\10\ yinliaoping.prt

前几节已经介绍了曲面的各种编辑命令，本节将通过设计饮料瓶的外形来综合应用曲面的编辑命令。

饮料瓶的创建如图 10-123 所示。

图 10-123　饮料瓶的创建示意图

操作步骤　视频文件：动画演示\第 10 章\饮料瓶.mp4

1. 创建新文件

选择"文件"→"新建"命令或单击"主页"功能区中的"新建"按钮，打开"新建"对话框。在"模板"选择组中选择"模型"，在"名称"文本框中输入"yinliaoping"，单击"确定"按钮，进入建模环境。

2. 创建直线

（1）选择"菜单"→"插入"→"曲线"→"直线"命令或者单击"曲线"功能区"曲线"组中的"直线"按钮，打开如图 10-124 所示的"直线"对话框。

（2）在"开始"选项组中，单击"点对话框"按钮，打开"点"对话框。从中设置起点坐标为（22,0,0），单击"确定"按钮。

（3）在"结束"选项组中，单击"点对话框"按钮，打开"点"对话框。从中设置终点坐标为（30,0,0），单击"确定"按钮。返回"直线"对话框，单击"应用"按钮，生成直线 1。

（4）以同样的方法创建直线 2，起点为（30,0,0），终点为（30,0,8），结果如图 10-125 所示。

图 10-124　"直线"对话框

图 10-125　生成直线

3．创建圆角

（1）选择"菜单"→"插入"→"曲线"→"基本曲线（原有）"命令，打开"基本曲线"对话框。

（2）单击"圆角"按钮，打开"曲线倒圆"对话框。将半径设置为 5，然后在两直线包围区域靠近要倒圆的地方单击一下，生成圆角如图 10-126 所示。

4．旋转

（1）选择"菜单"→"插入"→"设计特征"→"旋转"命令或者单击"主页"功能区"特征"组中的"旋转"按钮，打开如图 10-127 所示的"旋转"对话框。

（2）选择如图 10-126 所示草图为旋转截面。

（3）在"旋转"对话框的"指定矢量"下拉列表中选择 ZC 轴，然后在视图中选择原点为基准点，或者单击"点对话框"按钮，在打开的"点"对话框中设置坐标点为（0,0,0），单击"确定"按钮。

（4）在"旋转"对话框中，将"限制"选项组中的"开始"和"结束"均设置为"值"，其"角度"分别设置为-30、30。

（5）单击"确定"按钮，生成的旋转曲面如图 10-128 所示。

图 10-126　生成的圆角　　　图 10-127　"旋转"对话框　　　图 10-128　旋转曲面

5．创建规律延伸曲面

（1）选择"菜单"→"插入"→"弯边曲面"→"规律延伸"命令或者单击"曲面"功能区"曲面"组中的"规律延伸"按钮，打开如图 10-129 所示的"规律延伸"对话框。

（2）在"类型"下拉列表框中选择"面"，选择旋转曲面的上边线为基本轮廓，选择旋转曲面为参考面，输入长度规律值"100"，输入角度规律值"0"。

（3）单击"确定"按钮，生成的规律延伸曲面如图 10-130 所示。

图 10-129　"规律延伸"对话框　　　　　　图 10-130　规律延伸曲面

6. 更改曲面阶次

（1）选择"菜单"→"编辑"→"曲面"→"次数"命令或者单击"曲面"功能区"编辑曲面"组中的 "更改次数"按钮$\mathbf{X}^{z^3}$，打开如图 10-131 所示的"更改次数"对话框。

（2）选中"编辑原片体"单选按钮，选择要编辑的曲面为规律延伸曲面，如图 10-132 所示。

（3）打开如图 10-133 所示的"更改次数"对话框，将"U 向次数"更改为 20，"V 向次数"更改为 5，单击"确定"按钮。

图 10-131　"更改次数"对话框　图 10-132　选择要编辑的曲面　图 10-133　"更改次数"对话框

7. 编辑曲面

（1）选择"菜单"→"编辑"→"曲面"→"X型"命令或者单击"曲面"功能区"编辑曲面"组上的"X型"按钮，系统打开图 10-134 所示的"X型"对话框。

（2）选择规律延伸曲面为要编辑的曲面，如图 10-135 所示。

（3）在对话框中的操控下拉列表中选择"行"选项，选择要编辑的行，系统自动进行判别，如图 10-136 所示。

图 10-134　"X型"对话框

图 10-135　显示点

图 10-136　要编辑的点

（4）在选择完被移动的点后，在移动中选择"矢量"单选按钮，指定矢量为 XC 轴。

（5）在对话框中更改步长值为 10 并单击"负增量"按钮，单击"确定"按钮，该行的所有点被移动编辑后的曲面如图 10-137 所示。

8. 曲面缝合

（1）选择"菜单"→"插入"→"组合"→"缝合"命令或者单击"曲面"功能区"曲面操作"组中的"缝合"按钮，打开如图 10-138 所示的"缝合"对话框。

（2）选择旋转曲面和规律延伸曲面，单击"确定"按钮，两曲面即被缝合。

图 10-137　编辑后的曲面　　　　　　图 10-138　"缝合"对话框

9. 曲面边倒圆

（1）选择"菜单"→"插入"→"细节特征"→"边倒圆"命令或者单击"主页"功能区"特征"组中的"边倒圆"按钮 ，打开如图 10-139 所示的"边倒圆"对话框。

（2）选择倒圆角边，如图 10-140 所示，倒圆角半径设置为 1，单击"确定"按钮，生成如图 10-141 所示的模型。

图 10-139　"边倒圆"对话框　　　图 10-140　选取倒圆角边　　　图 10-141　倒圆角后的模型

10. 创建直线

（1）选择"菜单"→"插入"→"曲线"→"直线"命令或单击"曲线"功能区"曲线"组中的"直线"按钮 ，打开"直线"对话框。

（2）单击"开始"选项组中的"点对话框"按钮 ，在打开的"点"对话框中设置起点坐标为（26,10,35），单击"确定"按钮。

（3）单击"结束"选项组中的"点对话框"按钮，在打开的"点"对话框中设置终点坐标为（26,10,75），单击"确定"按钮。

（4）在"直线"对话框中单击"应用"按钮，生成直线1。

（5）以同样的方法创建直线2，起点为（26,-10,35），终点为（26,-10,75），结果如图10-142所示。

11．创建圆弧

（1）选择"菜单"→"插入"→"曲线"→"圆弧/圆"命令或者单击"曲线"功能区"曲线"组中的"圆弧/圆"按钮，打开"圆弧/圆"对话框。在"类型"下拉列表框中选择"三点画圆弧"，如图10-143所示。

（2）捕捉两直线的端点，设置半径为10，创建圆弧，如图10-144所示。

图 10-142　绘制直线　　　　图 10-143　选择"三点画圆弧"类型　　　　图 10-144　生成的圆弧

12．修剪片体

（1）选择"菜单"→"插入"→"修剪"→"修剪片体"命令，打开如图10-145所示的"修剪片体"对话框。

（2）选择曲面为目标片体，选择绘制的曲线为边界对象，其余选项保持默认设置，单击"确定"按钮，修剪片体如图10-146所示。

图 10-145 "修剪片体"对话框　　　图 10-146 修剪片体

13．创建通过曲线网格曲面

（1）选择"菜单"→"插入"→"网格曲面"→"通过曲线网格"命令或单击"曲面"功能区"曲面"组中的"通过曲线网格"按钮，打开如图 10-147 所示的"通过曲线网格"对话框。

（2）选取两个圆弧为主曲线，选择两条竖直线为交叉曲线，其余选项保持默认设置，单击"确定"按钮，生成曲面如图 10-148 所示。

14．创建 N 边曲面

（1）选择"菜单"→"插入"→"网格曲面"→"N 边曲面"命令或单击"曲面"功能区"曲面"组中的"N 边曲面"按钮，打开如图 10-149 所示"N 边曲面"对话框。

图 10-147 "通过曲线网格"对话框　　图 10-148 生成的曲面　　图 10-149 "N 边曲面"对话框

（2）选择"三角形"类型，选择如图10-148所示的曲线为外环，然后勾选"尽可能合并面"复选框。

（3）在"形状控制"选项组中，从"中心控制"下拉列表框中选择"位置"，通过拖动滑块的方法将Z设置为42左右，其余选项保持默认设置，单击"确定"按钮，生成如图10-150所示多个三角补片类型的N边曲面。

15．修剪片体

（1）选择"菜单"→"插入"→"修剪"→"修剪片体"命令，打开"修剪片体"对话框。

（2）选择步骤14创建的N边曲面为目标曲面，选择网格曲面为边界对象，选择网格曲面与目标曲面交叉的外部部分为选择区域，选中"放弃"单选按钮，其余选项保持默认设置，单击"应用"按钮。

（3）选择网格曲面为目标曲面，选择N边曲面为边界对象，选择网格曲面与目标曲面交叉的多余部分为选择区域，选中"放弃"单选按钮，其余选项保持默认设置，单击"应用"按钮。

（4）重复上述步骤，选择N边曲面为目标曲面，选择网格曲面为边界对象，修剪片体如图10-151所示。

16．曲面缝合

（1）选择"菜单"→"插入"→"组合"→"缝合"命令或者单击"主页"功能区"特征"组中的"缝合"按钮，打开"缝合"对话框。

（2）选择"类型"为"片体"，选择旋转曲面为目标曲面，选择其余曲面为工具，单击"确定"按钮，曲面被缝合，如图10-152所示。

图10-150　多个三角补片类型的N边曲面　　图10-151　修剪片体　　图10-152　缝合曲面

17．曲面边倒圆

（1）选择"菜单"→"插入"→"细节特征"→"边倒圆"命令或者单击"主页"功能区"特征"组中的"边倒圆"按钮，打开如图10-153所示的"边倒圆"对话框。

（2）选择倒圆角边，如图10-154所示，倒圆角半径设置为1.5，单击"确定"按钮，生成如图10-155所示的模型。

图 10-153　"边倒圆"对话框　　图 10-154　圆角边的选取　　图 10-155　倒圆角后的模型

18．创建直线

（1）选择"菜单"→"插入"→"曲线"→"直线"命令或单击"曲线"功能区"曲线"组中的"直线"按钮，打开"直线"对话框。

（2）单击"开始"选项中的"点对话框"按钮，在打开的"点"对话框中设置起点坐标为（30,0,108），单击"确定"按钮。

（3）单击"结束"选项组中的"点对话框"按钮，在打开的"点"对话框中设置终点坐标为（28,0,108），单击"确定"按钮。在"直线"对话框中单击"应用"按钮，生成直线 1。

（4）以同样的方法创建直线 2，起点为（28,0,108），终点为（28,0,110）；接着创建直线 3，起点为（28,0,110），终点为（30,0,110）；再创建直线 4，起点为（30,0,110），终点为（30,0,120）；然后创建直线 5，起点为（30,0,120），终点为（25,0,125）；接下来，创建直线 6，起点为（25,0,125），终点为（25,0,128）；最后创建直线 7，起点为（25,0,128），终点为（30,0,133）。生成的直线如图 10-156 所示。

图 10-156　生成的直线

19．创建圆弧

（1）选择"菜单"→"插入"→"曲线"→"圆弧"命令或者单击"曲线"功能区"曲线"组中的"圆弧"按钮，打开"圆弧/圆"对话框。

（2）选择"三点画圆弧"类型，单击"起点"选项组中的"点对话框"按钮，在打开的"点"对话框中设置起点为（30,0,133）；单击"端点"选项组中的"点对话框"按钮，在打开的"点"对话框中设置终点为（12,0,163），单击"确定"按钮；在"中点选项"下拉列表框中选择"相切"选项，然后选择步骤 18 创建的直线 4，双击箭头改变生成圆弧的方向，如图 10-157 所示；单击"确定"按钮，生成的圆弧如图 10-158 所示。

图 10-157 改变圆弧生成方向　　　图 10-158 生成的圆弧

20. 创建直线

（1）选择"菜单"→"插入"→"曲线"→"直线"命令或者单击"曲线"功能区"曲线"组中的"直线"按钮，打开"直线"对话框。

（2）单击"开始"选项组中的"点对话框"按钮，在打开的"点"对话框中设置起点坐标为（12,0,163），单击"确定"按钮。单击"结束"选项组中的"点对话框"按钮，在打开的"点"对话框中设置终点坐标为（12,0,168），单击"确定"按钮。在"直线"对话框中单击"应用"按钮，生成直线 1。

（3）以同样的方法创建直线 2~11。其中，直线 2 的起点为（12,0,168），终点为（15,0,168）；直线 3 的起点为（15,0,168），终点为（15,0,170）；直线 4 的起点为（15,0,170），终点为（12,0,170）；直线 5 的起点为（12,0,170），终点为（12,0,171.5）；直线 6 的起点为（12,0,171.5），终点为（13,0,171.5）；直线 7 的起点为（13,0,171.5），终点为（13,0,173）；直线 8 的起点为（13,0,173），终点为（14,0,173）；直线 9 的起点为（14,0,173），终点为（14,0,174）；直线 10 的起点为（14,0,174），终点为（12,0,175）；直线 11 的起点为（12,0,175），终点为（12,0,188）。生成的直线如图 10-159 所示。

图 10-159 生成的直线

21. 旋转

（1）选择"菜单"→"插入"→"设计特征"→"旋转"命令或者单击"主页"功能区"特征"组中的"旋转"按钮，打开如图 10-160 所示的"旋转"对话框。

（2）选择如图 10-159 所示草图为旋转截面。

（3）在"旋转"对话框中的"指定矢量"下拉列表中选择 ZC 轴，在视图中选择原点为基准点，或者单击"点对话框"按钮，在打开的"点"对话框中设置坐标点为（0,0,0），单击"确定"按钮。

（4）在"旋转"对话框中，将"极限"选项组中的"开始"和"结束"均设置为"值"，其"角度"分别设置为-30、30。

（5）单击"确定"按钮，生成的旋转体如图 10-161 所示。

图 10-160　"旋转"对话框　　　　图 10-161　生成的旋转体

22. 曲面缝合

（1）选择"菜单"→"插入"→"组合"→"缝合"命令或者单击"曲面"功能区"曲面工序"组中的"缝合"按钮 📖，打开"缝合"对话框。

（2）选择"类型"为"片体"，选择旋转曲面为目标曲面，选择其余曲面为工具，单击"确定"按钮，曲面被缝合。

23. 曲面边倒圆

（1）选择"菜单"→"插入"→"细节特征"→"边倒圆"命令或者单击"主页"功能区"特征"组中的"边倒圆"按钮 🔷，打开"边倒圆"对话框。

（2）选择倒圆角边，如图 10-162 所示，半径设置为 1，单击"确定"按钮，生成如图 10-163 所示的模型。

图 10-162　圆角边的选取　　　　图 10-163　倒圆角后的模型

24. 旋转复制曲面

（1）选择"菜单"→"编辑"→"移动对象"命令，打开"移动对象"对话框，选择屏幕中的曲面为移动对象。

（2）在"运动"下拉列表框中选择"角度"，在"指定矢量"下拉列表中选择ZC轴，如图10-164所示。

（3）单击"点对话框"按钮，在打开的"点"对话框中设置坐标为（0,0,0），单击"确定"按钮。

（4）返回"转动对象"对话框，设置"角度"为60，选中"复制原先的"单选按钮，在"非关联副本数"文本框中输入"5"，单击"确定"按钮，生成模型如图10-165所示。

图10-164　"移动对象"对话框

图10-165　模型

25. 曲面缝合

（1）选择"菜单"→"插入"→"组合"→"缝合"命令或者单击"曲面"功能区"曲面工序"组中的"缝合"按钮，打开"缝合"对话框。

（2）选择"类型"为"片体"，选择旋转曲面为目标曲面，选择其余曲面为工具，单击"确定"按钮，曲面被缝合。

26. 创建 N 边曲面

（1）选择"菜单"→"插入"→"网格曲面"→"N 边曲面"命令或单击"曲面"功能区"曲面"中的"N 边曲面"按钮，打开"N 边曲面"对话框。

（2）选择"三角形"类型，然后选择如图 10-166 所示的曲线为外环，再选择如图 10-166 所示的曲面为约束面，并选中"尽可能合并面"复选框。

（3）在"形状控制"选项组中，从"中心控制"下拉列表框中选择"位置"，通过拖动滑块将 Z 设置为 58 左右，其余选项保持默认设置，单击"确定"按钮，生成如图 10-167 所示多个三角补片类型的 N 边曲面。

图 10-166　选择外环和约束面　　　图 10-167　多个三角补片类型的 N 边曲面

第 11 章　NX 钣金特征

内容简介

NX 钣金应用提供了一个直接操作钣金零件设计的集中的环境。NX 钣金建立于工业领先的 Solid Edge 方法，目的是设计 machinery、enclosures、brake-press manufactured parts 和其他具有线性折弯线的零件。

内容要点

- ↳ 钣金概述
- ↳ 钣金基本特征
- ↳ 钣金高级特征

11.1　钣金概述

本节主要介绍如何进入钣金环境，并介绍钣金特征的创建流程。

启动 UG NX 12.0 后，选择"文件"→"新建"命令或单击"主页"功能区中的"新建"按钮 ，打开"新建"对话框，如图 11-1 所示；在模板列表中选择"NX 钣金"，输入文件名称和文件路径，单击"确定"按钮，进入钣金环境，如图 11-2 所示。它提供了 UG 专门面向钣金件的直接的钣金设计环境。

图 11-1　"新建"对话框

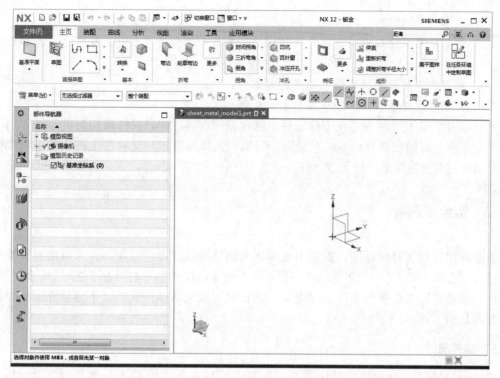

图 11-2 NX 钣金建模环境

或者在其他环境中，单击"应用模块"功能区"设计"组中的"钣金"按钮，进入钣金设计环境，如图 11-3 所示。

图 11-3 "应用模块"功能区

11.1.1 钣金流程

典型的钣金流程如下。

（1）设置钣金属性的默认值。

（2）草绘基本特征形状，或者选择已有的草图。

（3）创建基本特征（常用标签特征）。

创建钣金零件的典型工作流程一开始就是创建基本特征，基本特征是要创建的第一个特征，典型地定义零件形状。在钣金中，常使用突出块特征来创建基本特征，但也可以使用轮廓弯边和放样弯边来创建。

（4）添加特征如弯边、凹坑和使用折弯进一步定义已经成形的钣金零件的基本特征。

在创建了基本特征之后，使用 NX 钣金和成形特征命令来完成钣金零件，这些命令有弯边、凹坑、折弯、孔、腔体等。

（5）根据需要采用取消折弯展开折弯区域，在钣金零件上添加孔、除料、压花和百叶窗特征。

（6）重新折弯展开的折弯面来完成钣金零件。

（7）生成零件平板实体，便于图样和以后的加工。

"应用展平实体" ![icon] 命令在零件文件中创建新的实体，同时保持最初的实体。

平板实体在时间次序表总是放在最后。每当有新特征添加到父特征上时，将平板实体都放在最后，更新父特征来考虑更改。

11.1.2 钣金首选项

钣金应用提供了材料厚度、折弯半径和折弯缺口等默认属性设置。也可以根据需要更改这些设置。选择"菜单"→"首选项"→"钣金"命令，打开如图 11-4 所示的"钣金首选项"对话框，在图中可以改变钣金默认设置项，默认设置项包括部件属性、平面展开图处理和平面展开图显示三项。

1. 部件属性

（1）材料厚度：钣金零件默认厚度，可以在图 11-4 所示的"钣金首选项"对话框中设置材料厚度。

图 11-4　"钣金首选项"对话框

（2）弯曲半径：折弯默认半径 (基于折弯时发生断裂的最小极限来定义)，在图 11-4 所示的"钣金首选项"对话框中可以根据所选材料的类型来更改折弯半径设置。

（3）"让位槽深度"和"让位槽宽度"：从折弯边开始计算折弯缺口延伸的距离称为折弯深度（D），跨度称为宽度（W）。可以在图 11-4 所示的"钣金首选项"对话框中设置让位槽宽度和深度，其含义如图 11-5 所示。

（4）折弯定义方法

中性轴是指折弯外侧拉伸应力等于内侧挤压应力处，用来表示平面展开处理的折弯需要公式。由折弯材料的机械特性决定，用材料厚度的百分比来表示，从内侧折弯半径来测量，默认为 0.33，有效范围为 0～1。

图 11-5　让位槽参数含义示意图

2. 展平图样处理

单击"展平图样处理"属性页，可以设置平面展开图处理参数，如图 11-6 所示。

图 11-6　设置展平图样处理

（1）处理选项：对于平面展开图处理的内拐角和外拐角进行倒角和倒圆。在后面的数值框中输入倒角的边长或倒圆半径。

（2）展平图样简化：对圆柱表面或者折弯线上具有裁剪特征的钣金零件进行平面展开时，生成 B 样条曲线，该选项可以将 B 样条曲线转化为简单直线和圆弧。用户可以在如图 11-6 所示对话框中定义最小圆弧和偏差的公差值。

（3）移除系统生成的折弯止裂口：当创建没有止裂口的封闭拐角时，系统在 3-D 模型上生成一个非常小的折弯止裂口。在如图 11-6 所示的对话框中设置在定义平面展开图实体时，是否移除系统生成的折弯止裂口。

3．展平图样显示

单击"展平图样显示"属性页，可以设置平面展开图显示参数，如图 11-7 所示，包括各种曲线的显示颜色、线性、线宽和标注。

图 11-7　"展平图样显示"属性页

4．钣金验证

在此属性页中设置最小工具间隙和最小腹板长度的验证参数。

11.2　钣金基本特征

NX 钣金包括基本的钣金特征，如弯边、垫板、凸凹、钣金角条件、轮廓弯边以及改进生产力的自动折弯缺口。在钣金设计中系统也提供了通用的典型建模特征如孔、槽和其他基本编辑方法如拷贝、粘贴和镜像。

11.2.1　突出块特征

突出块命令可以使用封闭轮廓创建任意形状的扁平特征。

突出块是在钣金零件上创建平板特征，可以使用该命令来创建基本特征或者在已有钣金零件的表面添加材料。

选择"菜单"→"插入"→"突出块"命令或单击"主页"功能区"基本"组中的"突出块"按钮，打开如图11-8所示的"突出块"对话框，示意图如图11-9所示。

对话框部分选项功能说明如下。

图11-8　"突出块"对话框

扫一扫，看视频

1. 表区域驱动

（1）曲线：用来指定使用已有的草图来创建平板特征。

（2）绘制截面：可以在参考平面上绘制草图来创建平板特征。

2. 厚度

输入突出块的厚度。

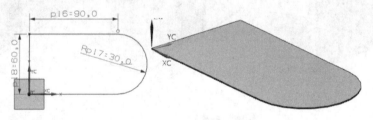

图11-9　"突出块"示意图

11.2.2　弯边特征

扫一扫，看视频

弯边特征可以创建简单折弯和弯边区域。弯边包括圆柱区域，即通常所说的折弯区域和矩形区域，也称为网格区域。

选择"菜单"→"插入"→"折弯"→"弯边"命令或单击"主页"功能区"折弯"组中的"弯边"按钮，打开如图11-10所示的"弯边"对话框。

对话框部分选项功能说明如下。

1. 宽度选项：用来设置定义弯边宽度的测量方式。宽度选项包括完整、在中心、在端点、从两端和从端点 5 个选项，示意图如图 11-11 所示。

（1）完整：指沿着所选择折弯边的边长来创建弯边特征，当选择该选项创建弯边特征时，弯边的主要参数有长度、偏置和角度。

（2）在中心：指在所选择的折弯边中部创建弯边特征，可以编辑弯边宽度值和使弯边居中，默认宽度是所选择折弯边长的三分之一，当选择该选项创建弯边特征时，弯边的主要参数有长度、偏置、角度和宽度(两宽度相等)。

（3）在端点：指从所选择的端点开始创建弯边特征，当选择该选项创建弯边特征时，弯边的主要参数有长度、偏置、角度和宽度。

（4）从两端：指从所选择折弯边的两端定义距离来创建弯边特征，默认宽度是所选择折弯边长的三分之一，当选择该选项创建弯边特征时，弯边的主要参数有长度、偏置、角度、距离 1 和距离 2。

（5）从端点：指从所选折弯边的端点定义距离来创建弯边特征，当选择该选项创建弯边特征时，弯边的主要参数有长度、偏置、角度、从端点(从端点到弯边的距离)和宽度。

图 11-10 "弯边"对话框

图 11-11 宽度示意图

2．角度：创建弯边特征的折弯角度，可以在视图区动态更改角度值。

3．参考长度：用来设置定义弯边长度的度量方式，长度选项包括内侧、外侧和腹板 3 种方式，示意图如图 11-12 所示。

内侧　　　　　　　　　　外侧　　　　　　　　　　腹板

图 11-12　参考长度示意图

（1）内侧：指从已有材料的内侧测量弯边长度。

（2）外侧：指从已有材料的外侧测量弯边长度。

（3）腹板：指从已有材料的折弯处测量弯边长度。

4．内嵌：用来表示弯边嵌入基础零件的距离。嵌入类型包括材料内侧、材料外侧和折弯外侧 3 种，示意图如图 11-13 所示。

（1）材料内侧：指弯边嵌入到基本材料的里面，这样突出块区域的外侧表面与所选的折弯边平齐。

（2）材料外侧：指弯边嵌入到基本材料的里面，这样突出块区域的内侧表面与所选的折弯边平齐。

（3）折弯外侧：指材料添加到所选中的折弯边上形成弯边。

材料内侧　　　　　　　　材料外侧　　　　　　　　折弯外侧

图 11-13　内嵌示意图

5. 止裂口

（1）折弯止裂口：用来定义是否折弯止裂口到零件的边。

（2）拐角止裂口：定义要创建的弯边特征所邻接的特征是否采用拐角止裂口。

1）仅折弯：指仅对邻接特征的折弯部分应用拐角缺口。

2）折弯/面：指对邻接特征的折弯部分和平板部分应用拐角止裂口。

3）折弯/面链：指对邻接特征的所有折弯部分和平板部分应用拐角缺口。

扫一扫，看视频

11.2.3 轮廓弯边

轮廓弯边命令通过拉伸表示弯边截面轮廓来创建弯边特征。可以使用轮廓弯边命令创建新零件的基本特征或者在现有的钣金零件上添加轮廓弯边特征，可以创建任意角度的多个折弯特征。

选择"菜单"→"插入"→"折弯"→"轮廓弯边"命令或单击"主页"功能区"折弯"组中的"轮廓弯边"按钮 ，打开如图 11-14 所示"轮廓弯边"对话框。

对话框部分选项功能说明如下。

（1）底数：可以使用基部轮廓弯边命令创建新零件的基本特征。

（2）宽度选项：包括有限范围和对称范围选项。示意图如图 11-15 所示。

图 11-14 "轮廓弯边"对话框

有限   对称

图 11-15 "宽度选项"示意图

①有限：指创建有限宽度的轮廓弯边的方法。

②对称：指用二分之一的轮廓弯边宽度值来定义轮廓两侧距离。

（3）斜接：可以设置轮廓弯边端（两侧）包括开始端和结束端选项的斜接选项和参数。

①斜接角：设置轮廓弯边开始端和结束端的斜接角度。

②使用法向开孔法进行斜接：定义是否采用法向切槽方式斜接。

11.2.4　放样弯边

放样弯边功能提供了在平行参考面上的轮廓或草图之间过渡连接的功能。可以使用放样弯边命令创建新零件的基本特征。

选择"菜单"→"插入"→"折弯"→"放样弯边"命令或单击"主页"功能区"折弯"组中的"放样弯边"按钮，打开如图 11-16 所示"放样弯边"对话框，示意图如图 11-17 所示。

图 11-16　"放样弯边"对话框

草图　　　　　　　　　放样弯边

图 11-17　"放样弯边"示意图

对话框部分选项功能说明如下。

（1）类型-底数：可以使用基本放样弯边选项创建新零件的基本特征。

（2）选择曲线：用来指定使用已有的轮廓作为放样弯边特征的起始轮廓来创建放样弯边特征。

（3）绘制起始截面：在参考平面上绘制轮廓草图作为放样弯边特征的起始轮廓来创建基本放样弯边特征。

（4）指定点：用来指定放样弯边起始轮廓的顶点。

扫一扫，看视频

11.2.5　二次折弯特征

二次折弯功能可以在钣金零件平面上创建两个90°的折弯，并添加材料到折弯特征。二次折弯功能的轮廓线必须是一条直线，并且位于放置平面上。

选择"菜单"→"插入"→"折弯"→"二次折弯"命令或者单击"主页"功能区"折弯"组中的"二次折弯"按钮，打开如图 11-18 所示"二次折弯"对话框。

对话框部分选项功能说明如下。

（1）高度：创建二次折弯特征时可以在视图区中动态更改高度值。

（2）参考高度：包括内侧和外侧两种选项，如图 11-19 所示。

①内侧：指定义选择放置面到二次折弯特征最近表面的高度。

②外侧：指定义选择放置面到二次折弯特征最远表面的高度。

图 11-18　"二次折弯"对话框

内侧　　　　　　　外侧

图 11-19　参考高度示意图

（3）内嵌：包括材料内侧、材料外侧和折弯外侧 3 种选项，示意图如图 11-20 所示。

①材料内侧：指凸凹特征垂直于放置面的部分在轮廓面内侧。

②材料外侧：指凸凹特征垂直于放置面的部分在轮廓面外侧。

③折弯外侧：指凸凹特征垂直于放置面的部分和折弯部分都在轮廓面外侧。

材料内侧　　　　　　　材料外侧　　　　　　　折弯外侧

图 11-20　内嵌示意图

（4）延伸截面：选择该复选框，定义是否延伸直线轮廓到零件的边。

11.2.6　折弯

折弯命令可以在钣金零件的平面区域上创建折弯特征。

选择"菜单"→"插入"→"折弯"→"折弯"命令或单击"主页"功能区"折弯"组中的"折弯"按钮 ，打开如图 11-21 所示"折弯"对话框。

对话框部分选项功能说明如下。

（1）内嵌：包括外模线轮廓、折弯中心线轮廓、内模线轮廓、材料内侧和材料外侧 5 种。

①外模线轮廓：指在展开状态时轮廓线表示平面静止区域和圆柱折弯区域之间连接的直线。

②折弯中心线轮廓：指轮廓线表示折弯中心线，在展开状态时折弯区域均匀分布在轮廓线两侧。

③内模线轮廓：指轮廓线表示在展开状态时的平面区域和圆柱折弯区域之间连接的直线。

④材料内侧：指在成形状态下轮廓线在平面区域外侧平面内。

⑤材料外侧：指在成形状态下轮廓线在平面区域内侧平面内。

（2）延伸截面：定义是否延伸截面到零件的边。

11.2.7　凹坑

凹坑是指用一组连续的曲线作为成形面的轮廓线，沿着

图 11-21　"折弯"对话框

钣金零件体表面的法向成形，同时在轮廓线上建立成形钣金部件的过程，它和冲压开孔有一定的相似之处，主要不同是浅成形不裁剪由轮廓线生成的平面。

选择"菜单"→"插入"→"冲孔"→"凹坑"命令或单击"主页"功能区"冲孔"组中的"凹坑"按钮，打开如图 11-22 所示"凹坑"对话框。

和二次折弯功能的对应部分参数含义相同，这里不再详述。参考深度示意图和侧壁示意图分别如图 11-23 和图 11-24 所示。

图 11-22　"凹坑"对话框

（a）内侧　　　　　　　　（b）外侧

图 11-23　"参考深度"示意图

（a）材料内侧　　　　　　　　（b）材料外侧

图 11-24　"侧壁"示意图

11.2.8　法向开孔

扫一扫，看视频

法向开孔是指用一组连续的曲线作为裁剪的轮廓线，沿着钣金零件体表面的法向进行裁剪。

选择"菜单"→"插入"→"切割"→"法向开孔"命令或单击"主页"功能区"特征"组中的"法向开孔"按钮，打开如图 11-25 所示"法向开孔"对话框。

对话框部分选项功能说明如下。

（1）切割方法：主要包括厚度、中位面和最近的面 3 种方法。

①厚度：指在钣金零件体放置面沿着厚度方向进行裁剪。

②中位面：是在钣金零件体的放置面的中间面向钣金零件体的两侧进行裁剪。

③最近的面：是在钣金零件体放置面的最近的面向钣金零件体的另一侧进行裁剪。

（2）限制：包括值、所处范围、直至下一个和贯通全部 4 种类型。

①值：是指沿着法向，穿过至少指定一个厚度的深度尺寸的裁剪。

②所处范围：指沿着法向从开始面穿过钣金零件的厚度，延伸到指定结束面的裁剪。

③直至下一个：指沿着法向穿过钣金零件的厚度，延伸到最近面的裁剪。

④贯通全部：指沿着法向，穿过钣金零件所有面的裁剪。

图 11-25　"法向开孔"对话框

★重点　动手学——微波炉内门

源文件：yuanwenjian\11\ weiboluneimen.prt

首先利用突出块命令创建基本钣金件，然后利用弯边命令创建四周的附加壁，利用法向开孔修剪 4 个角的部分料和切除槽，最后利用突出块命令在钣金件上添加实体，并用折弯命令折弯添加的视图。微波炉内门效果图如图 11-26 所示。

图 11-26　微波炉内门效果图

操作步骤　视频文件：动画演示\第 11 章\微波炉内门.mp4

（1）创建 NX 钣金文件。选择"文件"→"新建"命令或单击"主页"功能区"标准"组中的"新建"按钮，打开"新建"对话框，如图 11-27 所示。在"名称"文本框中输入"weiboluneimen"，在"文件夹"文本框中输入非中文保存路径，单击"确定"按钮进入 UG NX 12.0 钣金设计环境。

图 11-27　"新建"对话框

（2）钣金参数预设置。选择"菜单"→"首选项"→"钣金"命令，打开如图 11-28 所示的"钣金首选项"对话框。设置"全局参数"列表框中的"材料厚度"为 0.6，"弯曲半径"为 0.6，"让位槽深度"和"让位槽宽度"都为 1，选中"折弯定义方法"列表框中的"折弯许用半径"单选按钮，单击"确定"按钮，完成钣金预设置。

图 11-28　"钣金首选项"对话框

（3）创建突出块特征。选择"菜单"→"插入"→"突出块"命令或单击"主页"功能区"基本"组中的"突出块"按钮 ，打开如图11-29所示的"突出块"对话框。选择"底数"类型，单击"绘制截面"按钮 ，打开如图11-30所示的"创建草图"对话框。

图11-29 "突出块"对话框　　　　图11-30 "创建草图"对话框

选择XC-YC平面，单击"确定"按钮，进入草图绘制环境，绘制如图11-31所示的草图。单击"主页"功能区"草图"组中的"完成"按钮 ，草图绘制完毕。单击"确定"按钮，创建突出块特征，如图11-32所示。

图11-31 绘制草图　　　　　图11-32 创建突出块特征

（4）创建弯边特征。选择"菜单"→"插入"→"折弯"→"弯边"命令或单击"主页"功能区"折弯"组中的"弯边"按钮 ，打开如图11-33所示"弯边"对话框。设置"宽度选项"为 完整，"长度"为18.5，"角度"为90，参考长度为"外侧"，"内嵌"为"材料外侧"，在"止裂口"列表框中的"折弯止裂口"下拉列表框中选择"无"。选择突出块的任意一边，单击"应用"按钮，创建弯边特征1，如图11-34所示。

同上步骤，分别选择其他三边，设置相同的参数，创建弯边特征，如图11-35所示。

图 11-33 "弯边"对话框

图 11-34 创建弯边特征 1

图 11-35 创建弯边特征

（5）创建法向开孔特征 1。选择"菜单"→"插入"→"切割"→"法向开孔"命令或单击"主页"功能区"特征"组中的"法向开孔"按钮，打开如图 11-36 所示"法向开孔"对话框。单击"绘制截面"按钮，打开"创建草图"对话框。在视图区选择如图 11-35 所示的面 1 草图工作平面，绘制如图 11-37 所示的草图。单击"主页"功能区"草图"组中的"完成"按钮，草图绘制完毕。单击"确定"按钮，创建法向开孔特征 1，如图 11-38 所示。

图 11-36 "法向开孔"对话框

图 11-37 绘制草图

（6）创建法向开孔特征 2。选择"菜单"→
"插入"→"切割"→"法向开孔"命令或单击"主
页"功能区"特征"组中的"法向开孔"按钮，
打开"法向开孔"对话框。单击"绘制截面"按钮，
打开"创建草图"对话框。选择如图 11-38 所示的
面 2 作为草图工作平面，绘制如图 11-39 所示的草
图。单击"主页"功能区"草图"组中的"完成"
按钮，草图绘制完毕，单击"确定"按钮，创建法向开孔特征 2，如图 11-40 所示。

图 11-38　创建法向开孔特征 1

图 11-39　绘制草图

（7）创建弯边特征。选择"菜单"→"插
入"→"折弯"→"弯边"命令或单击"主页"
功能区"折弯"组中的"弯边"按钮，打开如
图 11-41 所示"弯边"对话框。设置"宽度选项"
为完整，"长度"为 6，"角度"为 128，参考长度
为"外侧"，"内嵌"为"材料外侧"，在"弯曲半
径"文本框中输入 1.5，在"折弯止裂口"下拉列
表框中选择"无"。选择如图 11-42 所示边。单击"应用"按钮，创建弯边特征，如图 11-42 所示。

图 11-40　创建法向开孔特征 2

图 11-41　"弯边"对话框

图 11-42　选择弯边

455

同上步骤，分别选择其他三边，创建"弯曲半径"为 1.2，其他参数相同的弯边特征，如图 11-43 所示。

（8）创建伸直特征。选择"菜单"→"插入"→"成形"→"伸直"命令或单击"主页"功能区"成形"组中的"伸直"按钮，打开如图 11-44 所示"伸直"对话框。在视图

图 11-43　创建弯边特征

区选择如图 11-45 所示固定面，选择所有的折弯，单击"确定"按钮，创建伸直特征，如图 11-46 所示。

图 11-44　"伸直"对话框

图 11-45　选择固定面

图 11-46　创建伸直特征

（9）创建法向开孔特征。选择"菜单"→"插入"→"切割"→"法向开孔"命令或单击"主页"功能区"特征"组中的"法向开孔"按钮，打开"法向开孔"对话框。单击"绘制截面"按钮，打开"创建草图"对话框。选择如图 11-46 所示的面 3 为草图工作平面，绘制如图 11-47 所示的草图。单击"主页"功能区"草图"组中的"完成"按钮，草图绘制完毕。单击"确定"按钮，创建法向开孔特征，如图 11-48 所示。

图 11-47　绘制草图

图 11-48　创建法向开孔特征

（10）创建法向开孔特征。选择"菜单"→"插入"→"切割"→"法向开孔"命令或单击"主页"功能区"特征"组中的"法向开孔"按钮，打开"法向开孔"对话框。单击"绘制截面"按钮，打开"创建草图"对话框，选择如图 11-48 所示的面 4 为草图工作平面，绘制如图 11-49 所示的草图。单击"主页"功能区"草图"组中的"完成"按钮，草图绘制完毕。单击"确定"按钮，创建法向开孔特征，如图 11-50 所示。

图 11-49　绘制草图

图 11-50　创建法向开孔特征

（11）创建凹坑特征 1。选择"菜单"→"插入"→"冲孔"→"凹坑"命令或单击"主页"功能区"冲孔"组中的"凹坑"按钮⬡，打开如图 11-51 所示的"凹坑"对话框。设置"深度"为 20，"侧角"为"0"，"参考深度"为"外侧"，"侧壁"为"⬛材料外侧"。勾选"凹坑边倒圆"复选框，设置"冲压半径"和"冲模半径"均为 1。单击"绘制截面"按钮▩，打开"创建草图"对话框。选择如图 11-50 所示面 5 为草图工作平面，绘制如图 11-52 所示的草图。单击"主页"功能区"草图"组中的"完成"按钮▩，草图绘制完毕。单击"确定"按钮，创建凹坑特征 1，如图 11-53 所示。

图 11-51　"凹坑"对话框

图 11-52　绘制草图

图 11-53　创建凹坑特征 1

（12）创建凹坑特征 2。选择"菜单"→"插入"→"冲孔"→"凹坑"命令或单击"主页"功能区"冲孔"组中的"凹坑"按钮⬡，打开如图 11-54 所示的"凹坑"对话框。设置"深度"为 20，"侧角"为"3"，"参考深度"为"外侧"，"侧壁"为"⬛材料外侧"。勾选"凹坑边倒圆"和"截面拐角倒圆"复选框，设置"冲压半径""冲模半径"和"角半径"都为 1。选择如图 11-53 所示的面 6 为草图工作平面，绘制如图 11-55 所示的草图。单击"主页"功能区"草图"组中的"完成"按钮▩，单击"确定"按钮，创建凹坑特征 2，如图 11-56 所示。

图 11-54 "凹坑"对话框

图 11-55 绘制草图

图 11-56 创建凹坑特征 2

（13）创建重新折弯特征。选择"菜单"→"插入"→"成形"→"重新折弯"命令或单击"主页"功能区"成形"组中的"重新折弯"按钮，打开如图 11-57 所示"重新折弯"对话框。选择如图 11-56 所示的面 7 为固定面，选择所有的折弯，单击"确定"按钮，创建重新折弯特征，如图 11-58 所示。

图 11-57 "重新折弯"对话框

图 11-58 创建重新折弯特征

（14）创建突出块特征。选择"菜单"→"插入"→"突出块"命令或单击"主页"功能区"基本"组中的"突出块"按钮，打开"突出块"对话框。选择如图 11-59 所示的面 8 为草图工作平面，绘制如图 11-60 所示的草图。单击"主页"功能区"草图"组中的"完成"按钮，单击"确定"按钮，创建突出块特征，如图 11-61 所示。

图 11-59　选择草图工作平面

图 11-60　绘制草图

图 11-61　创建突出块特征

（15）创建折弯特征。选择"菜单"→"插入"→"折弯"→"折弯"命令或单击"主页"功能区"折弯"组中的"折弯"按钮，打开如图 11-62 所示的"折弯"对话框。在"角度"文本框中输入 70，"内嵌"下拉列表框中选择"折弯中心线轮廓"，设置"折弯止裂口"为"圆形"，"宽度"为 1.5。选择如图 11-61 所示面 9 为草图工作平面，绘制如图 11-63 所示的折弯线。单击"主页"功能区"草图"组中的"完成"按钮，再单击"确定"按钮，创建折弯特征，如图 11-64 所示。

图 11-62　"折弯"对话框

图 11-63　绘制草图

图 11-64　创建折弯特征

（16）绘制草图。选择"菜单"→"插入"→"在任务环境中绘制草图"命令或单击"曲线"功能区中的"任务环境中的草图"按钮 🖉，打开"创建草图"对话框。选择如图 11-65 所示面 10 为草图工作平面，绘制如图 11-66 所示的草图。单击"主页"功能区"草图"组中的"完成"按钮 🏁，草图绘制完毕。

图 11-65 选择草图工作平面

图 11-66 绘制草图

（17）创建拉伸特征。选择"菜单"→"插入"→"切割"→"拉伸"命令或单击"主页"功能区"特征"组中的"拉伸"按钮 📖，打开如图 11-67 所示的"拉伸"对话框。在"拉伸"对话框中的开始"距离"文本框中输入 0，结束"距离"文本框中输入 0.6，选择上步绘制的草图为拉伸曲线。设置"布尔"运算为"合并"。单击"确定"按钮，创建拉伸特征，如图 11-68 所示。

图 11-67 "拉伸"对话框

图 11-68 创建拉伸特征

11.3 钣金高级特征

在上一节讲述钣金的基本特征基础上，本节将继续讲述钣金的一些高级特征，包括冲压

扫一扫，看视频

开孔、凹坑、封闭拐角、转换为钣金件、平板实体等特征。

11.3.1 冲压开孔

冲压开孔是指用一组连续的曲线作为裁剪的轮廓线，沿着钣金零件体表面的法向进行裁剪，同时在轮廓线上建立弯边的过程。

选择"菜单"→"插入"→"冲孔"→"冲压开孔"命令或单击"主页"功能区"冲孔"组中的"冲压开孔"按钮，打开如图 11-69 所示"冲压开孔"对话框。

对话框部分选项功能说明如下。

（1）深度：指钣金零件放置面到弯边底部的距离。

（2）侧角：指弯边在钣金零件放置面法向倾斜的角度。

（3）侧壁：示意图如图 11-70 所示。

①材料内侧：指冲压开孔特征所生成的弯边位于轮廓线内部。

②材料外侧：指冲压开孔特征所生成的弯边位于轮廓线外部。

图 11-69 "冲压开孔"对话框

（a）材料内侧　　　　（b）材料外侧

图 11-70 侧壁示意图

（4）冲模半径：指钣金零件放置面转向折弯部分内侧圆柱面的半径大小。

（5）角半径：指折弯部分内侧圆柱面的半径大小。

扫一扫，看视频

11.3.2 筋

筋功能提供了在钣金零件表面的引导线上添加加强筋的功能。

选择"菜单"→"插入"→"冲孔"→"筋"命令或单击"主页"功能区"冲孔"组中的"筋"按钮，打开如图 11-71、图 11-72、图 11-73 所示"筋"对话框。

对话框部分选项功能说明如下。

横截面：包括圆形、U 形和 V 形 3 种类型，示意图如图 11-74 所示。

（1）圆形：创建"圆的筋"的示意图如图 11-71 所示。

①深度：是指圆的筋的底面和圆弧顶部之间的高度差值。

②半径：是指圆的筋的截面圆弧半径。

③冲模半径：是指圆的筋的侧面或端盖与底面倒角半径。

（2）U 形：选择 U 形筋，系统显示如图 11-72 所示的参数。

①深度：是指 U 形筋的底面和顶面之间的高度差值。

②宽度：是指 U 形筋顶面的宽度。

③角度：是指 U 形筋的底面法向和侧面或者端盖之间的夹角。

④冲模半径：是指 U 形筋的顶面和侧面或者端盖倒角半径。

⑤冲压半径：是指 U 形筋的底面和侧面或者端盖倒角半径。

（3）V 形：选择 V 形筋，系统显示如图 11-73 所示的参数。

图 11-71　"筋"对话框

图 11-72　U 形筋参数

图 11-73　V 形筋的参数

①深度：是指 V 形筋的底面和顶面之间的高度差值。

②角度：是指 V 形筋的底面法向和侧面或者端盖之间的夹角。

③半径：是指 V 形筋的两个侧面或者两个端盖之间的倒角半径。

④冲模半径：是指 V 形筋的底面和侧面或者端盖倒角半径。

圆形筋　　　　　　　　U 形筋　　　　　　　　V 形筋

图 11-74　"筋"示意图

11.3.3　百叶窗

百叶窗功能提供了在钣金零件平面上创建通风窗的功能。

选择"菜单"→"插入"→"冲孔"→"百叶窗"命令或单击"主页"功能区"冲孔"组中的"百叶窗"按钮，打开如图 11-75 所示的"百叶窗"对话框。

对话框部分选项功能说明如下。

1．切割线

（1）曲线：用来指定使用已有的单一直线作为百叶窗特征的轮廓线来创建百叶窗特征。

（2）选择截面：选择零件平面作为参考平面绘制直线草图作为百叶窗特征的轮廓线，来创建切开端百叶窗特征。

2．百叶窗属性

（1）深度：百叶窗特征最外侧点距钣金零件表面（百叶窗特征一侧）的距离。

（2）宽度：百叶窗特征在钣金零件表面投影轮廓的宽度。

（3）百叶窗形状：包括成形的和冲裁的两种类型选项。

3．百叶窗边倒圆

勾选此选项，此时冲模半径输入框有效，可以根据需求设置冲模半径。

图 11-75　"百叶窗"对话框

11.3.4　倒角

倒角就是对钣金件进行圆角或者倒角处理。

选择"菜单"→"插入"→"拐角"→"倒角"命令或单击"主页"功能区"拐角"组中的"倒角"按钮，打开如图 11-76 所示"倒角"对话框。

对话框部分选项功能说明如下。

（1）方法：有"圆角"和"倒斜角"两种。

（2）半径/距离：指倒圆的外半径或者倒角的偏置尺寸。

11.3.5　撕边

撕边是指在钣金实体上，沿着草绘直线或者钣金零件体已有边缘创建开口或缝隙。

选择"菜单"→"插入"→"转换"→"撕边"命令或单击"主页"功能区"基本"组中的"撕边"按钮，打开如图 11-77 所示"撕边"对话框。

图 11-76　"倒角"对话框　　　　图 11-77　"撕边"对话框

对话框部分选项功能说明如下。

（1）选择边：指定使用已有的边缘来创建撕边特征。

（2）曲线：指定已有的边缘来创建撕边特征。

（3）绘制截面：可以在钣金零件放置面上绘制边缘草图，来创建撕边特征。

11.3.6　转换为钣金件

转换为钣金件是指把非钣金件转换为钣金件，但钣金件必须是等厚度的。

选择"菜单"→"插入"→"转换"→"转换为钣金"命令或者单击"主页"功能区"基本"组中的"转换为钣金"按钮，打开如图 11-78 所示"转换为钣金"对话框。

对话框部分选项功能说明如下。

（1）选择基本面：指定选择钣金零件平面作为固定位置来创建转换为钣金件特征。

（2）选择边：用于创建边缘裂口所要选择的边缘。

（3）选择截面：用来指定已有的边缘来创建"转换到钣金件"特征。

（4）绘制截面：选择零件平面作为参考平面，绘制直线草图作为转换为钣金件特征的边缘来创建转换为钣金件特征。

11.3.7　封闭拐角

封闭拐角是指在钣金件基础面和以其两相邻的两个具

图 11-78　"转换为钣金"对话框

扫一扫，看视频

扫一扫，看视频

有相同参数的弯曲面，在基础面同侧所形成的拐角处，创建一定形状拐角的过程。

选择"菜单"→"插入"→"拐角"→"封闭拐角"命令或单击"主页"功能区"拐角"组中的"封闭拐角"按钮 ，打开如图 11-79 所示"封闭拐角"对话框。

对话框部分选项功能说明如下。

（1）处理：包括"打开""封闭""圆形开孔""U 形开孔""V 形开孔"和"矩形开孔"6 种类型，示意图如图 11-80 所示。

（2）重叠：有"封闭"和"重叠的"两种方式，示意图如图 11-81 所示。

图 11-79 "封闭拐角"对话框

"打开"	"封闭"	圆形开孔
"U 形开孔"	"V 形开孔"	矩形开孔

图 11-80 封闭拐角类型示意图

封闭方式　　　　　重叠的方式

图 11-81 重叠示意图

①封闭：指对应弯边的内侧边重合。

②重叠的：指一条弯边叠加在另一条弯边的上面。

（3）缝隙：指两弯边封闭或者重叠时铰链之间的最小距离。

11.3.8 展平实体

采用展平实体命令可以在同一钣金零件文件中创建平面展开图，展平实体特征版本与成形特征版本相关联。当采用展平实体命令展开钣金零件时，将展平实体特征作为"引用集"在"部件导航器"中显示。如果钣金零件包含变形特征，这些特征将保持原有的状态；如果钣金模型更改，平面展开图处理也自动更新并包含了新的特征。

选择"菜单"→"插入"→"展平图样"→"展平实体"命令或单击"主页"功能区"展平图样"组中的"展平实体"按钮 ，打开如图 11-82 所示"展平实体"对话框。

对话框部分选项功能说明如下。

（1）固定面：可以选择钣金零件的平面表面作为展平实体的参考面，在选定参考面后系统将以该平面为基准将钣金零件展开。

图 11-82 "展平实体"对话框

（2）方位：可以选择钣金零件边作为展平实体的参考轴（X 轴）方向及原点，并在视图区中显示参考轴方向，在选定参考轴后，系统将以该参考轴和 1 中选择的参考面为基准，将钣金零件展开，创建钣金实体。

11.4 综合实例——三相电表盒壳体

源文件：yuanwenjian\11\ sanxiangdianbiaohe.prt

首先利用轮廓弯边命令创建基本钣金件，利用法向开孔修剪和创建弯边，利用镜像命令将修剪和弯边进行镜像，然后利用百叶窗命令创建百叶窗，最后镜像。三相电表盒效果图如图 11-83 所示：

图 11-83 三相电表盒效果图

操作步骤 视频文件：动画演示\第 11 章\三相电表盒.mp4

（1）创建 NX 钣金文件。选择"文件"→"新建"命令或单击"主页"功能区"标准"组中的"新建"按钮，打开"新建"对话框，如图 11-84 所示。在"名称"文本框中输入"sanxiangdianbiaohe"，在"文件夹"文本框中输入非中文保存路径，单击"确定"按钮，进入钣金设计环境。

图 11-84 "新建"对话框

（2）钣金参数预设置。选择"菜单"→"首选项"→"钣金"命令，打开如图 11-85 所示的"钣金首选项"对话框。设置"全局参数"列表框中的"材料厚度"为 1，"弯曲半径"为 1，"让位槽深度"为 2，"让位槽宽度"为 2，选中"折弯定义方法"列表框中的"折弯许用半径"。单击"确定"按钮，完成钣金预设置。

（3）创建轮廓弯边特征。选择"菜单"→"插入"→"折弯"→"轮廓弯边"命令或单击"主页"功能区"折弯"组中的"轮廓弯边"按钮，打开如图 11-86 所示"轮廓弯边"对话框。设置"类型"为"底数"，设置"宽度选项"为"对称"，"宽度"为 400，"折弯止裂口"和"拐角止裂口"都为"无"。单击"表区域驱动"列表框中的"绘制截面"按钮，打开如图 11-87 所示的"创建草图"对话框。

图 11-85 "钣金首选项"对话框

选择 XC-YC 平面为草图平面，绘制如图 11-88 所示的草图。单击"主页"功能区"草图"组中的"完成"按钮🏁，单击"确定"按钮，创建轮廓弯边特征，如图 11-89 所示。

图 11-86　"轮廓弯边"对话框

图 11-87　"创建草图"对话框

图 11-88　绘制草图

图 11-89　创建轮廓弯边特征

（4）创建法向开孔特征。选择"菜单"→"插入"→"切割"→"法向开孔"命令或单击"主页"功能区"特征"组中的"法向开孔"按钮▢，打开如图 11-90 所示"法向开孔"对话框。单击"绘制截面"按钮▣，打开"创建草图"对话框。选择如图 11-89 所示的面 1 为草图工作平面，绘制如图 11-91 所示的裁剪轮廓。单击"主页"功能区"草图"组中的"完成"按钮🏁，单击"确定"按钮，创建法向开孔特征，如图 11-92 所示。

图 11-90　"法向开孔"对话框

图 11-91　绘制草图

图 11-92　法向开孔后的特征

（5）创建弯边特征。选择"菜单"→"插入"→"折弯"→"弯边"命令或单击"主页"功能区"折弯"组中的"弯边"按钮，打开如图 11-93 所示"弯边"对话框。选择如图 11-92 所示的边 1，设置"宽度选项"为"完整"，"长度"为 146，"角度"为 90，参考长度为"内侧"，"内嵌"为"材料外侧"，在"折弯止裂口"下拉列表框中选择"无"。单击"应用"按钮，创建弯边特征 1，如图 11-94 所示。

图 11-93　"弯边"对话框

图 11-94　创建弯边特征 1

同上步骤，选择弯边特征 1 的边，设置"宽度选项"为□完整，"长度"为 10，其他参数相同。单击"确定"按钮，创建弯边特征 2，如图 11-95 所示。

（6）创建孔特征。选择"菜单"→"插入"→"设计特征"→"孔"命令或单击"主页"功能区"特征"组中的"孔"按钮🔲，打开如图 11-96 所示的"孔"对话框。在"直径"和"深度"文本框中分别输入 30 和 10。选择如图 11-95 所示的面 2 为草图绘制面，绘制如图 11-97 所示的草图。单击"确定"按钮，完成孔的创建，如图 11-98 所示。

图 11-95　创建弯边特征 2

图 11-96　"孔"对话框

图 11-97　选择放置面

图 11-98　创建孔 1

（7）阵列孔 1。选择"菜单"→"插入"→"关联复制"→"阵列特征"命令，或者单击"主页"功能区"特征"组中的"阵列特征"按钮，打开如图 11-99 所示的"阵列特征"对话框。在"布局"下拉列表中选择"线性"，在"指定矢量"下拉列表中选择"XC 轴"，在"数量"和"节距"文本框中输入"7"和"-50"，单击"确定"按钮，完成阵列孔 1，如图 11-100 所示。

图 11-99　"阵列特征"对话框　　　　　　图 11-100　阵列孔 1

（8）镜像弯边 1、2 和阵列孔 1。选择"菜单"→"插入"→"关联复制"→"镜像特征"命令或单击"主页"功能区"特征"组中"更多"库下"镜像特征"按钮，打开如图 11-101 所示的"镜像特征"对话框。选择步骤 5~7 创建的弯边和孔特征为要镜像的特征，在"平面"的下拉列表框中选择"新平面"，选择 XOY 平面为镜像平面，单击"确定"按钮，创建镜像特征后的钣金件，如图 11-102 所示。

（9）绘制草图。选择"菜单"→"插入"→"在任务环境中绘制草图"命令或单击"曲线"功能区中的"任务环境中的草图"按钮，打开"创建草图"对话框。选择如图 11-102 所示的面 3 为草图工作平面，绘制如图 11-103 所示的草图。单击"主页"功能区"草图"组中的"完成"按钮，草图绘制完毕。

图 11-101 "镜像特征"对话框

图 11-102 创建镜像特征后的钣金件

图 11-103 绘制草图

（10）创建百叶窗特征。选择"菜单"→"插入"→"冲孔"→"百叶窗"命令或单击"主页"功能区"冲孔"库中的"百叶窗"按钮，打开如图 11-104 所示的"百叶窗"对话框。选择图 11-106 所示的切割线。在"深度"和"宽度"文本框中分别输入 4 和 10。设置"百叶窗形状"为"成形的"，单击"应用"按钮，创建百叶窗特征，如图 11-105 所示。

同理，创建分割线为其他直线的百叶窗，创建百叶窗完毕的钣金件如图 11-106 所示。

图 11-104 "百叶窗"对话框

图 11-105 创建百叶窗特征

图 11-106 创建百叶窗完毕的钣金件

（11）镜像百叶窗。选择"菜单"→"插入"→"关联复制"→"镜像特征"命令或单击"主页"功能区"特征"组中"更多"库下"镜像特征"按钮，打开如图 11-107 所示的"镜像特征"对话框。选择上步创建的百叶窗为镜像特征，在"平面"的下拉列表框中选择"新平面"，选择 YOZ 平面为镜像平面，单击"确定"按钮，创建镜像特征后的钣金件，如图 11-108 所示。

图 11-107　"镜像特征"对话框

图 11-108　创建镜像特征后的钣金件

（12）创建弯边特征。选择"菜单"→"插入"→"折弯"→"弯边"命令或单击"主页"功能区"折弯"组中的"弯边"按钮，打开如图 11-109 所示"弯边"对话框。设置"宽度选项"为"完整"，"长度"为 20，"角度"为 90，参考长度为"内侧"，"内嵌"为"材料外侧"，在"折弯止裂口"下拉列表框中选择"无"。选择步骤 4 创建的法向开孔的边。单击"确定"按钮，创建如图 11-110 所示的弯边特征。

图 11-109　"弯边"对话框

图 11-110　创建弯边特征

（13）创建孔特征。选择"菜单"→"插入"→"设计特征"→"孔"命令或单击"主页"功能区"特征"组中的"孔"按钮，打开如图 11-111 所示的"孔"对话框。在"直径"

和"深度"文本框中分别输入 5 和 5，选择如图 11-112 所示的面 5 为孔放置面，绘制如图 11-113 所示的草图为孔放置位置。单击"确定"按钮，创建孔 2，如图 11-114 所示。

图 11-111　"孔"对话框

图 11-112　选择放置面

图 11-113　选择定位参考对象

图 11-114　创建孔 2

（14）镜像弯边 4 和孔 2。选择"菜单"→"插入"→"关联复制"→"镜像特征"命令或单击"主页"功能区"特征"组中"更多"库下"镜像特征"按钮，打开如图 11-115 所示的"镜像特征"对话框。选择上步创建的孔为要镜像的特征。在"平面"的下拉列表框中，选择"新平面"，选择 XOY 平面为镜像平面，单击"确定"按钮，创建镜像特征后的钣金件，如图 11-116 所示。

图 11-115 "镜像特征"对话框

图 11-116 创建镜像特征后的钣金件

（15）创建孔 3。选择"菜单"→"插入"→"设计特征"→"孔"命令或单击"主页"功能区"特征"组中的"孔"按钮，打开如图 11-117 所示的"孔"对话框。在"直径"和"深度"文本框中分别输入 10 和 5。选择如图 11-118 所示的面 6 为孔放置面，绘制如图 11-119所示的草图为孔放置位置。单击"确定"按钮，创建孔 3，如图 11-120 所示。

图 11-117 "孔"对话框

图 11-118 选择定位参考对象

图 11-119　选择定位边

图 11-120　创建孔 3

（16）阵列孔 3。选择"菜单"→"插入"→"关联复制"→"阵列特征"命令或者单击"主页"功能区"特征"组中的"阵列特征"按钮，打开如图 11-121 所示的"阵列特征"对话框，选择上步创建的孔为阵列特征，在"布局"下拉列表中选择"圆形"，在"指定矢量"下拉列表中选择"YC 轴"，单击"点对话框"按钮，打开"点"对话框，在"X""Y"和"Z"文本框中都输入 0，单击"确定"按钮。返回到"阵列特征"对话框中，在"数量"和"节距角"文本框中输入"4"和"90"，单击"确定"按钮，完成阵列孔 3，如图 11-122 所示。

图 11-121　"阵列特征"对话框

图 11-122　阵列孔 3

（17）创建法向开孔特征。选择"菜单"→"插入"→"切割"→"法向开孔"命令或单击"主页"功能区"特征"组中的"法向开孔"按钮，打开"法向开孔"对话框。单击"绘制截面"按钮，打开"创建草图"对话框。选择如图 11-123 所示的面 8 为草图工作平面，绘制如图 11-124 所示的裁剪轮廓。单击"主页"功能区"草图"组中的"完成"按钮，草图绘制完毕，单击"确定"按钮，创建法向开孔特征，如图 11-125 所示。

图 11-123　选择草图工作平面　　　图 11-124　绘制草图　　　图 11-125　创建法向开孔特征

第 12 章　装配建模

内容简介

UG 的装配模块不仅能快速组合零部件成为产品，而且在装配中，可以参考其他部件进行部件关联设计，并可以对装配建模型进行间隙分析、重量管理等相关操作。在完成装配模型后，还可以建立爆炸视图，并将其导入到装配工程图中。同时，可以在装配工程图中生成装配明细表，并能对轴测图进行局部剖切。

本章中主要讲解装配过程的基础知识和常用模块及方法，让用户对装配建模能有进一步的认识。

内容要点

- ➐ 装配概述
- ➐ 装配导航器
- ➐ 自顶向下装配
- ➐ 装配爆炸图

12.1　装配概述

在装配前先介绍装配的相关术语和概念。

12.1.1　相关术语和概念

以下主要介绍装配中的常用术语。

（1）装配：是指在装配过程中建立部件之间的连接功能。由装配部件和子装配组成。

（2）装配部件：由零件和子装配构成的部件。在 UG 中允许任何一个 prt 文件中添加部件构成装配，因此任何一个 prt 文件都可以作为装配部件。UG 中零件和部件不必严格区分。需要注意的是：当存储一个装配时，各部件的实际几何数据并不是储存在装配部件文件中，而是储存在相应的部件（即零件文件）中。

（3）子装配：是在高一级装配中被用作组件的装配，子装配也拥有自己的组件。子装配是一个相对概念，任何一个装配均可在更高级的装配中作为子装配。

（4）组件对象：是一个从装配部件链接到部件主模型的指针实体。一个组件对象纪录的信息有部件名称、层、颜色、线型、线宽、引用集和配对条件等。

（5）组件部件：也就是装配里组件对象所指的部件文件。组件部件可以是单个部件（即零件），也可以是子装配。需要注意的是，组件部件是装配体引用而不是复制到装配体中的。

（6）单个零件：是指在装配外存在的零件几何模型，它可以添加到一个装配中去，但它本身不能含有下级组件。

（7）主模型：利用 Master Model 功能来创建的装配模型，它是由单个零件组成的装配组件。是供 UG 模块共同引用的部件模型。同一主模型，可同时被工程图、装配、加工、机构分析和有限元分析等模块引用，当主模型修改时，相关引用自动更新。

（8）自顶向下装配；在装配级中创建与其他部件相关的部件模型，是在装配部件的顶级向下生成子装配和部件（即零件）的装配方法。

（9）自底向上装配：先创建部件几何模型，再组合成子装配，最后生成装配部件的装配方法。

（10）混合装配：是将自顶向下装配和自底向上装配结合在一起的装配方法。例如，先创建几个主要部件模型，再将其装配到一起，然后在装配中设计其他部件，即为混合装配。

12.1.2 引用集

在装配中，各部件含有草图、基准平面及其他辅助图形对象，如果在装配中列出显示所有对象，不但容易混淆图形，而且还会占用大量内存，不利于装配工作的进行。通过引用集命令能够限制加载于装配图中不必要的装配部件的信息量。

引用集是用户在零部件中定义的部分几何对象，代表相应的零部件参与装配。引用集可以包含下列数据对象：零部件名称、原点、方向、几何体、坐标系、基准轴、基准平面和属性等。创建完引用集后，就可以单独装配到部件中。一个零部件可以有多个引用集。

选择"菜单"→"格式"→"引用集"命令，系统打开如图 12-1 所示"引用集"对话框。

图 12-1 "引用集"对话框

部分选项功能说明如下。

（1）▯添加新的引用集：可以创建新的引用集。输入用于引用集的名称，并选取对象。

（2）☒删除：已创建的引用集的项目中可以选择性地删除，删除引用集只是在目录中删除。

（3）▨设为当前的：把对话框中选取的引用集设定为当前的引用集。

（4）▨属性：编辑引用集的名称和属性。

（5）ⓘ信息：显示工作部件的全部引用集的名称、属性和个数等信息。

12.2 装配导航器

装配导航器也叫装配导航工具，提供了一个装配结构的图形显示界面，也被称为"树形表"。如图 12-2 所示，掌握了装配导航器才能灵活地运用装配的功能。

图 12-2 "树形表"示意图

12.2.1 功能概述

1．节点显示：采用装配树形结构显示，非常清楚地表达了各个组件之间的装配关系。

2．装配导航器图标：装配结构树中用不同的图标来表示装配中子装配和组件的不同。同时，各零部件不同的装载状态也用不同的图标表示。

（1）▣：表示装配或子装配。

1）如果图标是黄色，则此装配在工作部件内。

2）如果是黑色实线图标，则此装配不在工作部件内。

3）如果是灰色虚线图标，则此装配已被关闭。

（2）▢：表示装配结构树组件。

1）如果图标是黄色，则此组件在工作部件内。

2）如果是黑色实线图标，则此组件不在工作部件内。

3）如果是灰色虚线图标，则此组件已被关闭。

3．检查盒：检查盒提供了快速确定部件工作状态的方法，允许用户用一个非常简单的方法装载并显示部件。部件工作状态用检查盒指示器表示。

（1）□：表示当前组件或子装配处于关闭状态。

（2）☑：表示当前组件或子装配处于隐藏状态，此时检查框显灰色。

（3）☑：表示当前组件或子装配处于显示状态，此时检查框显红色。

4．打开菜单选项：如果将光标移动到装配树的一个节点或选择若干个节点并单击右键，则打开快捷菜单，其中提供了很多便捷命令，以方便用户操作（如图 12-3 所示）。

12.2.2 预览面板和相关性面板

扫一扫，看视频

"预览"面板是装配导航器的一个扩展区域，显示装载或未装载的组件。此功能在处理大装配时，有助于用户根据需要打开组件，更好地掌握其装配性能。

"相关性"面板是装配导航器和部件导航器的一个特殊扩展。

图 12-3　打开的快捷菜单

装配导航器的相关性面板允许查看部件或装配内选定对象的相关性，包括配对约束和 WAVE 相关性，可以用它来分析修改计划对部件或装配的潜在影响。

12.3　自底向上装配

自底向上装配的设计方法是常用的装配方法，即先设计装配中的部件，再将部件添加到装配中，由底向上逐级进行装配。

选择"菜单"→"装配"→"组件"下拉菜单，如图 12-4 所示。

采用自底向上的装配方法，选择添加已存组件的方式有两种，一般来说，第一个部件采用绝对坐标定位方式添加，其余部件采用配对定位的方法添加。

12.3.1 添加已经存在的部件

扫一扫，看视频

选择"菜单"→"装配"→"组件"→"添加组件"命令或单击"装配"功能区"组件"组中的"添加"按钮🗗，打开如图 12-5 所示"添加组件"对话框。如果要进行装配的部件还没有打开，可以选择"打开"按钮，从磁盘目录中选择；已经打开的部件名字会出现在"已加载的部件"列表框中，可以从中直接选择。单击"确定"按钮，返回如图 12-5 所示"添加组件"对话框。

图 12-4 "组件"子菜单命令

图 12-5 "添加组件"对话框

部分选项功能说明如下。

1. 保持选定：勾选此选项，维护部件的选择，可以在下一个添加操作中快速添加相同的部分。

2. 组件名：可以为组件重新命名，默认组件的零件名。

3. 引用集：用于改变引用集。默认引用集是模型，表示只包含整个实体的引用集。用户可以通过该下拉列表框选择所需的引用集。

4. 图层选项：该选项用于指定部件放置的目标层。

（1）工作的：该选项用于将指定部件放置到装配图的工作层中。

（2）原始的：该选项用于将部件放置到部件原来的层中。

（3）按指定的：该选项用于将部件放置到指定的层中。选择该选项，在其下端的指定"层"文本框中输入需要的层号即可。

5. 位置：

（1）装配位置：即装配中组件的目标坐标系。该下拉列表框中提供了"对齐""绝对坐标系-工作部件""绝对坐标系-显示部件"和"工作坐标系"4 种装配位置。

1）对齐：通过选择位置来定义坐标系。

2）绝对坐标系-工作部件：将组件放置于当前工作部件的绝对原点。

3）绝对坐标系-显示部件：将组件放置于显示装配的绝对原点。

4）工作坐标系：将组件放置于工作坐标系。

（2）组件锚点：坐标系来自用于定位装配中组件的组件，可以通过在组件内创建产品接口来定义其他组件系统。

12.3.2 组件的装配

1. 移动组件

选择"菜单"→"装配"→"组件位置"→"移动组件"命令或单击"装配"功能区"组件位置"组中的"移动组件"按钮⬦，打开如图 12-6 所示的"移动组件"对话框。

图 12-6 "移动组件"对话框

（1）点到点：用于采用点到点的方式移动组件。在"运动"下拉列表框中选择"点对点"，然后选择两个点，系统便会根据这两点构成的矢量和两点间的距离，沿着其矢量方向移动组件。

（2）增量 XYZ：用于平移所选组件。在"运动"下拉列表框中选择"增量 XYZ"，"移动组件"对话框将变为如图 12-7 所示。该对话框用于沿 X、Y 和 Z 坐标轴方向移动一个距离。如果输入的值为正，则沿坐标轴正向移动；反之，则沿负向移动。

（3）角度：用于绕轴和点旋转组件。在"运动"下拉列表框中选择"角度"时，"移动组件"对话框将变为如图 12-8 所示。选择旋转轴，然后选择旋转点，在"角度"文本框中输入要旋转的角度值，单击"确定"按钮即可。

图 12-7　选择"增量 XYZ"时的"移动组件"对话框　图 12-8　选择"角度"时的"移动组件"对话框

（4）坐标系到坐标系：用于采用移动坐标方式重新定位所选组件。在"运动"下拉列表框中选择"坐标系到坐标系"时，"移动组件"对话框将变为如图 12-9 所示。首先选择要定位的组件，然后指定参考坐标系和目标坐标系。选择一种坐标定义方式定义参考坐标系和目标坐标系后，单击"确定"按钮，则组件从参考坐标系的相对位置移动到目标坐标系中的对应位置。

（5）将轴与矢量对齐：用于在选择的两轴之间旋转所选的组件。在"运动"下拉列表框中选择"将轴与矢量对齐"时，"移动组件"对话框将变为如图 12-10 所示。选择要定位的组件，然后指定参考点、参考轴和目标轴的方向，单击"确定"按钮即可。

图 12-9　选择"坐标系到坐标系"时的
　　　　　"移动组件"对话框

图 12-10　选择"将轴与矢量对齐"时的
　　　　　　"移动组件"对话框

2. 装配约束

选择"菜单"→"装配"→"组件"→"装配约束"命令或单击"装配"功能区"组件位置"组中的"装配约束"按钮🔀，打开如图 12-11 所示的"装配约束"对话框。该对话框用于通过配对约束确定组件在装配中的相对位置。

（1）🔀接触对齐：用于约束两个对象，使其彼此接触或对齐，如图 12-12 所示。

1）接触：定义两个同类对象相一致。

2）对齐：对齐匹配对象。

3）自动判断中心/轴：使圆锥、圆柱和圆环面的轴线重合。

图 12-11 "装配约束"对话框

图 12-12 "接触对齐"示意图

（2）⚖角度：用于在两个对象之间定义角度尺寸，约束相配组件到正确的方位上，如图 12-13 所示。角度约束可以在两个具有方向矢量的对象间产生，角度是两个方向矢量间的夹角。这种约束允许配对不同类型的对象。

（3）⫽平行：用于约束两个对象的方向矢量彼此平行，如图 12-14 所示。

图 12-13 "角度"示意图   图 12-14 "平行"示意图

（4）⌐垂直：用于约束两个对象的方向矢量彼此垂直，如图 12-15 所示。

（5）◎同心：用于将相配组件中的一个对象定位到基础组件中的一个对象的中心上，其中一个对象必须是圆柱或轴对称实体，如图 12-16 所示。

图 12-15　"垂直"示意图

图 12-16　"同心"示意图

（6）⫶中心：用于约束两个对象的中心，使其中心对齐。

➥ 1 对 2：用于将相配组件中的一个对象定位到基础组件中的两个对象的对称中心上。

➥ 2 对 1：用于将相配组件中的两个对象定位到基础组件中的一个对象的中心上，并与其对称。

➥ 2 对 2：用于将相配组件中的两个对象与基础组件中的两个对象呈对称布置。

🔊 提示：

相配组件是指需要添加约束进行定位的组件，基础组件是指位置固定的组件。

（7）⫶距离：用于指定两个相配对象间的最小三维距离。距离可以是正值，也可以是负值，正负号确定相配对象是在目标对象的哪一边，如图 12-17 所示。

（8）✦对齐/锁定：用于对齐不同对象中的两个轴，同时防止绕公共轴旋转。通常，当需要将螺栓完全约束在孔中时，这将作为约束条件之一。

（9）▢胶合：用于将对象约束到一起，使它们作为刚体移动。

（10）═适合窗口：用于约束半径相同的两个对象，例如圆边或椭圆边、圆柱面或球面。如果半径变为不相等，则该约束无效。

图 12-17　"距离"示意图

（11）⬇固定：用于将对象固定在其当前位置。

★重点　动手学——柱塞泵装配图

源文件：yuanwenjian\12\zhusaibengzhuangpeitu.prt

扫一扫，看视频

本节将介绍柱塞泵装配的具体过程和方法，将柱塞泵的 7 个零部件：泵体，填料压盖，柱塞，阀体，阀盖以及上、下阀瓣等装配成完整的柱塞泵。具体操作步骤为：首先创建一个新文件，用于绘制装配图；然后，将泵体以绝对坐标定位方法添加到装配图中；最后，将余下的 6 个柱塞泵零部件以配对定位方法添加到装配图中，如图 12-18 所示。

图 12-18　柱塞泵装配

操作步骤　视频文件：动画演示\第 12 章\柱塞泵装配.mp4

1．新建文件

选择"文件"→"新建"命令或单击"主页"功能区"标准"组中的"新建"按钮，打开"新建"对话框，选择装配模板，输入文件名为 zhusaibeng，如图 12-19 所示。单击"确定"按钮，进入装配环境。

图 12-19　"新建"对话框

2．添加泵体零件

（1）选择"菜单"→"装配"→"组件"→"添加组件"命令或单击"装配"功能区"组

件"组中的"添加"按钮 ，打开"添加组件"对话框，如图 12-20 所示。

图 12-20 "添加组件"对话框

（2）在没有进行装配前，此对话框的"选择选入的部件"列表中是空的，但是随着装配的进行，该列表中将显示所有加载进来的零部件文件的名称，便于管理和使用。单击"打开"按钮，打开"部件名"对话框，如图 12-21 所示。

图 12-21 "部件名"对话框

（3）在"部件名"对话框中，选择已存的零部件文件，单击右侧"预览"复选框，可以预览已存的零部件。选择"bengti.prt"文件，右侧预览窗口中显示出该文件中保存的泵体实体，单击"OK"按钮。打开"组件预览"窗口，如图 12-22 所示。

（4）在"添加组件"对话框中，"引用集"选项选择"模型"选项，"装配位置"选项选择"绝对坐标系-工作部件"选项，"图层选项"选项选择"原始的"选项，单击"确定"按钮，完成按绝对坐标定位方法添加泵体零件，结果如图 12-23 所示。

3．添加填料压盖零件

（1）选择"菜单"→"装配"→"组件"→"添加组件"命令或单击"装配"功能区"组件"组中的"添加"按钮，打开"添加组件"对话框，单击其中"打开"按钮，打开"部件名"对话框，选择"tianliaoyagai.prt"文件，右侧预览窗口中显示出填料压盖实体的预览图。单击"OK"按钮，打开"组件预览"对话框，如图 12-24 所示。

图 12-22 "组件预览"窗口

图 12-23 添加泵体

图 12-24 "组件预览"窗口

（2）在"添加组件"对话框中，"引用集"选项选择"模型"选项，"图层选项"选项选择"原始的"选项，"装配位置"选项选择"对齐"选项，在绘图区指定放置组件的位置，在"放置"选项选择"约束"，在"约束类型"选项选择"接触对齐"类型，在"方位"下拉列表中选择"接触"，选择填料压盖的右侧圆台端面和泵体左侧腔孔中的端面，如图 12-25 所示。单击"应用"按钮。

（3）在"方位"下拉列表中选择"自动判断中心/轴"，选择填料压盖的圆台圆柱面和泵体腔体的圆柱面，如图 12-26 所示。单击"应用"按钮。

图 12-25 配对约束

图 12-26 中心对齐约束

（4）在"方位"下拉列表中选择"自动判断中心/轴"，选择填料压盖的前侧螺栓安装孔的圆柱面，选择泵体安装板上的螺栓孔的圆柱面，如图 12-27 所示。单击"应用"按钮。

（5）对于填料压盖与泵体的装配，由以上三个配对约束：一个配对约束和两个中心约束可以使填料压盖形成完全约束，单击"确定"按钮，完成填料压盖与泵体的配对装配，结果如图 12-28 所示。

图 12-27　中心对齐约束

图 12-28　填料压盖与泵体的配对装配

4. 添加柱塞零件

（1）选择"菜单"→"装配"→"组件"→"添加组件"命令或单击"装配"功能区"组件"组中的"添加"按钮，打开"添加组件"对话框，单击"打开"按钮，打开"部件名"对话框，选择"zhusai.prt"文件，右侧预览窗口中显示出柱塞实体的预览图。单击"OK"按钮，打开"组件预览"窗口，如图 12-29 所示。

（2）在"添加组件"对话框中，使用默认设置值，在绘图区指定放置组件的位置，在"放置"选项选择"约束"。在"约束类型"选项选择"接触对齐"类型，在"方位"下拉列表中选择"接触"，选择柱塞底面端面和泵体左侧膛孔中的第二个内端面，如图 12-30 所示。单击"应用"按钮。

图 12-29　"组件预览"窗口

图 12-30　配对约束

（3）在"方位"下拉列表中选择"自动判断中心/轴"，选择柱塞外环面和泵体膛体的圆环面，如图 12-31 所示。单击"应用"按钮。

（4）现有的两个约束依然不能防止柱塞在膛孔中以自身中心轴线作旋转运动，因此继续添加配对约束以限制柱塞的回转，选择"平行"类型，选择柱塞右侧凸垫的侧平面和泵体肋板的侧平面，如图 12-32 所示。单击"应用"按钮。

图 12-31　中心约束　　　　　　　　　图 12-32　平行约束

（5）对于柱塞与泵体的装配，由以上三个配对约束：一个配对约束、一个中心对齐约束和一个平行约束，可以使柱塞形成完全约束，单击"确定"按钮，完成柱塞与泵体的配对装配，结果如图 12-33 所示。

5．添加阀体零件

（1）选择"菜单"→"装配"→"组件"→"添加组件"命令或单击"装配"功能区"组件"组中的"添加"按钮 🖳⁺，打开"添加组件"对话框，单击"打开"按钮，打开"部件名"对话框，选择"fati.prt"文件，右侧预览窗口中显示出阀体实体的预览图。单击"OK"按钮，打开"组件预览"窗口，如图 12-34 所示。

图 12-33　柱塞与泵体的配对装配

图 12-34　"组件预览"窗口

（2）在"添加组件"对话框中，"引用集"选项选择"模型"选项，"定位"选项选择"配对"选项，"图层选项"选项选择"原始的"选项，"装配位置"选项选择"对齐"选项，在绘图区指定放置组件的位置，在"放置"选项选择"约束"。在"约束类型"选项选择"接触对齐"类型，在"方位"下拉列表中选择"接触"，选择阀体左侧圆台端面和泵体膛体的右侧端面，单击"应用"按钮，如图 12-35 所示。

图 12-35 配对约束

（3）在"方位"下拉列表中选择"自动判断中心/轴"，选择阀体左侧圆台圆柱面和泵体膛体的圆柱面，如图 12-36 所示。单击"应用"按钮。

图 12-36 中心对齐约束

（4）在"约束类型"选项选择选择"平行"类型，继续添加约束，用鼠标首先在组件预览窗口中选择阀体圆台的端面，接下来在绘图窗口中选择泵体底板的上平面，如图 12-37 所示。单击"应用"按钮。

图 12-37 平行约束

（5）对于阀体与泵体的装配，由以上三个配对约束：一个配对约束、一个中心约束和一个平行约束，可以使阀体形成完全约束，单击"确定"按钮，完成阀体与泵体的配对装配，结果如图 12-38 所示。

图 12-38　阀体与泵体的配对装配

（6）在约束导航器中选择泵体和阀体的"平行"约束，单击鼠标右键，打开如图 12-39 所示的快捷菜单，选择"反向"选项，调整阀体的方向，如图 12-40 所示。

图 12-39　快捷菜单

图 12-40　阀体与泵体的平行约束

6. 添加下阀瓣零件

（1）选择"菜单"→"装配"→"组件"→"添加组件"命令或单击"装配"功能区"组件"组中的"添加"按钮，打开"添加组件"对话框，单击其中"打开"按钮，打开"部件名"对话框，选择"xiafaban.prt"文件，右侧预览窗口中显示出下阀瓣实体的预览图。单击"OK"按钮，打开"组件预览"窗口，如图 12-41 所示。

（2）在"添加组件"对话框中，"引用集"选项选择"模型"选项，"装配位置"选项选择"对齐"选项，在绘图区指定放置组件的位置，"图层选项"选项选择"原始的"选项，在"放置"选项选择"约束"。在"约束类型"选项选择"接触对齐"类型，在"方位"下拉列表中选择"接触"，选择下阀瓣中间圆台端面和阀体内孔端面，如图 12-42 所示。单击"应用"按钮。

图 12-41　"组件预览"窗口

图 12-42　配对约束

（3）在"方位"下拉列表中选择"自动判断中心/轴"，选择下阀瓣圆台外环面和阀体的外圆环面，如图 12-43 所示。单击"应用"按钮。

（4）对于下阀瓣与阀体的装配，由以上两个配对约束：一个配对约束和一个中心约束，可以使下阀瓣形成欠约束，下阀瓣可以绕自身中心轴线旋转，单击"装配条件"对话框"确定"按钮，完成下阀瓣与阀体的配对装配，结果如图 12-44 所示。

图 12-43　中心对齐约束

图 12-44　下阀瓣与阀体的配对装配

7. 添加上阀瓣零件

（1）选择"菜单"→"装配"→"组件"→"添加组件"命令或单击"装配"功能区"组件"组中的"添加"按钮🔩⁺，打开"添加组件"对话框，单击"打开"按钮，打开"部件名"对话框，选择"shangfagai.prt"文件，右侧预览窗口中显示出上阀瓣实体的预览图。单击"OK"按钮，打开"组件预览"窗口，如图 12-45 所示。

（2）在"添加组件"对话框中，采用默认设置，在绘图区指定放置组件的位置，在"放置"选项选择"约束"。在"约束类型"选项选择"接触对齐"类型，在"方位"下拉列表中选择"接触"，选择上阀瓣中间圆台端面和阀体内孔端面，如图 12-46 所示。单击"应用"按钮。

图 12-45　"组件预览"窗口

图 12-46　配对约束

（3）在"方位"下拉列表中选择"自动判断中心/轴"，选择上阀瓣圆台外环面和阀体的外圆环面，如图 12-47 所示。单击"应用"按钮。

图 12-47　中心约束

（4）对于上阀瓣与阀体的装配，由以上两个配对约束：一个配对约束和一个中心约束，可以使上阀瓣形成欠约束，上阀瓣可以绕自身中心轴线旋转，单击"确定"按钮，完成上阀瓣与阀体的配对装配，结果如图 12-48 所示。

8. 添加阀盖零件

（1）选择"菜单"→"装配"→"组件"→"添加组件"命令或单击"装配"功能区"组件"组中的"添加"按钮🔩⁺，打开"添加组件"对话框，将"fagai.prt"文件加载进来。单击"OK"按钮，打开"组件预览"窗口，如图 12-49 所示。

图 12-48　上阀瓣与阀体的配对装配　　　　图 12-49　"组件预览"窗口

（2）在"添加组件"对话框中，采用默认设置，在绘图区指定放置组件的位置，在"放置"选项选择"约束"。在"约束类型"选项选择"接触对齐"，在"方位"下拉列表中选择"接触"，选择阀盖中间圆台端面和阀体上端面，如图 12-50 所示。单击"应用"按钮。

图 12-50　配对约束

（3）在"方位"下拉列表中选择"自动判断中心/轴"，选择阀盖圆台外环面和选择阀体的外圆环面，如图 12-51 所示。单击"应用"按钮。

图 12-51　中心对齐约束

（4）对于阀盖与阀体的装配，由以上两个配对约束：一个配对约束和一个中心约束，可以使上阀瓣形成欠约束，单击"确定"按钮，完成阀盖与阀体的配对装配，结果如图 12-52 所示。

图 12-52　阀盖与阀体的配对装配

至此，已经将柱塞泵的 7 个零部件全部装配到一起，形成一个完整的柱塞泵的装配图。下面将学习如何设置装配图的显示效果，以便更好地显示零部件之间的装配关系。

为了将装配体内部的装配关系表现出来，可以将外包的几个零部件的显示设置为半透明，以达到透视装配体内部的效果。

9．隐藏约束关系

选择"菜单"→"编辑"→"显示和隐藏"→"隐藏"命令，打开如图 12-53 所示的"类选择"对话框，选择"类型过滤器"按钮，打开如图 12-54 所示的"按类型选择"对话框，选择"装配约束"选项，单击"确定"按钮，返回到"类选择"对话框，单击"全选"按钮，选择视图中所有装配约束关系，单击"确定"按钮，隐藏装配约束关系，如图 12-55 所示。

图 12-53　"类选择"对话框　　　　　　图 12-54　"按类型选择"对话框

10. 编辑对象显示

选择"菜单"→"编辑"→"对象显示"命令或使用快捷组合键 Ctrl+J，打开"类选择"对话框，如图 12-53 所示。在绘图窗口中，单击泵体、填料压盖和阀体 3 个零部件，单击"确定"按钮，打开"编辑对象显示"对话框，如图 12-56 所示。

在"编辑对象显示"对话框中，将中间的"透明度"指示条拖动到 60 处，单击"确定"按钮，完成对泵体、填料压盖和阀体 3 个实体的透明显示设置，效果如图 12-57 所示。

图 12-55　隐藏装配约束关系

图 12-56　"编辑对象显示"对话框

图 12-57　设置装配图显示效果

12.4　自顶向下装配

自顶向下装配的方法是指在上下文设计（working in context）中进行装配。上下文设计是指在一个部件中定义几何对象时引用其他部件的几何对象。

例如，在一个组件中定义孔时需要引用其他组件中的几何对象进行定位。当工作部件是尚未设计完成的组件而显示部件是装配件时，上下文设计非常有用。

自顶向下装配的方法有两种：

方法一：

1. 先建立装配结构，此时没有任何的几何对象。

2. 使其中一个组件成为工作部件。

3. 在该组件中建立几何对象。

4. 依次使其余组件成为工作部件并建立几何对象，注意可以引用显示部件中的几何对象。

方法二：

1. 在装配件中建立几何对象。

2. 建立新的组件，并把图形加到新组件中。

在装配的上下文设计（Designing in Context of an Assembly）中，当工作部件是装配中的一个组件而显示部件是装配件时，定义工作部件中的几何对象时可以引用显示部件中的几何对象，即引用装配件中其他组件的几何对象。建立和编辑的几何对象发生在工作部件中，但是显示部件中的几何对象是可以选择的。

📢 提示：

组件中的几何对象只是被装配件引用而不是复制，修改组件的几何模型后装配件会自动改变，这就是主模型的概念。

12.4.1　第一种设计方法

该方法首先建立装配结构即装配关系，但不建立任何几何模型，然后使其中的组件成为工作部件，并在其中建立几何模型，即在上下文中进行设计，边设计边装配。

其详细设计过程如下。

（1）建立一个新装配件，如：_asm1.prt。

（2）选择"菜单"→"装配"→"组件"→"新建组件"命令或单击"装配"功能区"组件"组中的"新建"按钮 。

（3）在打开的"新组件文件"对话框中输入新组件的路径和名称，如：P1，单击"确定"按钮。

（4）系统打开如图 12-58 所示"新组件文件"对话框，单击"确定"按钮，新组件即可被装到装配件中。

（5）重复上述 2 至 4 的步骤，用上述方法建立新组件 P2。

（6）打开装配导航器查看，如图 12-59 所示。

（7）以下要在新的组件中建立几何模型，先选择 P1 成为工作部件，建立实体。

（8）然后使得 P2 为工作部件，建立实体。

（9）使装配件_asm1.prt 成为工作部件。

（10）选择"菜单"→"装配"→"组件"→"装配约束"命令，给组件 P1 和 P2 建立装配约束。

图 12-58 创建新的组件

图 12-59 装配导航器

12.4.2 第二种设计方法

该方法首先在装配件中建立几何模型，然后建立组件，即建立装配关系，并将几何模型添加到组件中。

其详细设计过程如下。

（1）打开一个包含几何体的装配件或者在打开的装配件中建立一个几何体。

（2）选择"菜单"→"装配"→"组件"→"新建组件"命令，打开"新组件文件"对话框，在装配件中选择需要添加的几何模型，单击"确定"按钮，在选择部件对话框中，选择新组件的路径，并输入名字，单击"确定"按钮。

（3）打开如图 12-60 所示对话框，勾选"删除原对象"按钮，则几何模型添加到组件后删除装配件中的几何模型，单击"确定"按钮，新组件就装到装配件中了，并添加了几何模型。

图 12-60 "新建组件"对话框

（4）重复上面的 2 至 3 步，直至完成自顶向下装配设计为止。

12.5 装配爆炸图

爆炸图是在装配环境下把组成装配的组件拆分开来，以更好地表达整个装配的组成状况，便于观察每个组件的一种方法。爆炸图是一个已经命名的视图，一个模型中可以有多个爆炸图。UG默认的爆炸图名为Explosion，后加数字后缀。用户也可根据需要指定爆炸图名称。选择"菜单"→"装配"→"爆炸图"命令，打开如图12-61所示下拉菜单。选择"菜单"→"信息"→"装配"→"爆炸"命令可以查询爆炸信息。

图12-61　"爆炸图"下拉菜单

12.5.1　爆炸图的建立

选择"菜单"→"装配"→"爆炸图"→"新建爆炸"命令或单击"装配"功能区"爆炸图"组中的"新建爆炸"按钮，打开如图12-62所示"新建爆炸"对话框。在该对话框中输入爆炸视图的名称，或者接受默认名，单击"确定"按钮，建立一个新的爆炸视图。

12.5.2　自动爆炸视图

选择"菜单"→"装配"→"爆炸图"→"自动爆炸组件"命令或单击"装配"功能区"爆炸图"组中的"自动爆炸组件"按钮，系统打开"类选择"对话框，选择需要爆炸的组件，完成以后打开如图12-63所示"自动爆炸组件"对话框。

图12-62　"新建爆炸"对话框

图12-63　"自动爆炸组件"对话框

对话框选项功能说明如下。

距离：该选项用于设置自动爆炸组件之间的距离。

12.5.3　编辑爆炸视图

选择"菜单"→"装配"→"爆炸图"→"编辑爆炸"命令或单击"装配"功能区"爆炸图"组中的"编辑爆炸"按钮，系统打开如图12-64所示"编辑爆炸"对话框。选择需要编辑的组件，然后选择需要的编辑方式，再选择点选择类型，确定组件的定位方式。然后可以直接用鼠标选取屏幕中的位置，移动组件位置。

（1）取消爆炸组件：选择"菜单"→"装配"→"爆炸图"→"取消爆炸组件"命令或单击"装配"功能区"爆炸图"组中的"取消爆炸组件"按钮，系统打开"类选择"对话框，选择需要复位的组件后，单击"确定"按钮，即可使已爆炸的组件回到原来的位置。

（2）删除爆炸：选择"菜单"→"装配"→"爆炸图"→"删除爆炸"命令或单击"装

配"功能区"爆炸图"组中的"删除爆炸"按钮 ✗，系统打开如图 12-65 所示的"爆炸图"对话框，选择要删除的爆炸图的名称。单击"确定"按钮，即可完成删除操作。

图 12-64　"编辑爆炸"对话框

图 12-65　"爆炸图"对话框

（3）隐藏爆炸：隐藏爆炸图是将当前爆炸图隐藏起来，使图形窗口中的组件恢复到爆炸前的状态。选择"菜单"→"装配"→"爆炸图"→"隐藏爆炸"命令即可。

（4）显示爆炸：显示爆炸图是将已建立的爆炸图显示在图形区中。选择"菜单"→"装配"→"爆炸图"→"显示爆炸"命令即可。

扫一扫，看视频

★重点　动手学——柱塞泵爆炸图

源文件：yuanwenjian\12\zhusaibengbaozhatu.prt

本节将对柱塞泵的爆炸图进行详细的讲解。爆炸图是在装配模型中零部件按照装配关系偏离原来的位置的拆分图形。通过爆炸视图可以方便查看装配中的零部件及其相互之间的装配关系，如图 12-66 所示。

图 12-66　柱塞泵爆炸图

操作步骤　视频文件：动画演示\第 12 章\柱塞泵爆炸图.mp4

（1）建立爆炸视图。选择"菜单"→"装配"→"爆炸图"→"新建爆炸"命令或单击"装配"功能区"爆炸图"组中的"新建爆炸"按钮，打开"新建爆炸"对话框，如图 12-67 所示。

图 12-67　"新建爆炸"对话框

在"名称"文本框中可以输入爆炸视图的名称，或是接受默认名称。单击"确定"按钮，建立"Explosion 1"爆炸视图，此时绘图窗口中并没有什么变化，各个零部件并没有从它们的装配位置偏离。接下来就是将零部件都炸开，有两种方法：编辑爆炸视图和自动爆炸组件。

（2）自动爆炸组件。选择"菜单"→"装配"→"爆炸图"→"自动爆炸组件"命令或单击"装配"功能区"爆炸图"组中的"自动爆炸组件"按钮，打开"类选择"对话框，如图 12-68 所示。单击"全选"按钮，选择绘图窗口中所有组件，单击"确定"按钮，打开"自动爆炸组件"对话框，如图 12-69 所示，设置"距离"为 40。

图 12-68   "类选择"对话框

图 12-69   "自动爆炸组件"对话框

单击"自动爆炸组件"对话框中"确定"按钮，完成自动爆炸组件操作，如图 12-70 所示。

（3）编辑爆炸视图。选择"菜单"→"装配"→"爆炸图"→"编辑爆炸"命令或单击"装配"功能区"爆炸图"组中的"编辑爆炸"按钮，打开"编辑爆炸"对话框，如图 12-71 所示。

在绘图窗口中单击左侧柱塞组件，然后在"编辑爆炸"对话框单击"移动对象"单选框，如图 12-72 所示，在绘图窗口中鼠标单击 Z 轴，如图 12-73 所示，激活"编辑爆炸"对话框中"距离"设定文本框，设定移动距离为-120，即沿 Z 轴负方向移动 120mm，如图 12-74 所示。

图 12-70   自动爆炸组件

图 12-71　"编辑爆炸"对话框

图 12-72　"移动对象"选项

图 12-73　点击 Z 轴

图 12-74　设定移动距离

单击"确定"按钮后，完成对柱塞组件爆炸位置的重定位，结果如图 12-75 所示。

图 12-75　编辑柱塞组件

（4）编辑填料压盖组件。选择"菜单"→"装配"→"爆炸图"→"编辑爆炸"命令或单击"装配"功能区"爆炸图"组中的"编辑爆炸"按钮 ，将填料压盖沿 Z 轴正向相对移动 10mm，如图 12-76 所示。结果如图 12-77 所示。

图 12-76　设定移动距离

图 12-77　编辑填料压盖组件

（5）编辑上下阀瓣以及阀盖三个组件。选择"菜单"→"装配"→"爆炸图"→"编辑爆炸"命令或单击"装配"功能区"爆炸图"组中的"编辑爆炸"按钮，将上、下阀瓣以及阀盖三个组件分别移动到适当位置，最终完成柱塞泵爆炸视图的绘制，结果如图 12-78 所示。

图 12-78　柱塞泵爆炸图

12.5.4　对象干涉检查

扫一扫，看视频

选择"菜单"→"分析"→"简单干涉"命令，打开如图 12-79 所示"简单干涉"对话框。该对话框提供了 2 种干涉检查结果对象的方法，介绍如下。

（1）干涉体：该选项用于以产生干涉体的方式显示给用户发生干涉的对象。在选择了要检查的实体后，则会在工作区中产生一个干涉实体，以便用户快速地找到发生干涉的对象。

（2）高亮显示的面对：该选项主要用于加亮表面的方式显示给用户干涉的表面。选择要检查干涉的第一体和第二体，高亮显示发生干涉的面。

图 12-79　"简单干涉"对话框

12.6　组件族

组件族提供通过一个模板零件快速定义一类类似的组件（零件或装配）族方法。该功能主要用于建立一系列标准件，可以一次生成所有的相似组件。

选择"菜单"→"工具"→"部件族"命令，打开如图 12-80 所示"部件族"对话框。

部分选项功能说明如下。

（1）可导入部件族模板：该选项用于连接 UG/Manager 和 IMAN 进行产品管理，一般情况下，保持默认选项即可。

（2）可用的列：该下拉列表框中列出了用来驱动系列组件的参数选项。

①表达式：选择表达式作为模板，使用不同的表达式值来生成系列组件。

②属性：将定义好的属性值设为模板，可以为系列件生成不同的属性值。

③组件：选择装配中的组件作为模板，用以生成不同的装配。

④镜像：选择镜像体作为模板，同时可以选择是否生成镜像体。

⑤密度：选择密度作为模板，可以为系列件生成不同的密度值。

⑥特征：选择特征作为模板，同时可以选择是否生成指定的特征。

选择相应的选项后，双击列表框中的选项或选中指定选项后单击"添加列"按钮，就可以将其添加到"选中的列"列表框中，"选中的列"中不需要的选项可以通过"移除列"按钮来删除。

图 12-80　"部件族"对话框

（3）族保存目录：可以利用"浏览..."按钮来指定生成的系列件的存放目录。

（4）部件族电子表格：该选项组用于控制如何生成系列件。

①创建电子表格：选中该选项后，系统会自动调用 Excel 表格，选中的相应条目会被列举在其中，如图 12-81 所示。

②编辑电子表格：保存生成的 Excel 表格后，返回 UG 中，单击该按钮可以重新打开 Excel 表格进行编辑。

③删除族：删除定义好的部件族。

④取消：用于取消对于 Excel 的当前编辑操作，Excel 中还保持上次保存过的状态。一般在"确认部件"以后发现参数不正确，可以利用该选项取消本次编辑。

图 12-81　创建 Excel 表格

　　另外，如果在装配环境中加入了模板文件的主文件，系统会打开系列件选择对话框，用户可以自己指定需要导入的部件，完成装配。

12.7　装配信息查询

　　装配信息可以通过相关菜单命令来查询。其命令功能主要在 "菜单"→"信息"→"装配"子菜单中（如图 12-82 所示）。

　　相关命令功能介绍如下。

　　（1）列出组件：执行该命令后，系统会在信息窗口列出工作部件中各组件的相关信息（如图 12-83 所示）。其中包括节点名、部件名、引用集名、组件名、单位和组件被加载的数量等信息。

图 12-82　查询信息命令

图 12-83　"列出组件"信息窗口

（2）更新报告：执行该命令后，系统将会列出装配中各部件的更新信息（如图 12-84 所示）。包括部件名、引用集名、加载的版本、更新、部件族成员状态以及状态字段中的注释等。

图 12-84　"更新报告"信息窗口

（3）何处使用：执行该命令后，系统将查找出所有的引用指定部件的装配件。系统会打开如图 12-85 所示对话框。

当输入部件名称和指定相关选项后，系统会在信息窗口中列出引用该部件的所有装配部件，包括信息列表创建者、日期、当前工作部件路径和引用的装配部件名等信息，如图 12-86 所示。

图 12-85　"何处使用报告"对话框

图 12-86　何处使用信息窗口

对话框中主要选项功能说明如下。

1．部件名：该文本框中用于输入要查找的部件名称，默认值为当前工作部件名称。

2．搜索选项

（1）按搜索文件夹：该选项用于在定义的搜寻目录中查找。

（2）搜索部件文件夹：该选项用于在部件所在的目录中查找。

（3）输入文件夹：该选项用于在指定的目录中查找。

3．选项：该选项用于定义查找装配的级别范围。

（1）单一级别：该选项只用来查找父装配，而不包括父装配的上级装配。

（2）所有级别：该选项用来在各级装配中查找。

4．会话中何处使用：执行该命令后，可以在当前装配部件中查找引用指定部件的所有装配。系统会打开如图 12-87 所示"会话中何处使用"对话框，在其中选择要查找的部件，选择指定部件后，系统会在信息窗口中列出引用当前所选部件的装配部件，如图 12-88 所示。信息包括装配部件名、状态和引用数量等。

图 12-87　"会话中何处使用"对话框　　　　图 12-88　"会话中何处使用"信息窗口

5．装配图：执行该命令后，系统打开如图 12-89 所示"装配图"对话框，在该对话框中设置完显示项目和相关信息后，然后指定一点用于放置装配结构图。

对话框上部是已选项目列表框，可以进行添加、删除信息操作，用于设置装配结构建要显示的内容和排列顺序。

对话框中部是当前部件属性列表框和属性名文本框。用户可以在属性列表框中选择属性直接加到项目列表框中，也可以在文本框中输入名称来获取。

对话框下部是指定图形的目标位置，可以将生成的图表放置在当前部件、存在的部件或者是新部件中。

如果要将生成的装配结构图形删除，选取"移除已有的图表"复选框即可。

图 12-89　"装配图"对话框

12.8　装配序列化

扫一扫，看视频

装配序列化的功能主要有两个：一个是规定一个装配的每个组件的时间与成本特性；另一个是用于表演装配顺序，指定一线的装配工人进行现场装配。

完成组件装配后，可建立序列化来表达装配各组件间的装配顺序。

选择"菜单"→"装配"→"序列"命令或单击"装配"功能区"常规"组中的"序列"按钮，系统会自动进入序列环境并打开如图 12-90 所示的"主页"功能区。

图 12-90　"主页"功能区

下面介绍该工具栏中主要选项的用法。

（1）完成：用于退出序列化环境。

（2）新建：用于创建一个序列。系统会自动为这个序列命名为序列_1，以后新建的序列为序列_2、序列_3 等，依次增加。用户也可以自己修改名称。

（3）插入运动：选择该按钮，打开如图 12-91 所示的"录制组件运动"工具条。该工具条用于建立一段装配动画模拟。

①选择对象：选择需要运动的组件对象。

②移动对象：用于移动组件。

③只移动手柄：用于移动坐标系。

④运动录制首选项：单击该图标，打开如图 12-92 所示的"首选项"对话框。该对话框用于指定步进的精确程度和运动动画的帧数。

⑤拆卸：用于拆卸所选组件。

⑥摄像机：用来捕捉当前的视角，以便于回放的时候在合适的角度观察运动情况。

图 12-91 "录制组件运动"工具条　　　　图 12-92 "首选项"对话框

（4）装配：选择该按钮，打开"类选择"对话框，按照装配步骤选择需要添加的组件，该组件会自动出现在视图区右侧。用户可以依次选择要装配的组件，生成装配序列。

（5）一起装配：用于在视图区选择多个组件，一次全部进行装配。"装配"功能只能一次装配一个组件，该功能在"装配"功能选中之后可选。

（6）拆卸：用于在视图区选择要拆卸的组件，该组件会自动恢复到绘图区左侧。该功能主要是模拟反装配的拆卸序列。

（7）一起拆卸：一起装配的反过程。

（8）记录摄像位置：用于为每一步序列生成一个独特的视角。当序列演变到该步时，自动转换到定义的视角。

（9）插入暂停：选择该按钮，系统会自动插入暂停并分配固定的帧数，当回放的时候，系统看上去像暂停一样，直到走完这些帧。

（10）删除：用于删除一个序列步。

（11）在序列中查找：选择该按钮，打开"类选择"对话框，可以选择一个组件，然后查找应用了该组件的序列。

（12）显示所有序列：用于显示所有的序列。

（13）捕捉布置：用于把当前的运动状态捕捉下来，作为一个装配序列。用户可以为这个排列取一个名字，系统会自动记录这个排列。

定义完成序列以后，就可以通过如图 12-93 所示的"序列回放"组来播放装配序列。在最左边的是设置当前帧数，在最右边的是播放速度调节，从 1~10，数字越大，播放的速度就越快。

图 12-93 "序列回放"工具栏

扫一扫，看视频

★重点 动手学——柱塞泵装配动画图

源文件：源文件\12\zhusaibengzhuangpeitu.prt

在上一节中，通过爆炸视图可以查看装配中的零部件及其相互之间的装配关系。在这一节中，将通过创建装配动画来查看组件的装配过程。创建装配动画可以很形象地表达各个零部件之间的装配关系和整个产品的装配顺序。

操作步骤 视频文件：动画演示\第 12 章\柱塞泵装配动画图.mp4

（1）打开"装配次序"工具栏。选择"菜单"→"装配"→"序列"命令或单击"装配"功能区"常规"组中的"序列"按钮，系统会自动进入序列环境并打开"主页"功能区，如图 12-94 所示。

图 12-94 "主页"功能区

（2）创建装配动画图。选择"菜单"→"任务"→"新建序列"命令或单击"主页"功能区"装配序列"组中的"新建"按钮，在"主页"功能区"装配序列"组中会显示当前创建的装配动画图名称"序列_1"。

同时，系统会在绘图窗口左侧的装配动画导航窗口中自动显示创建的新装配动画和在该装配动画中各种属性的装配零部件，如图 12-95 所示。

（3）编辑装配动画。选择"菜单"→"插入"→"运动"命令或"主页"功能区"序列步骤"组中的"插入运动"按钮，打开"录制组件运动"对话框，如图 12-96 所示。

图 12-95 装配动画导航窗口

图 12-96 "录制组件运动"对话框

在左侧绘图窗口中鼠标左键选择阀盖 fagai 零件，单击"录制组件运动"对话框中的"拆卸"按钮，该零件即被加入到装配动画中，在左侧装配动画显示窗口中显示出来，同时，系统会在绘图窗口左侧的装配动画导航窗口中自动显示该零件名称，如图 12-97 所示。

（4）添加其他零部件。重复上面编辑装配动画操作，依次将上阀瓣、下阀瓣、阀体、填料压盖、柱塞以及泵体添加到装配动画之中去，在装配动画导航窗口将显示这些零部件的名称，如图 12-98 所示。

图 12-97　装配动画导航窗口

图 12-98　装配动画导航窗口

在完成加入零部件的操作后，查看所创建的装配动画的选项将会被自动激活，可以利用"主页"功能区"回放"组中的按钮来查看装配动画，如图 12-99 所示。

在装配动画播放时，可以看到装配动画导航窗口中加入到装配动画中的各个零部件前面的符号会依次发生变化，如图 12-100 所示。

图 12-99　"回放"组

图 12-100　装配动画导航窗口

第 13 章　工程图

内容简介

UG NX 12.0 的工程图是为了满足用户的二维出图功能。尤其是对传统的二维设计用户来说，很多工作还需要二维工程图。利用 UG 建模功能中创建的零件和装配模型，可以被引用到 UG 制图功能中快速生成二维工程图，UG 制图功能模块建立的工程图是由投影三维实体模型得到的，因此，二维工程图与三维实体模型完全关联。模型的任何修改都会引起工程图的相应变化。本章简要介绍 UG 制图中的常用功能。

内容要点

- ❯ 工程图概述
- ❯ 工程图参数预设置
- ❯ 图纸管理
- ❯ 视图编辑

13.1　工程图概述

本节主要介绍如何进入工程图界面，并对工程图中的常见工具栏进行简单介绍。

选择"文件"→"新建"命令或单击"主页"功能区中的"新建"按钮，在"新建"对话框中选择"图纸"选项卡，选择适当模板，单击"确定"按钮，即可启动 UG 工程制图模块，进入工程制图界面（如图 13-1 所示）。

图 13-1　工程制图界面

UG 工程绘图模块提供了自动视图布置、剖视图、各向视图、局部放大图、局部剖视图、自动、手工尺寸标注、形位公差、表面粗糙度符号标注、支持 GB、标准汉字输入、视图手工编辑、装配图剖视、爆炸图、明细表自动生成等工具。

具体各操作说明如下。

（1）功能区（如图 13-2 所示）。

图 13-2　"主页"功能区

（2）制图导航器操作（如图 13-3、图 13-4 所示）。和建模环境一样，用户同样可以通过图纸导航器来操作图纸。对应于每一幅图纸也会有相应的父子关系和细节窗口可以显示。在图纸导航器上同样有很强大的快捷菜单命令功能（单击鼠标右键即可实现）。对于不同层次，单击鼠标右键后打开的快捷菜单功能是不一样的。

图 13-3　部件导航器

图 13-4　导航器上快捷菜单

13.2　工程图参数预设置

在添加视图时，应预先设置工程图的有关参数，设置符合国标的工程图尺寸，控制工程图的风格。以下对一些常用的工程图参数设置进行简单介绍，其他用户可以参考帮助文件。

13.2.1　工程图参数设置

扫一扫，看视频

选择"菜单"→"首选项"→"制图"命令，打开如图 13-5 所示的"制图首选项"对话框，该对话框中包含了 11 个选项卡，用户选取相应的选项卡，对话框中就会出现相应的选项。

图 13-5　"制图首选项"对话框

另外，对于制图的预设置操作，在 UG NX 12.0 中"用户默认设置"管理工具中可以统一设置默认值。选择"菜单"→"文件"→"实用工具"→"用户默认设置"命令，打开如图 13-6 所示"用户默认设置"对话框进行默认设置的更改。

图 13-6　"用户默认设置"对话框

13.2.2　注释参数设置

选择"菜单"→"首选项"→"制图"命令，打开"制图首选项"对话框，在"制图首选项"对话框中选择"注释"，打开如图 13-7 所示的"注释"首选项对话框。

图 13-7　"注释"首选项对话框

对话框中的部分选项说明如下。

（1）GDT

1）格式：设置所有形位公差符号的颜色、线型和宽度。

2）应用与所有注释：单击此按钮，将颜色、线型和线宽应用到所有制图注释，该操作不影响制图尺寸的颜色、线型和线宽。

（2）符号标注

1）格式：设置符号标注符号的颜色、线型和宽度。

2）直径：以毫米或英寸为单位设置符号标注符号的大小。

（3）焊接符号

1）间距因子：设置焊接符号不同组成部分之间的间距默认值。

2）符号大小因子：控制焊接符号中的符号大小。

3）焊接线间隙：控制焊接线和焊接符号之间的距离。

（4）剖面线/区域填充

1）剖面线

①断面线定义：显示当前剖面线文件的名称。

②图样：从派生自剖面线文件的图样列表设置剖面线图样。

③距离：控制剖面线之间的距离。

④角度：控制剖面线的倾斜角度。从正的 XC 轴到主剖面线沿逆时针方向测量角度。

2）区域填充

①图样：设置区域填充图样。

②角度：控制区域填充图样的旋转角度。该角度是从平行于图纸底部的一条直线开始沿逆时针方向测量。

③比例：控制区域填充图样的比例。

3）格式

①颜色：设置剖面线颜色和区域填充图样。

②宽度：设置剖面线和区域填充中曲线的线宽。

4）边界曲线

①公差：用于控制 NX 沿着曲线逼近剖面线或区域填充边界的紧密程度。

②查找表观相交：表现相交和表观成链是基于视图方位看似存在的相交曲线和链，但实际上不存在于几何体中。

5）岛

①边距：设置剖面线或区域填充样式中排除文本周围的边距。

②自动排除注释：勾选此复选框，将设置剖面线对话框和区域填充对话框中的自动排除注释选项。

（5）中心线

1）颜色：设置所有中心线符号的颜色。

2）宽度：设置所有中心线符号的线宽。

13.2.3　视图参数

扫一扫，看视频

选择"菜单"→"首选项"→"制图"命令，打开"制图首选项"对话框，在"制图首选项"对话框中选择"视图"，打开如图 13-8 所示"视图"首选项对话框。

对话框中的部分选项说明如下。

（1）公共

1）隐藏线：用于设置在视图中隐藏线所显示的方法。其中有详细的选项可以控制隐藏线的显示类别、显示线型和粗细等。

图 13-8　"视图"首选项对话框

2）可见线：用于设置可见线的颜色、线型和粗细。

3）光顺边：用于设置光顺边是否显示以及光顺边显示的颜色、线型和粗细，还可以设置光顺边距离边缘的距离。

4）虚拟交线：用于设置虚拟交线是否显示以及虚拟交线显示的颜色、线型和粗细，还可以设置理论交线距离边缘的距离。

5）常规：用于设置视图的最大轮廓线、参考、UV 栅格等细节选项。

6）螺纹：用于设置螺纹表示的标准。

7）PMI：用于设置视图是否继承在制图平面中的形位公差。

（2）表区域驱动

1）格式：

①显示背景：用于显示剖视图的背景曲线。

②显示前景：用于显示剖视图的前景曲线。

③剖切片体：用于在剖视图中剖切片体。

④显示折弯线：在阶梯剖视图中显示剖切折弯线。仅当剖切穿过实体材料时才会显示折弯线。

2）剖面线

①创建剖面线：控制是否在给定的剖视图中生成关联剖面线。

②处理隐藏的剖面线：控制剖视图的剖面线是否参与隐藏线处理。此选项主要用于局部剖和轴测剖视图，以及任何包含非剖切组件的剖视图。

③显示装配剖面线：控制装配剖视图中相邻实体的剖面线角度。设置此选项后，相邻实体间的剖面线角度会有所不同。

④将剖面线限制为+/-45度：强制装配剖视图中相邻实体的剖面线角度仅设置为 45° 和 135°。

⑤剖面线相邻公差：控制装配剖视图中相邻实体的剖面线角度。

（3）截面线：用于设置阴影线的显示类别，包括背景、剖面线和断面线等。

（4）详细：用于设置剖切线的详细参数。

13.3　图纸管理

在 UG 中，任何一个三维模型，都可以通过不同的投影方法、不同的图样尺寸和不同的比例创建灵活多样的二维工程图。本节将介绍工程图纸的创建、打开、删除和编辑操作。

13.3.1　新建工程图

扫一扫，看视频

选择"菜单"→"插入"→"图纸页"命令或单击"主页"功能区中的"新建图纸页"按钮，打开如图 13-9 所示"工作表"对话框。

对话框部分选项功能介绍如下。

1．大小

（1）使用模板：选择此选项，在该对话框中选择所需的模板即可。

（2）标准尺寸：选择此选项，通过图 13-10 所示的对话框设置标准图纸的大小和比例。

（3）定制尺寸：选择此选项，通过此对话框可以自定义设置图纸的大小和比例。

（4）大小：用于指定图纸的尺寸规格。

（5）比例：用于设置工程图中各类视图的比例大小，系统默认的设置比例为 1∶1。

2．图纸页名称：该文本框中用来输入新建工程图的名称。名称最多可包含 30 个字符，但不允许含有空格，系统自动将所有字符转换成大写方式。

图 13-9　"工作表"对话框

3．投影：该选项用来设置视图的投影角度方式。系统提供的投影角度分为"第三角投影"和"第一角投影"两种。

13.3.2 编辑工程图

在进行视图添加及编辑过程中，有时需要临时添加剖视图、技术要求等，那么新建过程中设置的工程图参数可能无法满足要求（例如比例不适当），这时需要对已有的工程图进行修改编辑。

选择"菜单"→"编辑"→"图纸页"命令，打开图 13-9 所示"工作表"对话框。在对话框中修改已有工程图的名称、尺寸、比例和单位等参数。完成修改后，系统会按照新的设置对工程图进行更新。需要注意的是，在编辑工程图时，投影角度参数只能在没有产生投影视图的情况下进行修改，否则，需要删除所有的投影视图后执行投影视图的编辑。

13.4 视图管理

创建完工程图之后，下面就应该在图纸上绘制各种视图来表达三维模型。生成各种投影是工程图最核心的问题，UG 制图模块提供了各种视图的管理功能，包括添加各种视图、对齐视图和编辑视图等。

13.4.1 建立基本视图

选择"菜单"→"插入"→"视图"→"基本"命令或单击"主页"功能区"视图"组中的"基本视图"按钮，打开如图 13-10 所示"基本视图"对话框。

对话框部分选项功能介绍如下。

（1）视图样式：该选项用于启动"视图样式"设置对话框，可以进行相关视图参数设置。

（2）要使用的模型视图：该选项包括"俯视图""前视图""右视图""后视图""仰视图""左视图""正等测图"和"正三轴侧图" 8 种基本视图的投影。

（3）比例：该选项用于指定添加视图的投影比例，其中共有 9 种方式，如果是表达式，用户可以指定视图比例和实体的一个表达式保持一致。

（4）视图定向工具：单击该按钮，打开如图 13-11 所示"定向视图工具"对话框，用于定向视图的投影方向。

图 13-10 "基本视图"对话框

图 13-11 "定向视图工具"对话框

13.4.2 投影视图

选择"菜单"→"插入"→"视图"→"投影"命令或单击"主页"功能区"视图"组中的"投影视图"按钮，打开如图 13-12 所示"投影视图"对话框。

部分选项功能介绍如下。

（1）父视图：该选项用于在绘图工作区选择视图作为基本视图（父视图），并从它投影出其他视图。

（2）铰链线：选择父视图后，定义折页线图标会被自动激活，所谓折页线就是与投影方向垂直的线。用户也可以单击该图标来定义一个指定的、相关联的折页线方向。如不满足要求，用户还可以使用"反向"图标进行调整。

13.4.3 局部放大视图

选择"菜单"→"插入"→"视图"→"局部放大图"命令或单击"主页"功能区"视图"组中的"局部放大图"按钮，打开如图 13-13 所示"局部放大图"对话框。

图 13-12 "投影视图"对话框

扫一扫，看视频

部分选项功能介绍如下。

（1）矩形：在父视图中选择了局部放大部位的中心点后，拖动鼠标来定义矩形视图边界的大小。

（2）圆形：在父视图中选择了局部放大部位的中心点后，拖动鼠标来定义圆周视图边界的大小。

扫一扫，看视频

13.4.4 剖视图

选择"菜单"→"插入"→"视图"→"剖视图"或单击"主页"功能区"视图"组中的"局部剖视图"按钮，打开如图 13-14 所示左侧"剖视图"对话框。选择父视图后，打开如图 13-14 所示的右侧"剖视图"对话框。

图 13-13　"局部放大图"对话框

图 13-14　"剖视图"对话框

部分选项功能介绍如下。

1. 截面线

（1）定义：包括动态和选择现有的两种。如果选择"动态"，根据创建方法，系统会自动创建截面线，将其放置到适当位置即可；如果选择现有的，根据截面线创建剖视图。

524

（2）方法：在列表中选择创建剖视图的方法，包括简单剖/阶梯剖、半剖、旋转和点到点。

2. 铰链线

矢量选项：包括自动判断和已定义。

①自动判断：为视图自动判断铰链线和投影方向。

②已定义：允许为视图手工定义铰链线和投影方向。

③反转剖切方向：反转剖切线箭头的方向。

3. 设置

非剖切：在视图中选择不剖切的组件或实体，做不剖处理。

隐藏的组件：在视图中选择要隐藏的组件或实体，使其不可见。

扫一扫，看视频

13.4.5 局部剖视图

选择"菜单"→"插入"→"视图"→"局部剖…"或单击"主页"选项卡"视图"面组上的"局部剖"按钮，打开如图 13-15 所示的"局部剖"对话框。该对话框用于从任何父图纸视图中移除一个部件区域来创建一个局部剖视图。其示意图如图 13-16 所示。

图 13-15 "局部剖"对话框

图 13-16 "局部剖"示意图

对话框中的功能选项说明如下。

（1）选择视图：用于选择要进行局部剖切的视图。

（2）指出基点：用于确定剖切区域沿拉伸方向开始拉伸的参考点，该点可通过"捕捉点"工具栏指定。

（3）指出拉伸矢量：用于指定拉伸方向，可用矢量构造器指定，必要时可使拉伸反向，或指定为视图法向。

（4）选择曲线：用于定义局部剖切视图剖切边界的封闭曲线。当选择错误时，可单击"取消选择上一个"按钮，取消上一个选择。定义边界曲线的方法是：在进行局部剖切的视图边界上单击鼠标右键，在打开的快捷菜单中选择"展开"，进入视图成员模型工作状态。用曲线功能在要产生局部剖切的位置创建局部剖切边界线。完成边界线的创建后，在视图边界上单击鼠标右键，再从快捷菜单中选择"扩大"命令，恢复到工程图界面。这样，就建立了与选择视图相关联的边界线。

（5）修改边界曲线：用于修改剖切边界点，必要时可用于修改剖切区域。

（6）切穿模型：勾选该复选框，则剖切时完全穿透模型。

★重点 动手学——创建端盖工程图

源文件：yuanwenjian\13\duangaigongchengtu.prt

首先创建端盖的基本视图和投影视图，然后创建剖视图，最后创建局部放大视图。结果如图 13-17 所示。

图 13-17 端盖工程图

操作步骤 视频文件：动画演示\第 13 章\端盖工程图.mp4

（1）新建文件。选择"文件"→"新建"命令或单击"主页"功能区中的"新建"按钮，打开"新建"对话框。在"图纸"选项卡中选择"A3-无视图"模板。在"要创建图纸的部件"栏中单击"打开"按钮，打开"选择主模型部件"对话框，单击"打开"按钮，打开"部件名"对话框，选择要创建工程图的"duangai"零件，然后单击"确定"按钮。进入制图界面。

（2）创建基本视图。选择"菜单"→"插入"→"视图"→"基本"命令或单击"主页"功能区"视图"组中的"基本视图"按钮，打开如图 13-18 所示的"基本视图"对话框。在要使用的模型视图下拉列表中选择"前视图"，在图纸中适当的地方放置基本视图，如图 13-19 所示。

图 13-18　"基本视图"对话框

图 13-19　基本视图

（3）创建投影视图。选择"菜单"→"插入"→"视图"→"投影"命令或单击"主页"功能区"视图"组中的"投影视图"按钮，打开如图 13-20 所示的"投影视图"对话框。选择上步创建的基本视图为父视图，选择投影方向，如图 13-21 所示，将投影放置在图纸中适当的位置，如图 13-22 所示。

图 13-20　"投影视图"对话框

图 13-21　选择投影方向

图 13-22　放置适当的位置

（4）创建剖视图。选择"菜单"→"插入"→"视图"→"剖视图"命令或单击"主页"功能区"视图"组中的"剖视图"按钮▥，选择基本视图为父视图，打开如图 13-23 所示的"剖视图"对话框。选择圆心为铰链线的放置位置，单击鼠标左键确定剖视图的位置，如图 13-24 所示。调整剖切方向，将剖视图放置在图纸中适当的位置，创建的剖视图如图 13-25 所示。

图 13-23　"剖视图"对话框

图 13-24　放置位置

图 13-25　创建的剖视图

（5）创建局部放大图。选择"菜单"→"插入"→"视图"→"局部放大图"命令或单击"主页"功能区"视图"组中的"局部放大图"按钮，打开如图 13-26 所示的"局部放大图"对话框。选择"圆形"类型，选取圆心和半径，如图 13-27 所示。系统自动创建局部放大图，放置到图纸中适当的位置，如图 13-28 所示。

图 13-26　"局部放大图"对话框

图 13-27　选择局部放大的范围

图 13-28　局部放大图

13.5　视图编辑

　　选中需要编辑的视图，在其中单击右键打开快捷菜单（如图 13-29 所示），可以更改视图样式、添加各种投影视图等。

　　视图的详细编辑命令集中在"菜单"→"编辑"→"视图"子菜单下，如图 13-30 所示。

图 13-29　快捷菜单　　　　　　　　图 13-30　"视图"子菜单

13.5.1 视图对齐

一般而言，视图之间应该对齐，但 UG 在自动生成视图时是可以任意放置的，需要用户根据需要进行对齐操作。在 UG 制图中，用户可以拖动视图，系统会自动判断用户意图（包括中心对齐、边对齐多种方式），并显示可能的对齐方式，基本上可以满足用户对于视图放置的要求。

选择"菜单"→"编辑"→"视图"→"对齐"命令，打开如图 13-31 所示的"视图对齐"对话框。该对话框用于调整视图位置，使之排列整齐。

对话框中部分选项说明如下。

列表框：在列表框中列出了所有可以进行对齐操作的视图。

1. 方法

（1）⊞自动判断：自动判断所选视图可能的对齐方式。

（2）▣叠加：将所选视图叠加放置。

（3）⊞水平：将所选视图以水平方向对齐。

（4）吕竖直：将所选视图以竖直方向对齐。

（5）☞垂直于直线：将所选视图与一条指定的参考直线垂直对齐。

图 13-31 "视图对齐"对话框

（6）☞铰链副：将所选视图以铰链的方式对齐。

2. 对齐

（1）对齐至视图：用于选择视图中心点对齐视图。

（2）模型点：用于选择模型上的点对齐视图。

（3）点到点：用于分别在不同的视图上选择点对齐视图。以第一个视图上的点为固定点，其他视图上的点以某一对齐方式向该点对齐。

13.5.2 视图相关编辑

选择"菜单"→"编辑"→"视图"→"视图相关编辑"命令或单击"主页"功能区"视图"组中的"视图相关编辑"按钮🔲，打开如图 13-32 所示的"视图相关编辑"对话框。该对话框用于编辑几何对象在某一视图中的显示方式，而不影响在其他视图中的显示。

对话框中的相关选项说明如下。

1. 添加编辑

（1）擦除对象：擦除选择的对象，如曲线、边等。擦除并不是删除，只是使被擦除的对象不可见而已，使用"删除选择的擦除"命令可使被擦除的对象重新显示。若要擦除某一视图中的某个对象，则先选择视图；而若要擦除所有视图中的某个对象，则先选择图纸，再选择此功能，然后选择要擦除的对象并单击"确定"按钮，则所选择的对象即被擦除。

（2）编辑完整对象：编辑整个对象的显示方式，包括颜色、线型和线宽。单击该按钮，设置颜色、线型和线宽后单击"应用"按钮，打开"类选择"对话框，选择要编辑的对象并单击"确定"按钮，则所选对象就会按照设置的颜色、线型和线宽显示。如要隐藏选择的视图对象，只需将所选对象的颜色设置为与视图背景色相同即可。

图 13-32 "视图相关编辑"对话框

（3）编辑着色对象：编辑着色对象的显示方式。单击该按钮，设置颜色后单击"应用"按钮，打开"类选择"对话框。选择要编辑的对象并单击"确定"按钮，则所选的着色对象就会按照设置的颜色显示。

（4）编辑对象段：编辑部分对象的显示方式，用法与编辑整个对象相似。在选择编辑对象后，可选择一个或两个边界，则只编辑边界内的部分。

（5）编辑剖视图背景：编辑剖视图背景线。在建立剖视图时，可以有选择地保留背景线；而使用背景线编辑功能，不但可以删除已有的背景线，还可添加新的背景线。

2. 删除编辑

（1）删除选定的擦除：恢复被擦除的对象。单击该按钮，将高显已被擦除的对象，从中选择要恢复显示的对象并确认即可。

（2）删除选定的编辑：恢复部分编辑对象在原视图中的显示方式。

（3）删除所有编辑：恢复所有编辑对象在原视图中的显示方式。单击该按钮，在打开的警告对话框中单击"是"按钮，则恢复所有编辑；单击"否"按钮，则不恢复。

3. 转换相依性

（1）模型转换到视图：将模型中单独存在的对象转换到指定视图中，且对象只出现在该视图中。

（2）视图转换到模型：将视图中单独存在的对象转换到模型视图中。

扫一扫，看视频

13.5.3 移动/复制视图

选择"菜单"→"编辑"→"视图"→"移动/复制"命令或单击"主页"功能区"视图"组中的"移动/复制视图"按钮，打开如图 13-33 所示的"移动/复制视图"对话框。该对话框用于在当前图纸上移动或复制一个或多个选定的视图，或者把选定的视图移动或复制到另一张图纸中。

对话框中的功能选项说明如下。

（1）至一点：移动或复制选定的视图到指定点，该点可用光标或在跟踪条中输入坐标指定。

（2）水平：在水平方向上移动或复制选定的视图。

（3）竖直：在竖直方向上移动或复制选定的视图。

（4）垂直于直线：在垂直于直线方向移动或复制视图。

（5）至另一图纸：移动或复制选定的视图到另一张图纸中。

（6）复制视图：选中该复选框，可复制视图，否则只能移动视图。

（7）距离：选中该复选框，可输入移动或复制后的视图与原视图之间的距离值。若选择多个视图，则以第一个选定的视图作为基准，其他视图将与第一个视图保持指定的距离。若取消选中该复选框，则可移动光标或输入坐标值来指定视图位置。

扫一扫，看视频

13.5.4 视图边界

选择"菜单"→"编辑"→"视图"→"边界"命令，或在要编辑视图边界的视图的边界上单击鼠标右键，在打开的菜单中选择"视图边界"命令，打开如图 13-34 所示的"视图边界"对话框。该对话框用于重新定义视图边界，既可以缩小视图边界只显示视图的某一部分，也可以放大视图边界显示所有视图对象。

图 13-33 "移动/复制视图"对话框

图 13-34 "视图边界"对话框

对话框中的相关选项说明如下。

1．边界类型

（1）断裂线/局部放大图：定义任意形状的视图边界，使用该选项只显示出被边界包围的视图部分。用此选项定义视图边界，则必须先建立与视图相关的边界线。当编辑或移动边界曲线时，视图边界会随之更新。

（2）手工生成矩形：以拖动方式手工定义矩形边界，该矩形边界的大小是由用户定义的，可以包围整个视图，也可以只包围视图中的一部分。该边界方式主要用在一个特定的视图中隐藏不要显示的几何体。

（3）自动生成矩形：自动定义矩形边界，该矩形边界能根据视图中几何对象的大小自动更新，主要用在一个特定的视图中显示所有的几何对象。

（4）由对象定义边界：由包围对象定义边界，该边界能根据被包围对象的大小自动调整，通常用于大小和形状随模型变化的矩形局部放大视图。

2．其他参数

（1）锚点：用于将视图边界固定在视图对象的指定点上，从而使视图边界与视图相关，当模型变化时，视图边界会随之移动。锚点主要用在局部放大视图或用手工定义边界的视图。

（2）边界点：用于指定视图边界要通过的点。该功能可使任意形状的视图边界与模型相关。当模型修改后，视图边界也随之变化，也就是说，当边界内的几何模型的尺寸和位置变化时，该模型始终在视图边界之内。

（3）包含的点：视图边界要包围的点，只用于"由对象定义边界"定义边界的方式。

（4）包含的对象：选择视图边界要包围的对象，只用于"由对象定义边界"定义边界的方式。

扫一扫，看视频

13.5.5　更新视图

选择"菜单"→"编辑"→"视图"→"更新"命令，
选择"菜单"→"编辑"→"视图"→"更新"命令或单击"主页"功能区"视图"组中的"更新视图"按钮，打开如图 13-35 所示"更新视图"对话框。

对话框部分选项介绍如下。

（1）显示图纸中的所有视图：该选项用于控制在列表框中是否列出所有的视图，并自动选择所有过期视图。选取该复选框之后，系统会自动在列表框中选取所有过期视图，否则，需要用户自己更新过期视图。

（2）选择所有过时视图：用于选择当前图纸中的过期视图。

图 13-35　"更新视图"对话框

（3）选择所有过时自动更新视图：用于选择每一个在保存时勾选"自动更新"的视图。

13.6 标注与符号

为了表达零件的几何尺寸，需要引入各种投影视图，为了表达工程图的尺寸和公差信息，必须进行工程图的标注。

13.6.1 尺寸标注

扫一扫，看视频

UG 标注的尺寸是与实体模型匹配的，与工程图的比例无关。在工程图中进行标注的尺寸是直接引用三维模型的真实尺寸，如果改动了零件中某个尺寸参数，工程图中的标注尺寸也会自动更新。

选择"菜单"→"插入"→"尺寸"下的命令（如图 13-36 所示），或单击"主页"功能区"尺寸"组，如图 13-37 所示，共包含了 9 种尺寸类型，各种尺寸标注方式如下。

图 13-36 "尺寸"子菜单命令

图 13-37 "尺寸"组

（1）快速

可用单个命令和一组基本选择项从一组常规、好用的尺寸类型快速创建不同的尺寸。以下为快速尺寸对话框中的各种测量方法。

1）圆柱式：用来标注工程图中所选圆柱对象之间的尺寸，如图 13-38 所示。

2）直径：用来标注工程图中所选圆或圆弧的直径尺寸，如图 13-39 所示。

3）自动判断：由系统自动推断出选用哪种尺寸标注类型来进行尺寸的标注。

4）水平：用来标注工程图中所选对象间的水平尺寸，如图 13-40 所示。

图 13-38　"圆柱尺寸"示意图　图 13-39　"直径尺寸"示意图　图 13-40　"水平尺寸"示意图

5）竖直：用来标注工程图中所选对象间的垂直尺寸，如图 13-41 所示。

6）点到点：用来标注工程图中所选对象间的平行尺寸，如图 13-42 所示。

7）垂直：用来标注工程图中所选点到直线（或中心线）的垂直尺寸（如图 13-43 所示）。

图 13-41　"竖直尺寸"示意图　图 13-42　"点到点尺寸"示意图　图 13-43　"垂直尺寸"示意图

（2）倒斜角

用于国标 45° 倒角的标注。目前不支持对于其他角度倒角的标注（如图 13-44 所示）。

（3）线性

可将 6 种不同线性尺寸中的一种创建为独立尺寸，或者创建为一组链尺寸或基线尺寸。可以创建下列尺寸类型（其中常见尺寸快速尺寸中都提到，这里就不再重复）。

1）孔标注：用来标注工程图中所选孔特征的尺寸（如图 13-45 所示）。

图 13-44　"倒斜角尺寸"示意图　　图 13-45　"孔标注"示意图

2）链：用来在工程图上生成一个水平方向（XC 方向）或竖直方向（YC 方向）的尺寸链，即生成一系列首尾相连的水平/竖直尺寸，如图 13-46 所示（注：在测量方法中选择水平或竖直，即可在尺寸集中选择链）。

3）基线：用来在工程图上生成一个水平方向（XC 方向）或竖直方向（YC 方向）的尺寸系列，该尺寸系列分享同一条水平/竖直基线，如图 13-47 所示（注：在测量方法中选择水平或竖直，即可在尺寸集中选择基线）。

图 13-46 "尺寸链尺寸"示意图

图 13-47 "基线尺寸"示意图

（4）∠1 角度

用来标注工程图中所选两直线之间的角度。

（5） 径向

用于创建 3 个不同的径向尺寸类型中的一种。

1） 径向：用来标注工程图中所选圆或圆弧的半径尺寸，但标注不过圆心。

2） 直径：用来标注工程图中所选圆或圆弧的直径尺寸。

3） 孔标注：用来标注工程图中所选大圆弧的半径尺寸。

（6） 弧长

用来标注工程图中所选圆弧的弧长尺寸（如图 13-48 所示）。

（7） 坐标

用来在标注工程图中定义一个原点的位置，作为一个距离的参考点位置，进而可以明确地给出所选对象的水平或垂直坐标距离（如图 13-49 所示）。

在放置尺寸值的同时，系统会打开图 13-50 所示的"编辑尺寸"对话框（也可以单击每一个标注图标后，在拖放尺寸标注时，单击右键选择"编辑"命令，打开此对话框），其功能如下。

图 13-48 "弧长尺寸"示意图

图 13-49 "坐标尺寸"示意图

图 13-50 "编辑尺寸"对话框

1）文本设置：该选项会打开如图 13-51 所示"设置"对话框，用于设置详细的尺寸类型，包括尺寸的位置、精度、公差、线条和箭头、文字和单位等。

2）精度：该选项用于设置尺寸标注的精度值，可以使用其下拉列表进行详细设置。

3）公差：用于设置各种需要的精度类型，可以使用其下拉列表进行详细设置。

4）编辑附加文本：单击该图标，打开"附加文本"对话框，如图 13-52 所示，可以进行各种符号和文本的编辑。

图 13-51 "设置"对话框

图 13-52 "附加文本"对话框

"附加文本"对话框功能说明如下。

①用户定义（如图 13-53 所示）。

如果用户已经定义好了自己的符号库，可以通过指定相应的符号库来加载它们，同时还可以设置符号的比例和投影。

②关系（如图 13-54 所示）。

用户可以将物体的表达式、对象属性、零件属性和图纸页区域标注出来，并实现关联。

图 13-53 "用户定义"符号类型

图 13-54 "关系"符号类型

扫一扫，看视频

13.6.2 注释编辑器

选择"菜单"→"插入"→"注释"→"注释"命令或单击"主页"功能区"注释"组

中的"注释"按钮 ，打开如图 13-55 所示"注释"对话框。

对话框中的相关选项说明如下。

（1）原点：用于设置和调整文字的放置位置。

（2）指引线：用于为文字添加指引线，可以通过类型下拉列表指定指引线的类型。

（3）文本输入

①编辑文本。用于编辑注释，其功能与一般软件的工具栏相同。具有复制、剪切、加粗、斜体及大小控制等功能。

②格式设置。编辑窗口是一个标准的多行文本输入区，使用标准的系统位图字体，用于输入文本和系统规定的控制符。用户可以在"字体"选项下拉列表中选择所需字体。

13.6.3　符号标注

扫一扫，看视频

选择"菜单"→"插入"→"注释"→"符号标注"命令或单击"主页"功能区"注释"组中的"符号标注"按钮，则系统打开如图 13-56 所示"符号标注"对话框。

图 13-55　"注释"对话框

图 13-56　"符号标注"对话框

利用该标识符对话框可以创建工程图中各种表示各部件的编号以及页码标识等 ID 符号，还可以设置符号的大小、类型和放置位置。

对话框常用选项功能说明如下。

（1）类型：系统提供了多种符号类型供用户选择，每种符号类型可以配合该符号的文本选项，在 ID 符号中放置文本内容。

（2）文本：如果选择了上下型的标示符号类型，可以在"上部文本"和"下部文本"中输入两行文本的内容，如果选择的是独立型 ID 符号，则只能在"上部文本"中输入文本内容。

（3）大小：各标示符号都可以通过"大小"来设置其比例值。

（4）指引线：为 ID 符号指定引导线。单击该按钮，可指定一条引导线的开始端点，最多可指定 7 个开始端点，同时每条引导线还可指定多达 7 个中间点。根据引导线类型，一般可选择尺寸线箭头和注释引导线箭头等作为引导线的开始端点。

★**重点 动手学——标注端盖工程图**

源文件：源文件\13\duangaigongchengtu.prt

首先设置注释首选项，然后标注端盖的各个尺寸，最后标注技术要求。结果如图 13-57 所示。

图 13-57 标注端盖工程图

操作步骤 视频文件：动画演示\第 13 章\标注端盖工程图.mp4

（1）注释设置。选择"菜单"→"首选项"→"制图"命令，打开如图 13-58 所示的"制图首选项"对话框，对选项卡进行设置。

图 13-58 "制图首选项"对话框

（2）标注圆柱尺寸。选择"菜单"→"插入"→"尺寸"→"线性"命令，系统打开"线性尺寸"对话框，在对话框中选择"方法"下拉列表框中的"圆柱式"选项，选择左视图中各端面的端点进行合理的尺寸标注，如图 13-59 所示。

（3）标注直径尺寸。选择"菜单"→"插入"→"尺寸"→"径向"命令，选择主视图中的圆进行合理的尺寸标注，如图 13-60 所示。

图 13-59　尺寸标注

图 13-60　直径尺寸标注

（4）标注直线的尺寸。选择"菜单"→"插入"→"尺寸"→"快速"命令，进行线性尺寸标注，如图 13-61 所示。

图 13-61　线性尺寸标注

（5）标注公差。选择要标注公差的尺寸，单击鼠标右键，打开如图 13-62 所示的快捷菜单，选择"编辑"选项。打开如图 13-63 所示的"编辑尺寸"对话框，选择"双向公差，等值"，单击"公差值"选项，在公差文本框中输入公差值，结果如图 13-64 所示。

图 13-62　快捷菜单　　图 13-63　"编辑尺寸"对话框　　　　　图 13-64　公差标注

（6）技术要求。选择"菜单"→"插入"→"注释"→"注释"命令或单击"主页"功能区"注释"组中的"注释"按钮**A**，打开如图 13-65 所示的"注释"对话框。在文本框中输入如图 13-65 所示的技术要求文本，拖动文本到合适位置处，单击鼠标左键，将文本固定在图样中，效果如图 13-66 所示。

图 13-65　"注释"对话框

图 13-66　最后效果

13.7　综合实例——轴承座工程图

源文件：yuanwenjian\15\zhouchengzuogongchengtu.prt

本例主要介绍工程制图模块的各项功能，包括创建视图、视图预设置、投影等制图操作，最后生成如图 13-67 所示工程图。

图 13-67 轴承座工程图

操作步骤 视频文件：动画演示\第 15 章\轴承座工程图.mp4

（1）新建文件。选择"文件"→"新建"命令或单击"主页"功能区"标准"组中的"新建"按钮 ，打开"新建"对话框。在"图纸"选项卡中选择"A3-无视图"模板。在"要创建图纸的部件"栏中单击"打开"按钮，打开"选择主模型部件"对话框，单击"打开"按钮，打开"部件名"对话框，选择要创建工程图的"zhouchengzuo"零件，然后单击"确定"按钮，进入制图界面。

（2）创建基本视图。选择"菜单"→"插入"→"视图"→"基本"命令或单击"主页"功能区"视图"组中的"基本视图"按钮 ，打开"基本视图"对话框如图 13-68 所示，单击"定向视图工具"按钮 ，打开如图 13-69 所示的"定向视图工具"对话框，指定法向矢量为 ZC 轴，指定 X 向矢量为 XC 轴，将视图定向为如图 13-70 所示的位置。单击"确定"按钮，将视图放置到适当位置，创建如图 13-71 所示工程图。

图 13-68 "基本视图"对话框

图 13-69 "定向视图工具"对话框

543

图 13-70　"定向视图"对话框

图 13-71　基本视图

（3）创建投影视图。选择"菜单"→"插入"→"视图"→"投影"命令或单击"主页"功能区"视图"组中的"投影视图"按钮□，打开"投影视图"对话框如图 13-72 所示，视图根据鼠标位置投影不同视图，在基本视图右边单击鼠标左键，如图 13-73 所示，完成视图侧视图的创建。

图 13-72　"投影视图"对话框

图 13-73　工程图

（4）创建半剖视图。选择"菜单"→"插入"→"视图"→"剖视图"命令或单击"主页"功能区"视图"组中的"剖视图"按钮▥，打开"剖视图"对话框如图 13-74 所示，在"方法"下拉列表中选择"半剖"，按系统提示选择半剖视图的父视图，选择屏幕中的基本视图为父视图，捕捉基本视图的圆心为半剖视图的切割位置，再捕捉基本视图的圆心为半剖视图的折弯位置，完成半剖视图的创建，如图 13-75 所示。

图 13-74 "剖视图"对话框

图 13-75 创建半剖视图

（5）利用各种形式的标注方式进行尺寸标注。如图 13-76 所示。

图 13-76 标注尺寸

（6）标注技术要求。选择"菜单"→"插入"→"注释"→"注释"命令或单击"主页"功能区"注释"组中的"注释"按钮 ，打开如图 13-77 所示"注释"对话框。在文字类型下拉列表中选择"chinesef_fs"，在大小下拉列表中选择"1.5"，在对话框中部输入技术要求，单击"关闭"按钮，将文字放在图面右侧中间。生成工程图如图 13-67 所示。

图 13-77 "注释"对话框